Motor Fan illustrate

EV/PHEV 모터 헤드램프 테크놀로지

GoldenBell
www.gbbook.co.kr

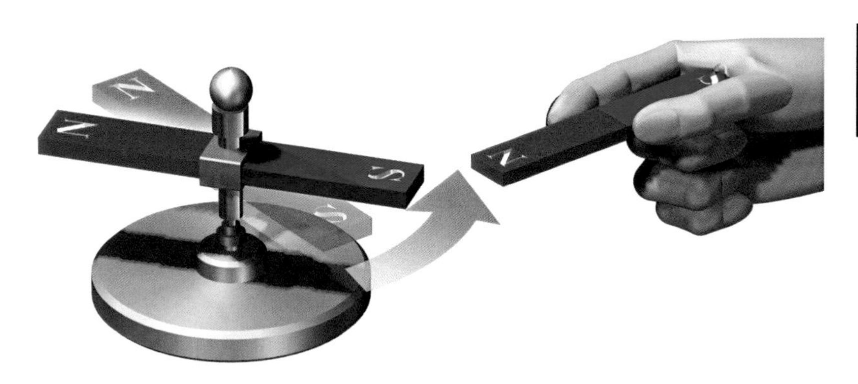

Motor Fan illustrated Special Edition

CONTENTS

092 최신 「비추는 장치」에서 「전달하는 장치」로 진화하는 헤드램프 테크놀로지

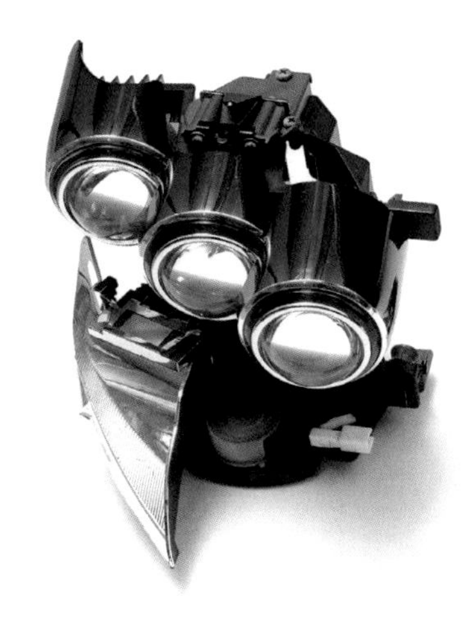

전기자동차

도해 특집

Part.1

「전동화 환영」의 배경

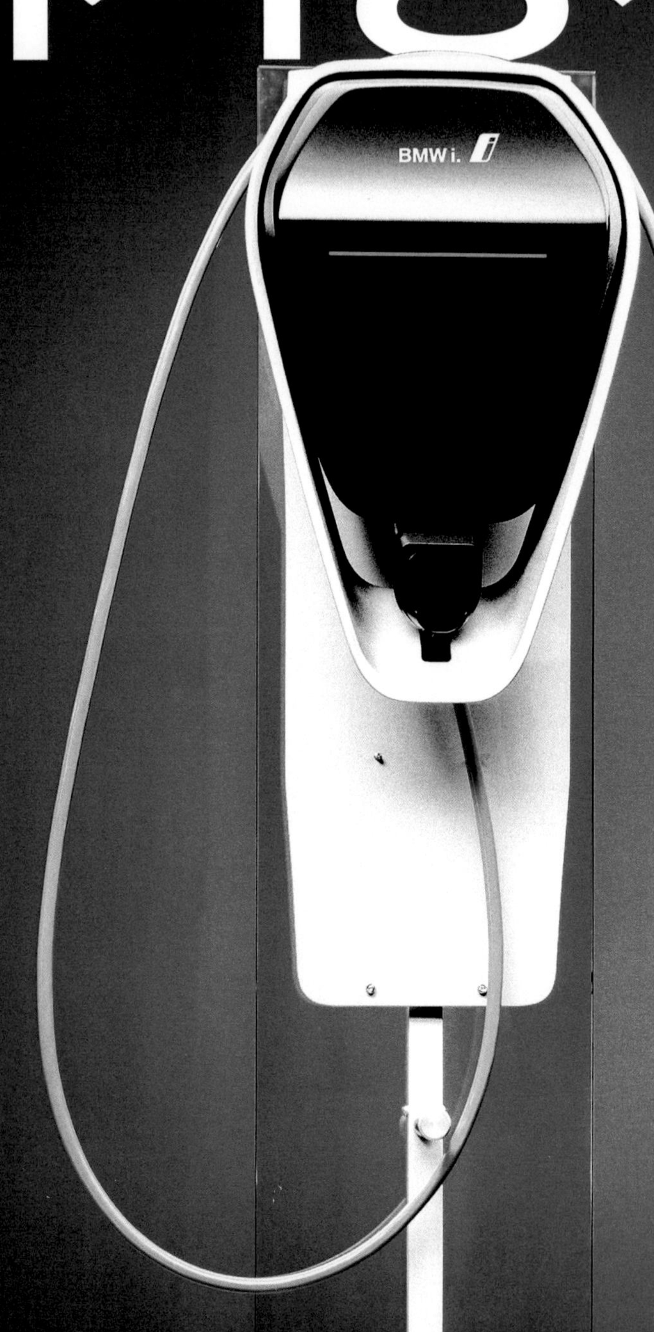

해설

Electrical Powered Vehicle Decipherment

"가솔린 엔진과 디젤 엔진과는 이제 이별해야 한다. 앞으로는 전기구동의 시대이기 때문이다."
지금 전 세계에 떠다니는 이런 분위기의 진원지는 유럽이다.
미국이 ZEV 규제를 내세우거나 중국이 「신에너지(新能源) 자동차규제」를 결정했어도 술렁거렸던 곳은 자동차업계 내부뿐이었다.
그런데 지금 「내연기관과의 절연」이 유럽에서 여론의 지지를 얻고 있다.
프랑스는 이것을 국책으로 선언했고 영국도 동조하고 있다. 왜 지금 전동화일까.그 이유는 어디에 있을까.
전기자동차의 성능은 어느 정도일까. 여기서는 순수한 「EV=전기자동차」뿐만 아니라 HEV와 PHEV,
즉 「전동기 지원 내연기관차」인 하이브리드 자동차까지를 포함해 규제와 사회적 동향,
기술개발 주제, 미래상에 대해 연속해서 살펴보겠다.
그 첫 번째는 전동화에 대한 기대가 갑자기 높아진 배경을 분석한다.

「100% 전기구동」만 전기자동차인 것은 아니다.

다양화하는 전기 구동력

감속할 때 「자동차의 운동 에너지」를 사용해 발전기를 돌리고 그 전력을 배터리에 충전하는 것이 에너지 회생 제동이다. 출발할 때는 발전기를 전동기로 이용해 동력을 지원한다. 이런 시스템을 장착한 자동차가 늘고 있으며, 이것도 일종의 「전동화」이다.

본문 : 마키노 시게오

전동화(電動化), 이 말이 단순히 EV(전기자동차)만을 가리켰던 시대는 정확히 20년 전의 도요타 「프리우스」의 등장으로 인해 종언을 고했다. 현재의 전동화=일렉트리피케이션(Electrification)은 전기를 지원하는 비율이 1%부터 완전 자동이라 할 수 있는 100%의 순수 EV까지 폭넓은 스펙트럼을 포괄한다. 조금이라도 전기의 힘을 이용하는 파워트레인을 탑재한 자동차는 모두 EPV(Electrical Powered Vehicle)인 것이다.

프리우스의 등장에 자극받은 유럽 메이커들은 1990년대 말부터 서둘러 전동화 연구에 나섰다. 그러다가 어느 순간에 HEV(Hybrid Electric Vehicle) 개발이 중단된다. 내연기관과 전동기를 어떻게 조합할 것이냐는 논의 속에서 직렬 HEV와 병렬 HEV 2가지 방식이 등장하기도 했지만, 양쪽의 특징을 다 갖추고 발전하면서 달리는 THS(Toyota Hybrid System)의 등장은 강렬한 충격이었다. 각 메이커는 THS를 자세히 조사해 장단점을 분석해 보았는데, 약간 뒤처져서 등장한 혼다 「인사이트」가 장착한 IMA(Integrated Motor Assist)와 더불어 일본방식의 HEV가 보여주는 실제 연비가 「고속 순항을 많이 하는 주행에서는 크게 기대할 것이 없다」고 결론짓는다. 그러면서 유럽은 개발을 클린디젤 쪽으로 옮겨간 것이다.

미국에서는 포드가 아이신 정밀기계로부터 하이브리드 시스템을 조달받기로 결정한다. GM은 시내 주행을 중시하는 LA #4 모드에서 효과가 있는 방법을 모색하다가 BMW, 다이믈러까지 3사가 협력해 2모터&3유성기어(플래니터리 기어)를 통한 「2모드 방식」을 개발하여, 3사 각각의 중형급 차종에 탑재한다. THS의 결점을 보완해 고속 순항영역에서도 연비를 절약할 수 있는 시스템이었지만, 시스템 가격이 비싼데다가 무게도 무거웠다. 또 엔진을 가로로 배치하는 FF차량에는 탑재하지 못하는 시스템이었기 때문에 판매 대수도 한정적이었다. 개발비 회수까지는 이르지 못했을 것이다.

그런데 다시 시대가 움직였다. THS나 3사 연합의 2모드 같이 중량급 시스템이 아니라 간결한 시스템을 사용해 약간의 연비만 절약하는 방식이다. 가장 간결한 것은 감속할 때 교류발전기에 걸리는 부하를 통해 전기를 만든 다음, 출발할 때는 교류발전기를 전동기로 전환시켜 그 전기를 구동력으로 사용하는 방식이다. 이것을 가장 먼저 실용화한 회사는 GM이었지만, 십몇 년 동안 연구개발이 진행되다가 현재는 유럽에서 P0~P4로 분류된 HEV로 이어졌다. 연비를 절약하는 정도는 적지만 EU의 배출가스·연비계측에 이용되는 NEDC 사이클에서는 적지 않은 효과를 보이면서, 배출가스·연비규제 강화라는 사정 때문에 사용하는 사례가 늘고 있다.

시대가 더 흐르면서 전동화 차량의 판매비율을 더 끌어올리지 않으면 안 되는 상황으로 바뀌었다. EU가 CO_2 배출량 95g/km라는 환경규제를 결정한 것이다. CAFE(기업별 평균연비) 방식으로 계산되어 벌칙규제도 있으므로 총판매 대수에서 95g/km를 밑돌기 위해서는 모든 연료절약 수단을 총동원해야 하는 상황이다. 각각의 차량마다 허락되는 비용 내에서 전기구동 지원을 실현하는 것이 2017년 현재의 전동화 상황이다.

프랑스의 마크롱 대통령은 2040년까지 가솔린과 디젤 차량 판매를 금지하겠다고 선언한 바 있다. 여기에 영국이 동조했다. 자동차 회사에서는 VW(폭스바겐), 다이믈러, 볼보 등이 전동화 방침을 내놓는데, 그 배경에는 15년에 미국에서 발각된 VW 디젤 승용차의 디젤게이트 문제가 있었다. 디젤 차량의 뛰어난 열효율, 즉 연료비 절약을 누려왔던 유럽이 디젤에 대한 불신감을 드러내기에 이른 것이다. 마크롱 대통령의 발언은 정치적 계산에 따른 것이기도 하지만, 그런 발언이 환영받게 된 것은 분명히 시대가 바뀐 탓이기도 하다.

무엇보다 마크롱 대통령의 선언이 HEV까지 부정한 것인지는 분명하지 않다. 구체적인 것은 일부러 피하는 모양새이다. 각 자동차 회사의 전동화 선언도 마찬가지여서, 내연기관과 결별하겠다는 냄새를 풍기면서도 여러 갈래의 해석을 낳을 수 있는「화술」에 그치고 있다. 「모든 것이 EV로 바뀔 것」이라는 보도가 일본에서는 자주 눈에 띄지만, 그것은 오류이다. 누구도 내연기관을 더 이상 사용하지 않겠다고 명확히 밝힌 적이 없기 때문이다.

현실적 문제로 전동화의 에너지 효율이라는 점이 있다. 가솔린과 디젤이라고 하는 액체연료의 에너지 밀도와 비교해 가장 앞서 있는 연구단계의 전지라 하더라도 몇백 분의 1밖에 되지 않는다. 전기를 저장하는 일은 어렵다. 어떻게 전기를 만들고 자동차에 저장했다가 사용하느냐는 발전~송전~축전~방전 과정만 하더라도 다양한 문제가 있다. 마찬가지로 진화를 계속하는 내연기관과 비교했을 때의 에너지 효율 면에서도 반드시 완전 EV가 유리하다고는 단언할 수 없다.

지금 개발 현장에서는「내연기관 베이스」와「전동기 베이스」를 불문하고 모두 전동화가 논의되고 있다. 탈화석연료로 가는 길은 연착륙이 필수이므로 조금씩 가솔린과 디젤 소비량을 줄여나가면서 자동차 교통 전체로서의 에너지 소비가 늘어나지 않도록 해야 의미가 있는 것이다.

가령「중대형 상용차를 제외한 모든 자동차를 5년 이내에 EV로 대체하겠다」는 규칙이 발표되었다면 어떻게 될까. 일본만 하더라도 약 6,000만대의 대상 차량이 있다. 전체를 교체한다면 현재 수준의 EV 보조금 등을 지원하지 못하는 상황에 이른다. 매년 120조 원의 대체 보조금 예산을 준비하는 것은 불가능하기 때문이다.「내일부터 모두 EV」따위의 얘기는 비용의 개인 부담을 고려하면 완전 난센스에 지나지 않는다.

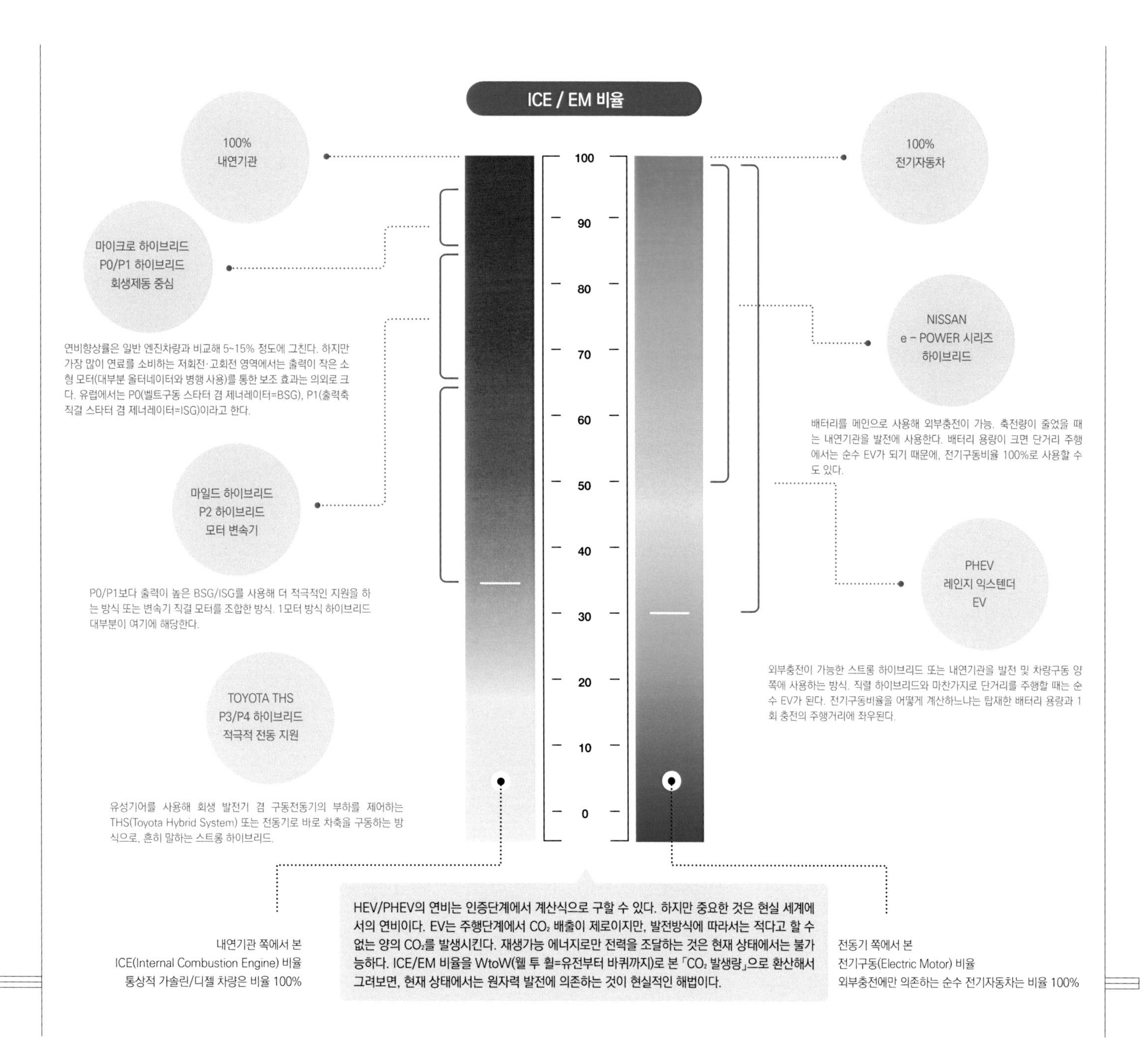

CHAPTER

CO_2 규제와 EV의 관계

— 내연기관은 이제 한계에 도달했을까.

충돌안전기준 강화가 자동차의 보디구조를 비약적으로 발전시켰듯이
CO_2를 포함한 배출가스규제 강화는 엔진/변속기와 그 주변 기기의 성능향상을 이끌어 왔다.
그러나 대응에 한계도 보이기 시작하면서 비용과 CO_2의 경쟁이 벌어지고 있다.

본문&사진 : 마키노 시게오 그림 : ACEA(유럽자동차공업회) / BMW

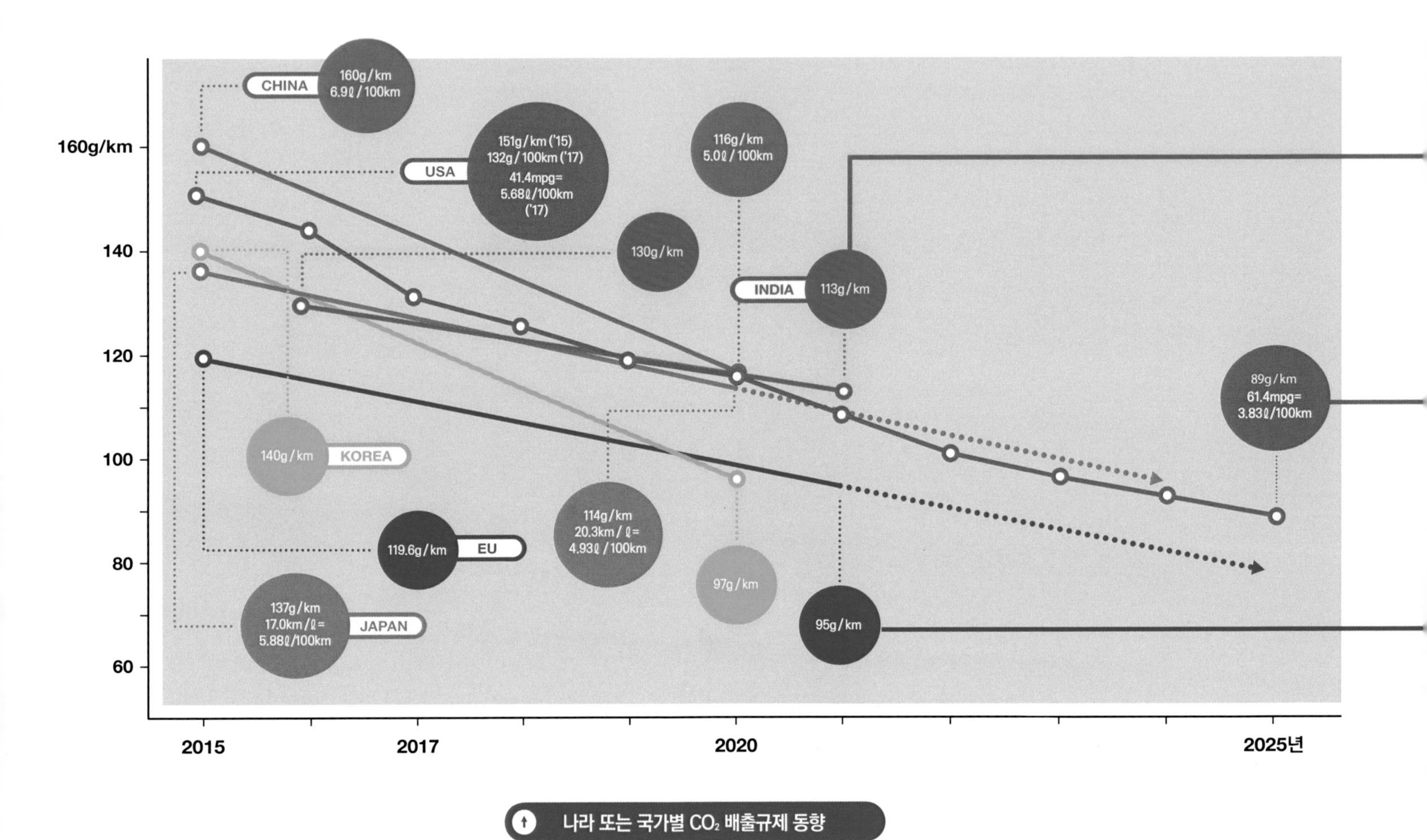

나라 또는 국가별 CO_2 배출규제 동향

위 그래프는 필자가 작성한 것이다. 주행 1km당 CO_2 배출량 환산은 1마일=1.609km, 1갤론=3.785ℓ로 계산했다. 표시된 숫자는 나라·지역마다 계측 모드가 달라서 순수한 횡적 비교는 안 된다. EU는 유로6 배출가스규제에서 NDEC 모드로 계측한 것이고, 일본은 유로6와는 수치가 다른 규제를 JC08 모드로 계측한 것이다. 인도는 유로4 배출가스규제에 기초한 바라트 스테이지 Ⅳ(BS4)이다. 그러나 전 세계가 CO_2 저감을 지향하고 있는 것만은 틀림없다. 이대로 가면 EU는 조만간 70g/km대에 진입할 것이다. 상당량의 EV와 PHEV를 생산해야 할 미래가 2020년대 후반이 될지도 모르겠다.

내연기관의 환경성능 향상이 점점 어려워지고 있다. 규제선진국인 유럽과 미국, 일본에서는 가변 밸브 타이밍이나 EGR(배출가스 재순환) 등과 같은 배기 대책은 당연시되는 한편으로, 앞으로는 더 연비를 개선해야 하는 일, 즉 CO_2 배출량을 줄이는 일은 비용과의 싸움이다. 배출가스 시험 모드로 주행했을 때, 주행거리 1km당 배출량을 그램으로 표기하는 CO_2 배출량을 EU는 95g으로 규제하고 있다. 이것은 자동차 회사마다 전체적인 목표이기도 해서, 자사의 상품구성 가운데 「개별 모델의 CO_2 배출량×연간 판매 대수」의 전체 평균을 95g 이하로 맞춰야 한다.

위 그래프는 주요 지역의 CO_2 규제를 정리한 것이다. 수치상으로만 보면 현시점에서는 EU 규제가 가장 엄격하다. 다만 이것은 NED-C=New European Driving Cycle이라고 하는 계측 모드의 수치이

고, WLTC=World harmonized Light-vehicle Test Cycle을 사용해 NOx(질소산화물), CO(일산화탄소), HC(탄화수소), PM(미립자물질)의 배출기준을 NEDC 상태로 적용하면 WLTC에서의 95g/km는 NEDC의 90g 이하가 된다. 똑같은 엔진을 장착한 동일 차량이라도 계측 모드와 배출가스 값이 바뀌면 CO_2 배출량도 달라지는 것이다.

EU의 CO_2 규제가 엄한 이유는 전체 국토 가운데 4분의 1이 해수면 아래에 위치하는 네덜란드의 존재가 크다고 이야기된다. 네덜란드는 입헌군주 국가로서, 정치와 경제, 문화 측면의 영향력이 유럽 내에서 절대 작지 않다. 온실효과를 유발하는 CO_2 가스가 대기권 내의 온난화를 불러와 북극의 얼음을 녹임으로써 해수면이 상승하면 네덜란드 국토의 상당 부분이 물에 잠기게 된다. 제방을 쌓아 올린다 하더라도 막대한 건설비가 소요된다. 유럽 전체의 경기에 악영향을 줄 가능성이 있다는 의미에서, 네덜란드의 방위는 EU가 CO_2를 규제하는 이유 가운데 하나라고 할 수 있다.

미국은 연비기준 목표를 2025년까지 정해 놓고 있는데, 그 과정의 경황과 CO_2 배출값이 일본과 비슷하다. 미국이 연비규제를 도입한것은

스즈키가 인도에서 생산해 유럽, 중동, 일본 등에 수출하는 「발레노」. 수출 모델에는 새로 개발한 가솔린 3기통 1.0ℓ 터보엔진이, 인도 국내용 모델에는 유로4에 대응하는 1.2ℓ 가솔린과 1.3ℓ 디젤이 탑재된다. 소비지역의 규제에 맞춰 사양을 달리한다.

미국에서는 연방규제 이외에 주마다 독자적으로 규제하는 사례가 많다. 그 가운데서도 캘리포니아주는 가장 엄격한 편이다. 일정한 수량을 판매하는 자동차 회사에는 ZEV(Zero Emission Vehicle) 판매를 의무화하고 있다.

회사별 CO_2 배출평균은 모델마다 배출량 인증값(주행 1km당 배출량을 배출가스·연비시험 결과로부터 구한다)에 판매 대수를 곱하고, 그 합계를 총판매 대수로 나누는 식으로 계산한다. 이 방법은 유럽과 미국, 일본 모두 공통이다. 카테고리별로 보면 대형 SUV나 고성능 스포츠카는 200g/km를 초과하는 경우가 많고, 차량 무게가 작아짐에 따라 CO_2 배출량도 낮아지는 경향을 보인다.

EV : CO_2 배출 제로
PHEV : (25+EV주행거리)÷25=성능지수
이 숫자로 베이스 차량의 CO_2 배출량을 나눌 수 있다. EV 주행거리가 50km라면 (25+50)÷25=3이므로, 베이스 차량의 CO_2 배출량이 240g/km라면 240÷3=80g/km가 된다.

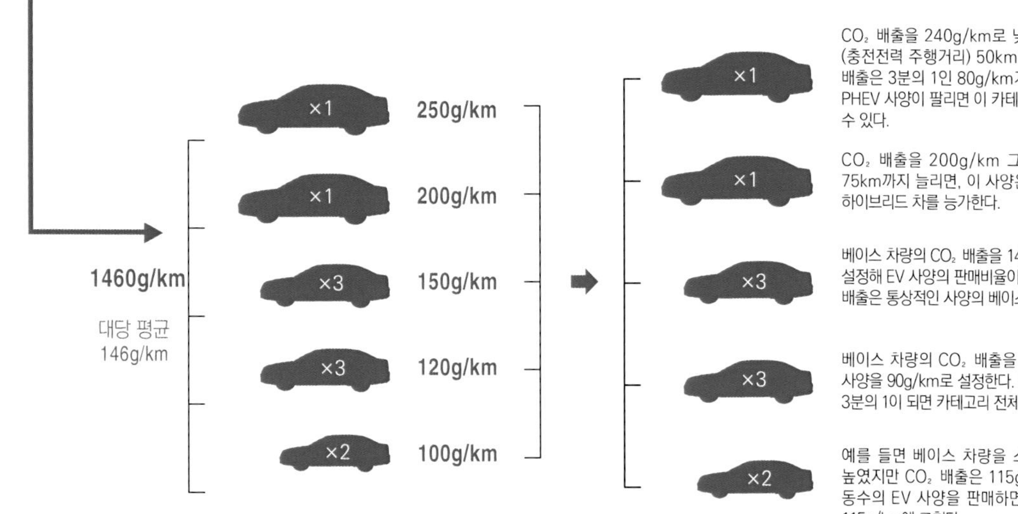

CO_2 배출을 240g/km로 낮춘 사양을 베이스로 EV 주행거리(충전전력 주행거리) 50km인 PHEV를 설정하면, 1대당 CO_2 배출은 3분의 1인 80g/km가 된다. 베이스 차량이 팔리지 않고 PHEV 사양이 팔리면 이 카테고리는 CO_2 배출량을 상당히 억제할 수 있다. …… 80g/km

CO_2 배출을 200g/km 그대로 PHEV화해 EV 주행거리를 75km까지 늘리면, 이 사양은 CO_2 배출 50g/km가 되어 소형 하이브리드 차를 능가한다. …… 50g/km

베이스 차량의 CO_2 배출을 140g/km로 낮추는 동시에 EV 사양을 설정해 EV 사양의 판매비율이 카테고리 내의 3분의 1이 되면, CO_2 배출은 통상적인 사양의 베이스 차량으로만 계산된다. …… 280g/km

베이스 차량의 CO_2 배출을 115g/km로 낮추어 마일드 HEV 사양을 90g/km로 설정한다. HEV 사양의 카테고리 내 판매비율이 3분의 1이 되면 카테고리 전체의 CO_2 배출은 10% 이상 개선된다. …… 320g/km

예를 들면 베이스 차량을 스포티 사양으로 바꿔서 상품성을 높였지만 CO_2 배출은 115g/km로 늘어났다고 했을 때, 그와 동수의 EV 사양을 판매하면 카테고리 내의 CO_2 배출 평균은 115g/km에 그친다. …… 110g/km

840g/km
(95g/km 목표 달성)
대당 평균
84g/km

풀 라인 메이커를 전제로 한 판매구성. 대형 SUV, 대형 세단/왜건, 중형 세단/왜건, 패밀리 해치백, 베이식 트랜스포터까지 5가지 카테고리에서 합계 10가지. 합계 CO_2 배출량이 10대에서 1460g/km라고 전제한 것이다. 이 사례에서는 대당 평균 146g/km로서, 2015년 시점에서의 다이믈러와 거의 비슷하다.

스즈키나 다이하츠 같이 소형차를 중심으로 만드는 회사는 차량 1대마다 CO_2 배출량이 적은 편이지만, EV화나 PHEV화 같이 완전히 다른 저감 방법은 가격 측면에서 어렵다. 반대로 원래 CO_2 배출이 많은 모델의 판매비율이 높은 회사는 비용을 들이면 회사 평균치를 크게 낮출 수 있다. 이것이 유럽 CO_2 규제의 특징이다. 위와 같이 라인업 내에 EV와 PHEV를 효과적으로 배치하면 CO_2 배출평균은 84g/km가 된다.

계측모드에 따라 CO_2 배출값이 달라진다.

MT NEDC

2001년에 유로3 배출가스규제를 도입할 때, 그때까지의 91EU모드를 대신해 도입된 테스트 사이클. 일본의 10·15모드와 닮았다. 시내 주행 3분의 1, 고속도로주행 3분의 1을 상정하고 있다. 이 그래프는 MT차량에서 계측한 것으로, 운전영역이 좁다.

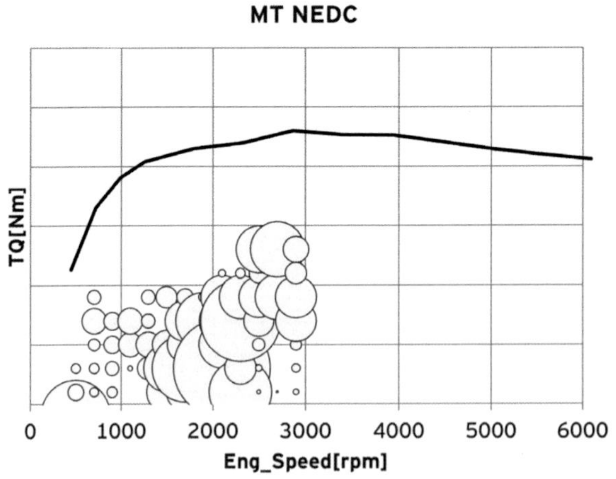

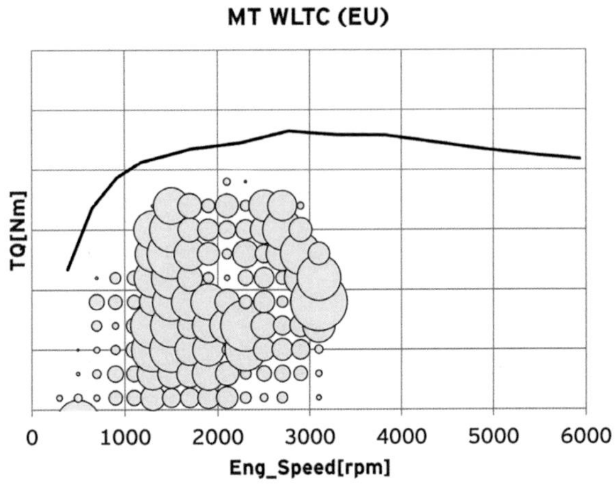

MT WLTC (EU)

NEDC를 대신해 도입된 새로운 테스트 사이클. 17년 9월부터 EU 28개국이 신형 차량 시험에 도입, 18년 9월부터는 계속생산 차량에도 적용된다. 유럽과 일본이 앞장서서 작성하면서 인도도 채택했다. 운전영역이 NEDC보다 넓다. 이 그래프도 MT차량이다.

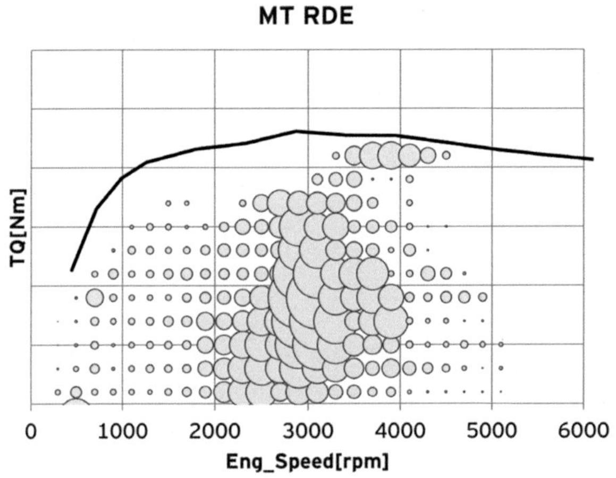

MT RDE

실제 도로상에서는 유로3 규제에 적합한 차량이나 유로6에 적합한 차량 모두 비슷한 NOx를 배출한다는 ICCT 테스트 결과에 따라, 실제 도로상에서의 시험이 필요하다는 결론에 이르렀다. RDE계측을 하면 이처럼 엔진의 고회전 영역까지 넓게 사용하게 된다.

1973년의 제1차 석유위기(오일 쇼크)가 발단이다. 75년에 CAFE(기업별 평균연비)라고 하는 제도가 만들어져 85년까지 10년 동안에 걸쳐 단계적인 연비목표가 제시되었다. 일본에서는 아직도 「미국 차는 연료 먹는 하마」라고 생각하는 선입관이 있지만, 미국은 시내와 도시간(間) 고속도로, 저공해차 전용 등 몇 몇 연료계측 모드가 있을 만큼 연비에 민감하다. 연비표시는 실제 주행연비를 감안해 일정한 할인 곱셈률로 표시하는 라벨연비로서, 이 점에서는 일본보다 더 치밀한 편이다.

중국이나 인도를 포함한 각국의 배출가스규제와 연비기준은 모두 모드시험을 바탕으로 하고 있다. 시험 재현성을 담보하기 위해 모든 계측은 일정한 조건을 갖춘 실내에서 이루어진다. 그러나 「문제가 파악된 시험이라 점수를 따는(합격하는) 것은 간단」하다고 이야기될 정도로서, 시험조건과 방법을 세밀하게 정하지 않는 한 공평한 계측이라고는 할 수 없다. 이 대목은 각국의 곤혹스러운 부분이기도 하다.

다만 배출가스 시험 영역 외인 오프 사이클(=시험모드를 온 사이클이라고 하므로, 이에 대응하는 표현) 영역에서 유해물질이 급증하지 않도록 유럽과 미국, 일본 모두 배출가스 정화를 우선시하는 엔진 제어가 지속되게 하기 위해 「패배전략(Defeat Strategy)」을 금지하고 있다. 엔진과열 방지 등과 같이 어쩔 수 없는 경우를 제외하고는 배출가스 정화를 우선하는 운전이다. 배출가스 정화를 위해 약간의 연료를 사용하는 것은 인정되지만, 그런 경우에도 3가지 규제물질은 일정 이하로 낮추지 않으면 안 된다.

이처럼 세계 각국·지역의 배출가스규제는 모드운전을 일정한 조건 상태에서 하게끔 규칙을 적용해 왔다. 그리고 연비계측은 배출가스

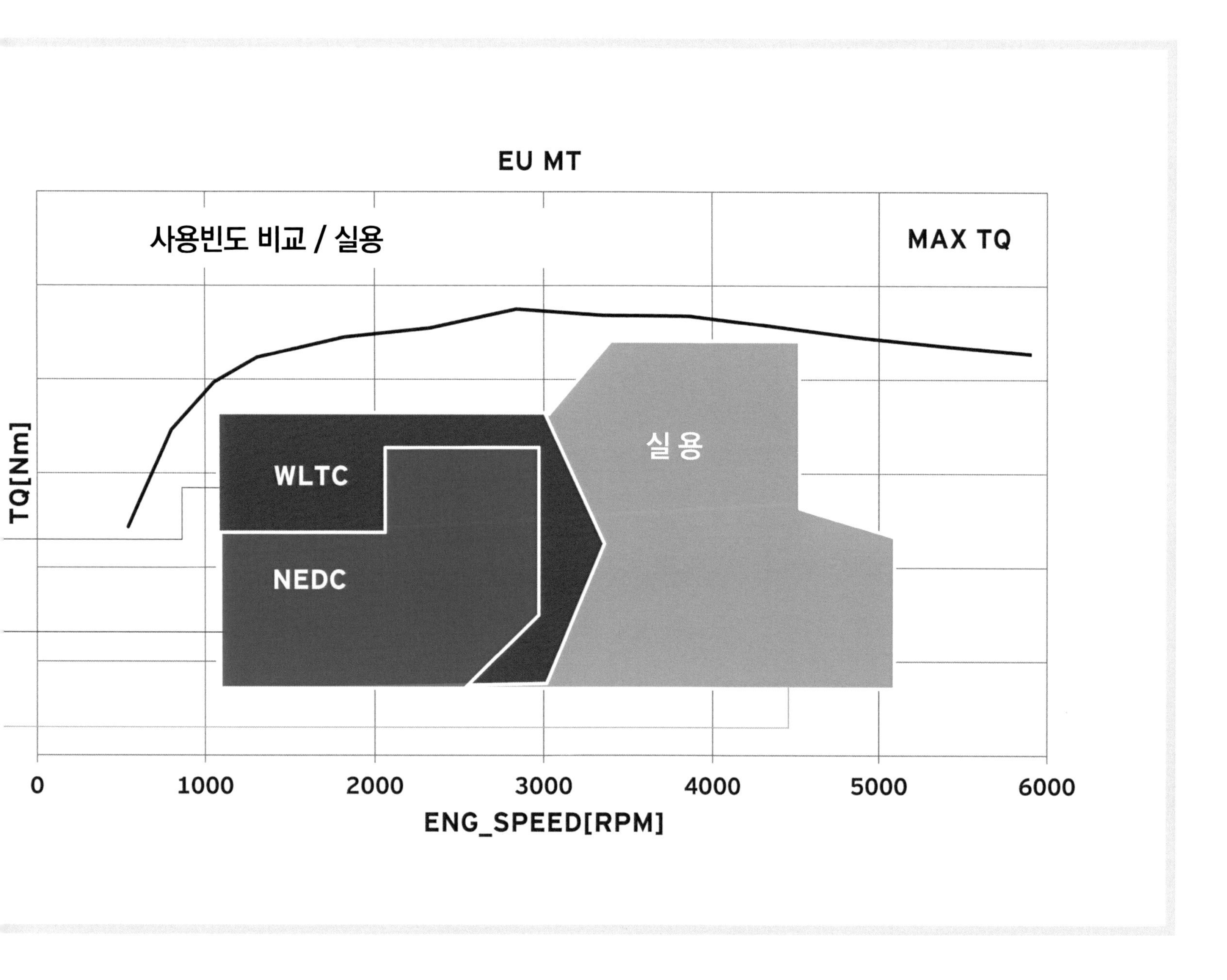

시험을 바탕으로 이루어져 왔다. 사용자 사이에서는 「실제 주행연비는 모드연비에서 3~4를 할인한 정도」라는 식의 인식이 있기는 하지만, 모드시험을 대체할 만한 계측방법이 따로 있는 것도 아니어서 유일무이한 시험방법으로서 계속해서 실시해 왔다.

계기는 ICCT(The International Council on Clean Transportation)라는 NPO(민간 비영리단체)가 만들었다. 가변형 배출가스 측정기(PEMS)를 장착하고 유로6 및 미국의 Tier 2 Bin 5 규제에 적합한 디젤 차량을 실제 도로상에서 운전했더니 NOx 규제치 효과가 거의 없다는 것이 판명된 것이다. 14년 10월에 상세한 리포트를 발표했는데, 오프 사이클 영역에서도 배출가스 시험을 해야 한다는 분위기가 EU위원회 안에서 높아졌다. 그 결과로 탄생한 것이 RDE(Real Driving Emission)라는 개념이다.

지금까지 곤란했던, 주행 중일 때의 차량 배출가스를 정확하게 측정하는 작업이 PEMS 등장으로 인해 가능해졌다. 실내시험에서는 재현할 수 없는 「계절이나 아침저녁의 기온 차이」, 「고도차이」, 「오르막길·내리막길」, 「에어컨이나 시트 히터의 작동」, 「자동전환방식 4WD 시스템 작동」, 「다인승 승차」 등을 적용한 시험주행을 도입하면 더 정확하게 배출가스 안의 규제 3가지 물질과 CO_2 배출을 실험할 수 있다. 이것이 RDE이다.

애초에는 먼저 WLTC를 도입하고 나서 그 주행 패턴을 바탕으로 RDE 시험내용을 정한 다음 보조적인 시험으로 도입할 예정이었다. 그런데 미국에서 발각된 VW(폭스바겐)의 디젤차량 배출가스 부정 문제로 인해 일거에 RDE를 도입해야 한다는 분위기가 조성되었다. 그러자 EU는 17년 9월에 RDE를 도입했다. 디젤 배출가스에 대한 불신감이 소비자에게는 EV가 답이라는 분위기가 들끓었지만, 자동차 회사로는 큰 문제로 다가왔다.

무엇보다 현재의 유로6 배출가스규제는 실내에서 장치(섀시 다이나모 미터)를 갖고 시험하는 것을 대전제로 규제물질의 배출값을 결정한다. 이것과 똑같은 수준을 일반도로 주행에서 충족하기는 매우 어렵다. 그래서 유럽의회는 17년 9월 도입 시점에서는 신형 차량의 NOx 배출을 유로6 규제치의 2.1배, PN(주행 1km당 PM 배출개수)은 유로6 규제치의 2.8배로 완화하기도 했다. 그리고 20년까지는 신형 차량의 NOx 배출을 유로6 규제치의 1.5배, PN은 유로6 규제치의 1.8배로 허용범위를 좁힌다. 계속 생산되는 차량은 21년까지 이 수치가 적용되지만, 그 이후에 대해서는 미정이다.

향후에 섀시 다이나모 미터 시험을 전제로 한 배출가스 규제치를 그대로 RDE에도 적용하게 될까. 이것이 자동차 회사의 관심사이다. 여기에 95g/km라고 하는 CO_2 규제가 겹쳐지면서 「이제 내연기관만으로는 달성이 어렵다. 어떤 식이든 전기구동 지원이 필수이다」는 분위기가 조성되었다.

다만 CO_2에 관해서 말하자면, EU는 PHEV를 우대하는 성능지수(Performance Index) 계산식을 이미 도입하고 있다는 점이다. EV는 배출제로라는 계산이다. CO_2 배출감시는 자동차 회사마다 다르므로 RDE 대응은 NOx와 PN을 우선하고, CO_2는 판매하는 차종을 조합해 대응하게 될 것이다.

RDE에 대해서도 차량의 전동화는 유효하다. NOx 또는 PN이 증가

2017년 9월에 도입된 도로상 시험 RDE

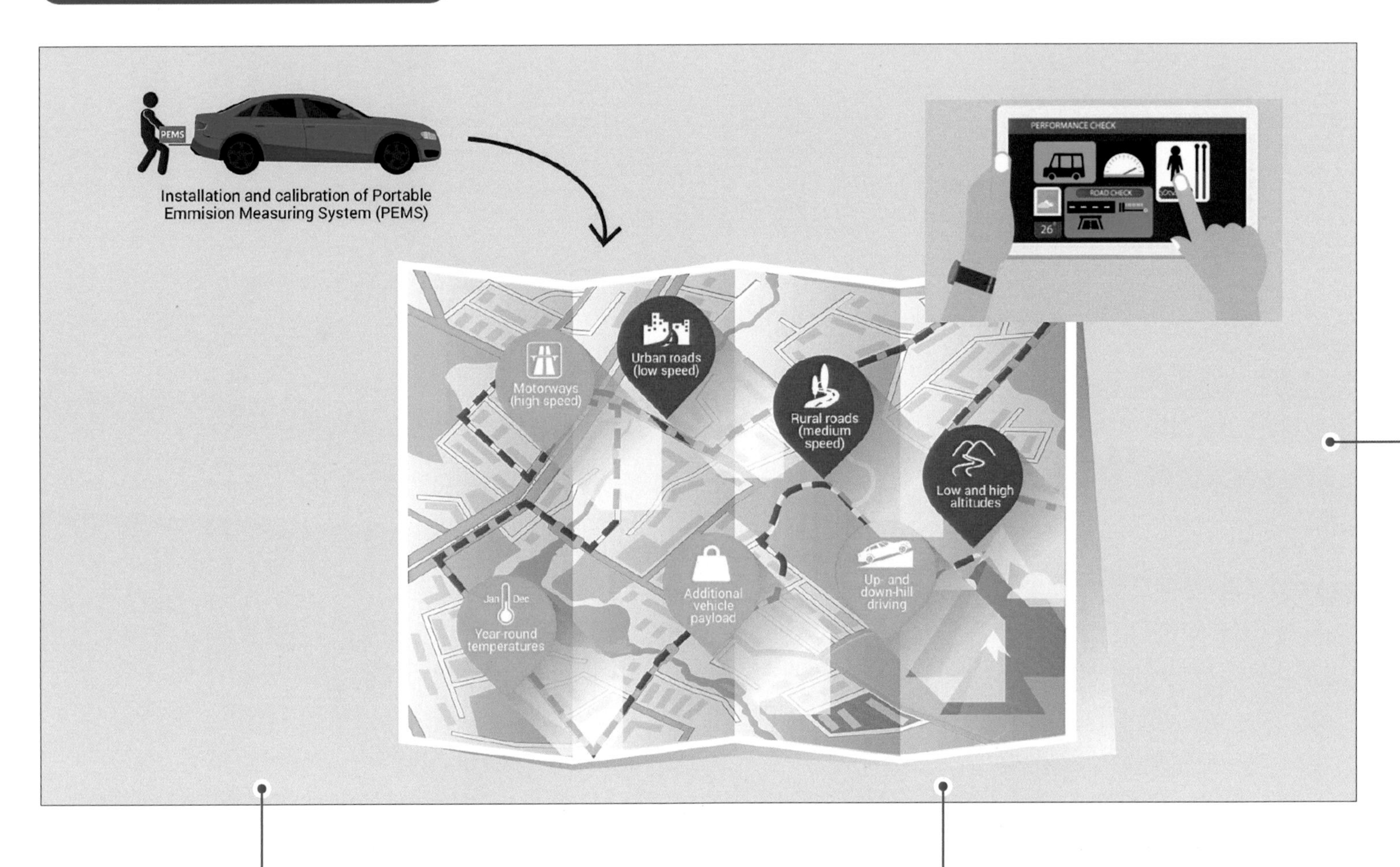

유럽에서는 큰 도로 가운데는 100km/h의 중속 주행구역인 곳도 많다. 유럽은 건축기준이 일본과는 전혀 달라서 시내의 구획 구분이 확실한 편이다. 따라서 시가지 직전에서 감속했다가 극 저속으로 시가지를 주행해야 한다.

유럽의 고속도로는 제한속도가 130km/h인 구간이 많다. WLTC의 엑스트라 하이 영역은 이것을 상정한 것이다. RDE에서는 가파른 도로나 저온, 다인승 승차 등과 같이 섀시 다이나모 시험에서 재현되지 않는 상태도 계측할 수 있다.

하는 영역에서 전동 진원을 최대로 활용할 수단이 남아 있다. 차량 무게가 별로 안 나가는 A/B세그먼트는 엔진 자체의 개량과 올터네이터 회생이 현실적이다. C/D세그먼트는 더 적극적인 전동 지원을 사용하면 된다. 그리고 내연기관 메인에서도 48V로 바꿔 모터 출력을 높이면 일정한 효과가 있다. 앞서 언급했듯이 유럽의 각 자동차 회사가 「전동화」를 선언하기는 했지만, 구체적인 것을 명확히 밝히지 않는 배경이 여기에 있다. 현재의 과도한 내연기관 부정론, 특히 디젤을 배척하려는 기운이 가라앉을 때까지는 상세한 전동화 계획을 언급하는 일은 없을 것이다.

물론 완전 전동인 EV를 일정한 정도로 판매함으로써 얻을 수 있는 CO_2 저감효과는 무엇보다 크다. 어쨌든 배출은 제로이기 때문이다. 따라서 EV는 확실하게 증가할 것이다. 다만 현재 상태에서는 EV 보급과 보조금을 분리할 수는 없다. 독일에서 디젤을 배척하려는 운동이 「녹색당」이나 환경NGO에 의해 시작되었지만, 당연히 여기에 정치인들이 끼어들고 있다. 이런 디젤 배척파에 반해 정론을 갖고 「NO」라고 말하지 못한 것은 정부 여당인 기독교민주동맹이다. 그리고 자동차 소비자는 어떤 식으로든 2만 유로나 되는 디젤 차량을 같은 크기의 3만 유로의 EV로 바꿔야 할 선택에 직면해 있다. 보조금 없이 EV를 선택하는 소비자가 어느 정도나 될까. 이제는 현실적인 이야기를 해야 할 시기이다.

저속주행을 해야 하는 시내 주행. 이와 같은 좁은 길에서는 출발·정지가 반복될 뿐만 아니라, 겨울철 엔진 시동 직후 등과 같은 때는 워밍업이 안 되면서 규제물질 배출이 증가한다. RDE는 이런 실제 주행 상태를 그대로 계측한다.

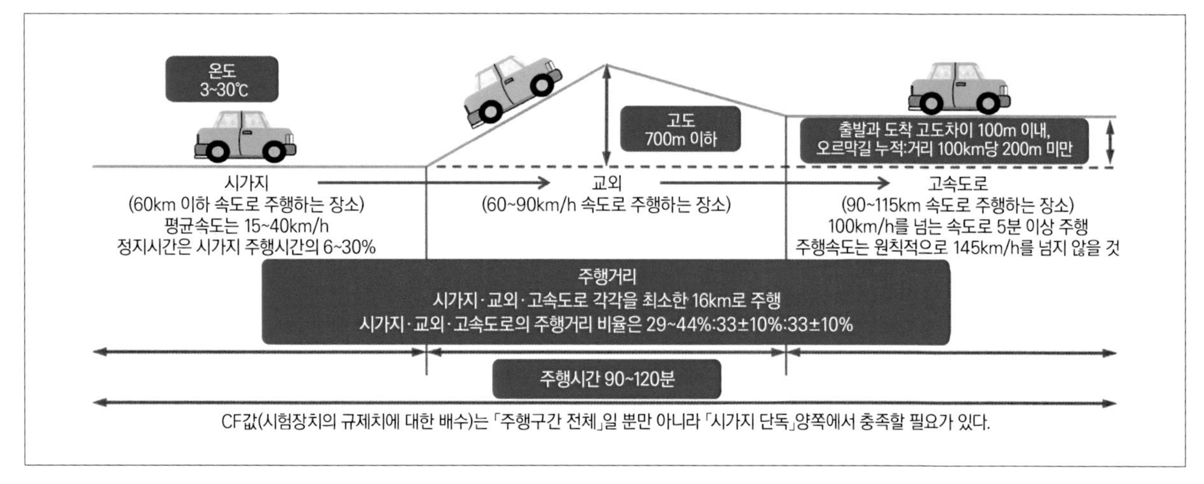

국토교통성이 번역한 RDE시험의 개요. 일반도로를 주행하기 때문에 실제 주행 가운데 상기 조건에 해당하는 부분을 선택하고, 그것을 누계해 주행 조건을 충족하는 식으로 계측작업이 이루어진다. 계측된 규제물질에는 CF(-Conformity Factor=적합계수) 곱셈과 WLTC 데이터에 대한 25%의 오차가 가미된다.

세계가 「의존」하는 실험시장,
2030년에 EV/PHEV는 1900만대 예상

VW(폭스바겐)은 얼마 전 2025년에 중국에서 연간 150만대의 EV를 판매하겠다는 계획을 명확히 했다.
그룹 전체의 EV 생산 대수의 절반을 중국에서 팔겠다는 계산이다.
각 회사가 계획한 차량 전동화 계획 가운데 EV의 판매처는 압도적으로 중국에 몰려 있다.

본문&사진 : 마키노 시게오

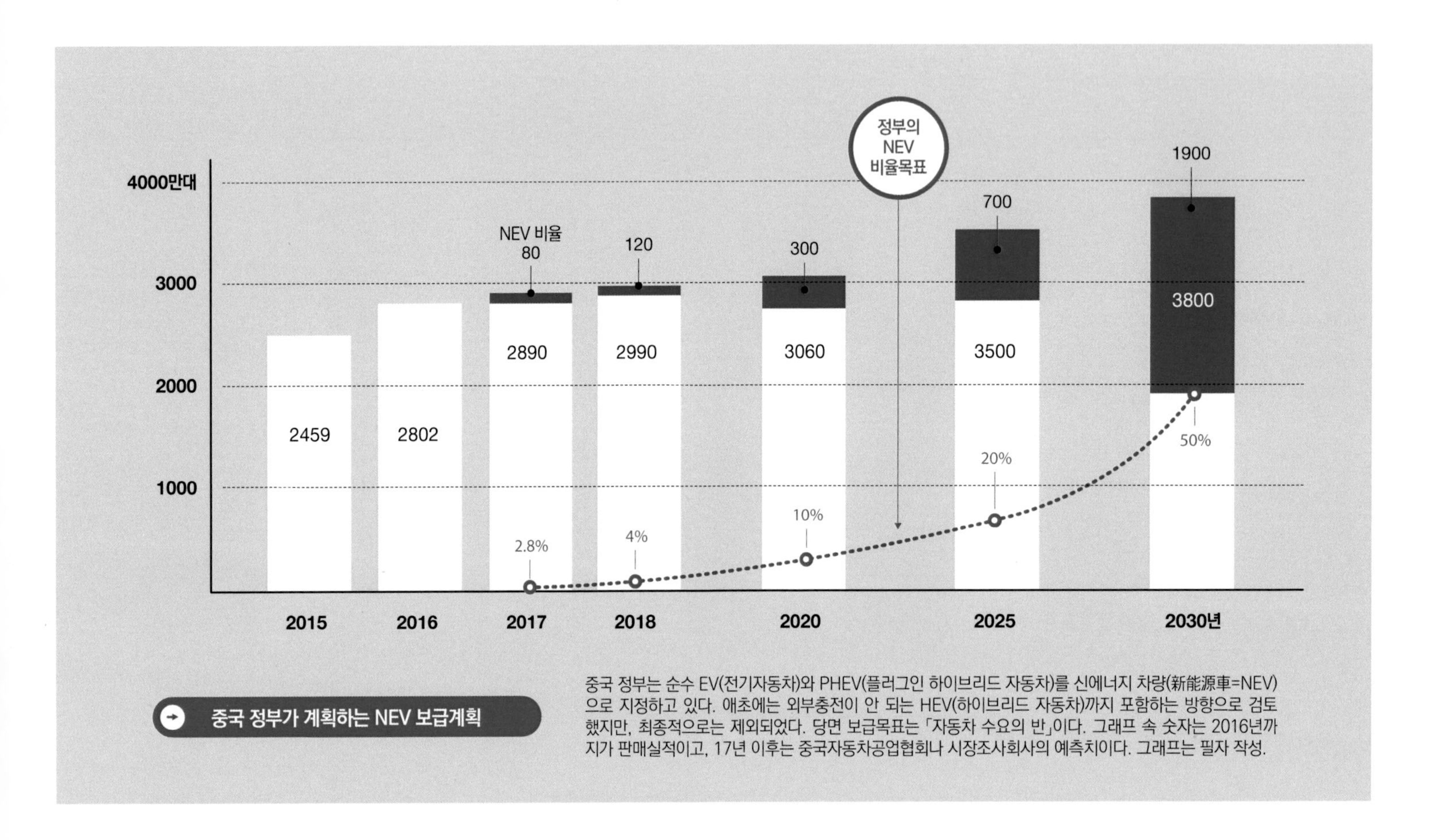

중국 정부가 계획하는 NEV 보급계획

중국 정부는 순수 EV(전기자동차)와 PHEV(플러그인 하이브리드 자동차)를 신에너지 차량(新能源車=NEV)으로 지정하고 있다. 애초에는 외부충전이 안 되는 HEV(하이브리드 자동차)까지 포함하는 방향으로 검토했지만, 최종적으로는 제외되었다. 당면 보급목표는 「자동차 수요의 반」이다. 그래프 속 숫자는 2016년까지가 판매실적이고, 17년 이후는 중국자동차공업협회나 시장조사회사의 예측치이다. 그래프는 필자 작성.

중국 정부는 가솔린과 디젤같은 화석연료에 대체해 새로운 에너지(New Energy) 동력을 탑재하는 NEV(New Energy Vehicle=新能源車) 보급에 나서고 있다. 18년부터 자동차 회사마다 판매대수 가운데 일정 대수를 NEV로 생산하도록 한 것이다. 목표를 달성하지 못했을 경우에는 벌금이 부과된다. 그 규제가 유럽과 미국, 일본의 자동차 회사를 전동화=일렉트리피케이션(electrification)으로 내몰고 있다.
위 그래프는 중국에서 신차판매 대수의 추이를 나타낸 것이다. 중국이 WTO에 가입한 2001년 12월을 경계로 자동차 수요의 성장률이 높아진다. 09년 이후에는 중간에 정체기를 거치면서도 절대 수량 증가가 두드러진다. 자동차업계 단체인 중국자동차공업협회(中汽工)는 19년부터 20년 무렵에는 「연간 3000만대 시장으로 커질 것」이라 전망하고 있다. 나아가 25년 무렵에는 연간 3500만대로 커지면서, 이 정도 수준에서 「대체수요 중심의 성숙한 시장이 될 것」으로 전망한다.
이런 전망을 바탕으로 계산하면 18년 이후 25년까지 8년 동안 신차 판매 대수가 2억 5천만대를 초과하게 된다. 그런 한편으로 폐기되는 차량은 많아야 6000만대 정도로 전망된다. 교체 차량의 세금을 감면하는 교체촉진 우대정책(Scrap Incentive)이 도입되지 않는다고 가정했을 경우, 자동차 보유 대수는 향후 8년 동안 2억 대 가까이 증가하리란 전망이다. 이것은 일본의 자동차 보유 대수의 3배에 가까운 수량이다.
예전 세계 최대의 자동차 수요 대국이었던 미국조차도 이 정도의 단

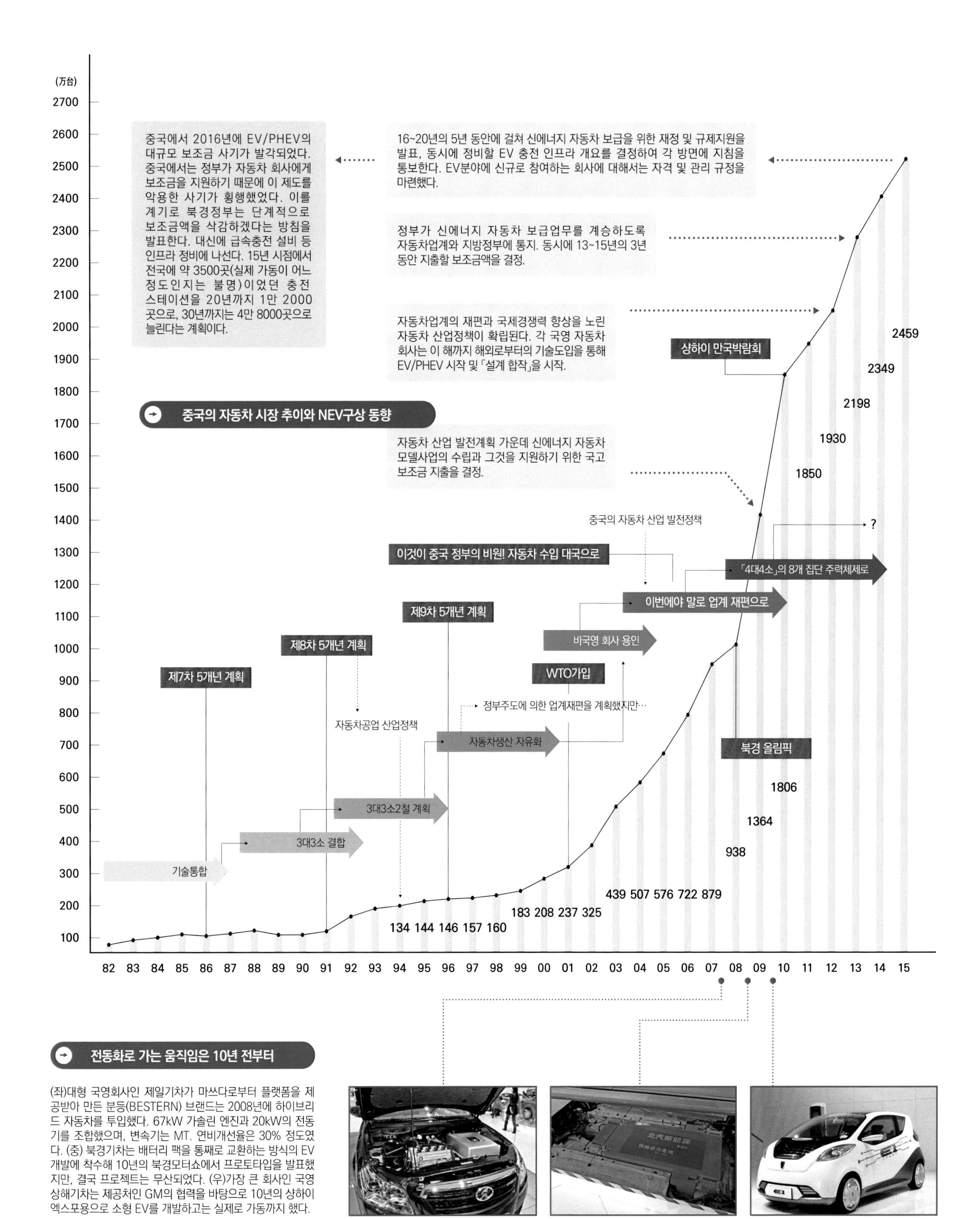

전동화로 가는 움직임은 10년 전부터

(좌)대형 국영회사인 제일기차가 마쓰다로부터 플랫폼을 제공받아 만든 분등(BESTERN) 브랜드는 2008년에 하이브리드 자동차를 투입했다. 67kW 가솔린 엔진과 20kW의 전동기를 조합했으며, 변속기는 MT. 연비개선율은 30% 정도였다. (중) 북경기차는 배터리 팩을 통째로 교환하는 방식의 EV 개발에 착수해 10년의 북경모터쇼에서 프로토타입을 발표했지만, 결국 프로젝트는 무산되었다. (우)가장 큰 회사인 국영 상해기차는 제공처인 GM의 협력을 바탕으로 10년의 상하이 엑스포용으로 소형 EV를 개발하고는 실제로 가동까지 했다.

기적 보유 대수 증가는 경험하지 못했다. 자동차 수요 잠재력은 인구와 국민 1인당 GDP로 결정된다는 과거 사례를 적용하면, 그 GDP가 현재의 2배가 되는 시점에서 중국은 연간 7000만대가 팔리는 셈이라고 해도 이상할 것이 없다. 유럽과 미국, 일본의 자동차 회사가 적극적으로 상품을 투입해 치열한 판매 경쟁을 벌이는 이유가 바로 여기에 있는 것이다.

연간 1000만대 이상의 세계판매 대수를 가진 도요타와 VW, 르노/닛산, GM 4대 그룹만 해도 중국판매가 연간 1000만대 이상이다. 이제 중국을 제외하고 메이저 자동차 그룹의 세계전략은 성립되지 않는 상황이다. 중국 정부가 「열심히 일하면 자동차를 살 수 있다」고 장려한 결과 현재의 시장이 만들어졌다. 지금까지는 정부가 의도한 대로 움직여 왔고, 이를 배경으로 유럽과 미국, 일본, 한국 회사 거의 전부가 중국에서 사업을 펼치고 있다.

그중에서도 VW그룹이 눈에 띈다. 아우디, 세아트, 슈코다, 포르쉐,

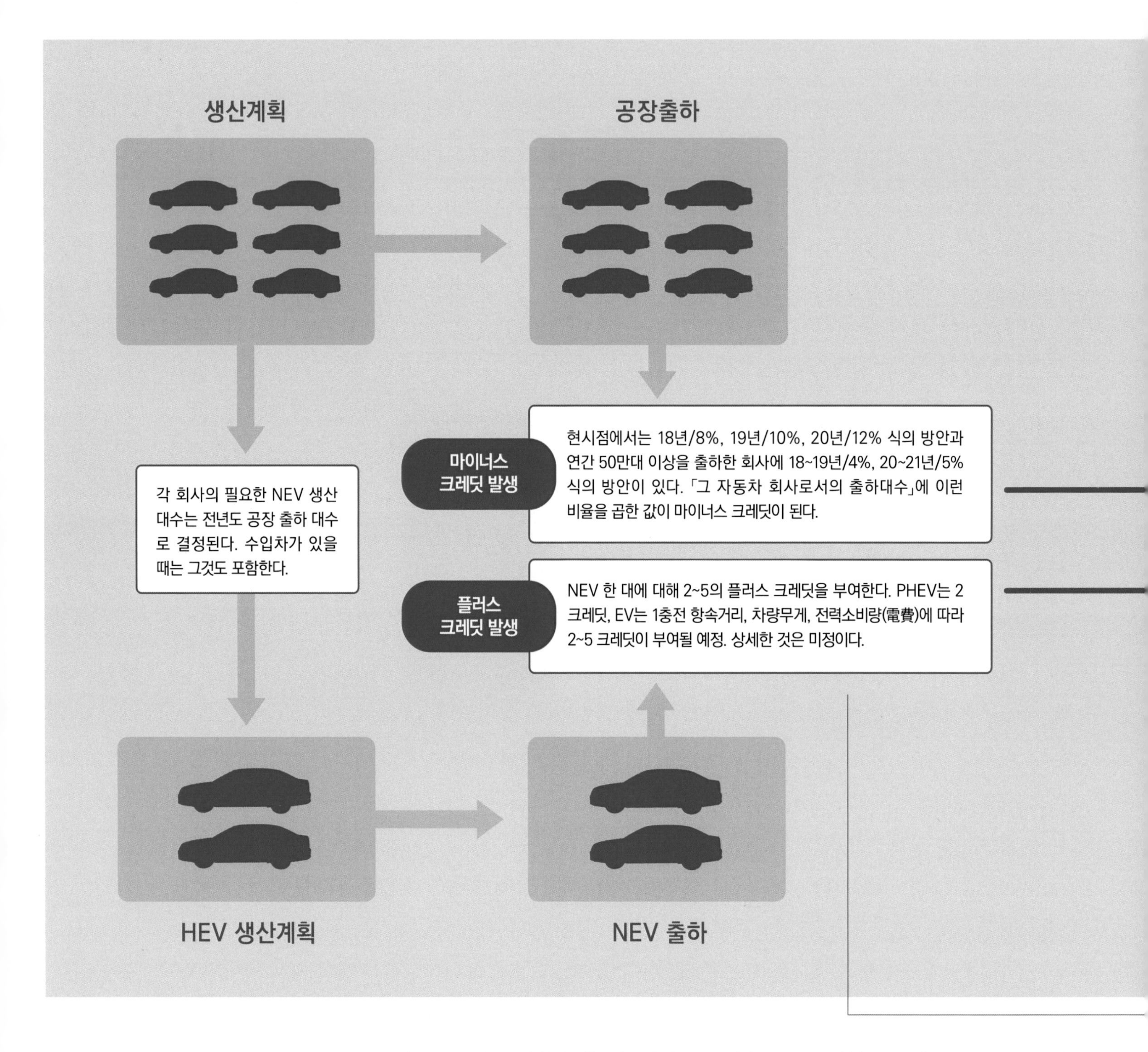

중국의 NEV 크레딧 제도안

위 차트는 필자가 중국에서 취재한 것을 바탕으로 현시점에서의 상황을 나타낸 것이다. 일정 NEV 생산을 자동차 회사에 의무화시키고, 달성하지 못했을 때는 벌금을 부과한다는 기본방침을 결정되었지만, 구체적인 마이너스 크레딧 산출방법이나 NEV 대상 차량의 플러스 크레딧 등, 핵심사항은 아직 결정되지 않은 상태이다. 중국 미디어에 따르면 「현재 상태에서는 배출가스를 CAFE 규제에서 달성하지 못했을 경우, NEV 크레딧을 사용해 이것을 보충할 수 있는 공신부 방안이 유력하다」고 하지만 아직은 미정이다.

람보르기니, 벤틀리 같은 산하 브랜드까지 포함하면 16년 판매실적이 400만대이다. 이것은 그룹의 세계판매 대수 가운데 40%에 해당하는 수량이다. EU 28개국에서의 판매 합계가 350만대이므로 중국은 그 이상인 것이다. VW은 중국에서의 그룹 판매목표를 연간 600만대로 잡고 있다.

그런데 중국 정부가 NEV규제를 들고 나왔다. 규제를 따르지 않으면 안 된다. VW은 17년 9월의 IAA(프랑크푸르트 쇼)에서 EV 및 PHEV(외부충전이 가능한 플러그인 하이브리드 자동차), 즉 중국 정부가 NEV로 정한 카테고리의 모델을 25년까지 80종류를 투입하겠다고 발표했다. 이 가운데 순수 EV는 50종류나 된다. 또한 VW 브랜드로는 25년까지 30종류의 「전기 자동차(Electrified Vehicle)」를 투입할 계획으로, 25년 시점에서의 판매비율은 EV가 25%, 기타 75%라고 언급하고 있다.

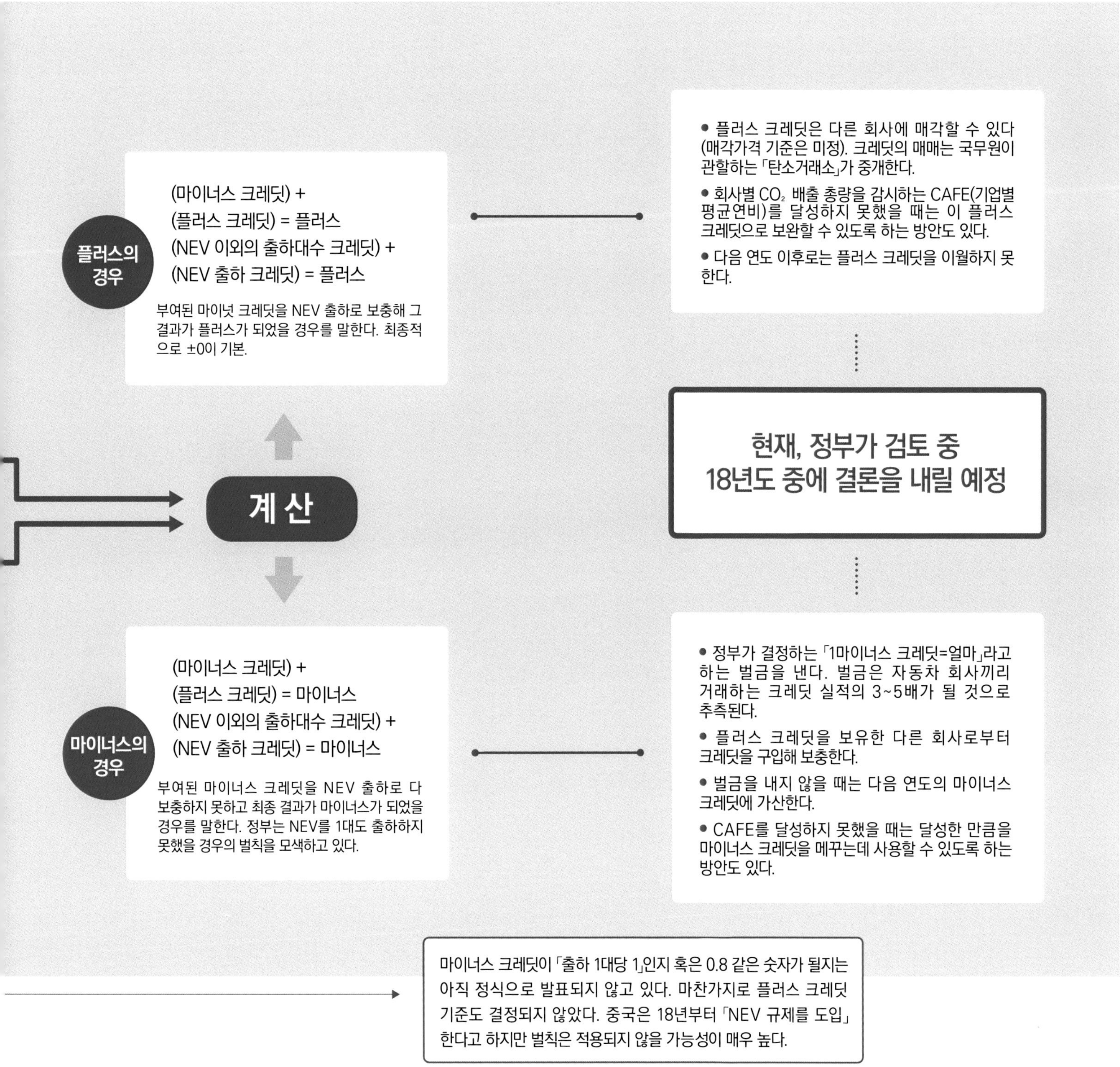

계 산

플러스의 경우

(마이너스 크레딧) +
(플러스 크레딧) = 플러스
(NEV 이외의 출하대수 크레딧) +
(NEV 출하 크레딧) = 플러스

부여된 마이넛 크레딧을 NEV 출하로 보충해 그 결과가 플러스가 되었을 경우를 말한다. 최종적으로 ±0이 기본.

- 플러스 크레딧은 다른 회사에 매각할 수 있다(매각가격 기준은 미정). 크레딧의 매매는 국무원이 관할하는 「탄소거래소」가 중개한다.
- 회사별 CO_2 배출 총량을 감시하는 CAFE(기업별 평균연비)를 달성하지 못했을 때는 이 플러스 크레딧으로 보완할 수 있도록 하는 방안도 있다.
- 다음 연도 이후로는 플러스 크레딧을 이월하지 못한다.

현재, 정부가 검토 중
18년도 중에 결론을 내릴 예정

마이너스의 경우

(마이너스 크레딧) +
(플러스 크레딧) = 마이너스
(NEV 이외의 출하대수 크레딧) +
(NEV 출하 크레딧) = 마이너스

부여된 마이너스 크레딧을 NEV 출하로 다 보충하지 못하고 최종 결과가 마이너스가 되었을 경우를 말한다. 정부는 NEV를 1대도 출하하지 못했을 경우의 벌칙을 모색하고 있다.

- 정부가 결정하는 「1마이너스 크레딧=얼마」라고 하는 벌금을 낸다. 벌금은 자동차 회사끼리 거래하는 크레딧 실적의 3~5배가 될 것으로 추측된다.
- 플러스 크레딧을 보유한 다른 회사로부터 크레딧을 구입해 보충한다.
- 벌금을 내지 않을 때는 다음 연도의 마이너스 크레딧에 가산한다.
- CAFE를 달성하지 못했을 때는 달성한 만큼을 마이너스 크레딧을 메꾸는데 사용할 수 있도록 하는 방안도 있다.

마이너스 크레딧이 「출하 1대당 1」인지 혹은 0.8 같은 숫자가 될지는 아직 정식으로 발표되지 않고 있다. 마찬가지로 플러스 크레딧 기준도 결정되지 않았다. 중국은 18년부터 「NEV 규제를 도입」한다고 하지만 벌칙은 적용되지 않을 가능성이 매우 높다.

중국의 NEV 규제에는 포석이 있었다. 연간 신차판매 대수가 500만 대를 넘었던 04년, 베이징 정부 안에서는 자동차 연료의 다양화라는 정책이 검토되기 시작하고 있었다. 06년에는 CNG(압축천연가스), LPG(액화석유가스), 식물 유래의 바이오 에탄올, 자연계에는 존재하지 않는 정제 알코올의 일종인 DME(디메틸에테르)가 가솔린과 경유를 보조하는 자동차 연료로 지정되었다. 자동차 증가로 인해 예상되는 석유소비량을 조금이라도 억제하려는 목적이었다. 동시에 가솔린 소비량을 줄이는 수단으로 HEV(하이브리드 전기자동차)의 국산화도 정부방침으로 제시되었다.

이 정부방침을 바탕으로 제일기차, 상하기기차 등 대형 국영 자동차 회사가 HEV 개발에 착수하면서 07년 무렵부터 시작차가 나오기 시작했다. 독립적(비국영) 자동차 회사 가운데는 비야디기차(BYD Auto)가 08년에 세계 최초의 PHEV를 발매해 주목받았다. 그러나 성능과 비교해 비싼 가격, 낮은 신뢰성 등이 악재로 작용하면서 판매대수는 소량에 그쳤다. 그 후 다이믈러가 비야디기차와 공동으로 EV 전문 회사인 덴자(DENZA)를 만들어 15년부터 시판에 나서고 있지만, 같은 크기의 가솔린 차량과 비교해 3배나 비싼 가격은 중국 정부와 지방의 보조금을 빼더라도 약 2배나 비싸서 일반적인 구매 대상에는 들어가지 않는다.

그렇다면 누가 NEV를 살까? 이점이 최대 문제이다. 중국 정부는 NEV 보조금을 20년 무렵에는 중지하려고 한다. 15년에 각지에서 발각된 모터나 전지 팩의 재사용 같은 NEV 보조금 사기가 원인이기도 하지만, NEV 생산이 연간 200만대가 되면 EV는 1대 11만 위안(元), PHEV는 6만 3000원 위안이나 하는 현재 수준의 보조금을 유지하는 것이 정부 예산으로 감당하기가 어렵기 때문이기도 하다. NEV 가운데 EV 비율을 40%로 가정해서 계산했을 때, 연간 200만대가 되면 원화 환산으로 20조 원의 보조금을 필요로 한다.

VW은 25년 시점에서의 그룹 내 EV 생산대수를 300만대로 계획하고 있는데 그 가운데 반은 중국에서 판매할 수 있을 것으로 기대하고 있다. 그렇다면 그때까지 NEV 가격이 극적으로 내려갈 수 있을까? 지방정부가 추진하는 대도시로의 차량유입 제한과 신규 번호판 교부 제한을 NEV에는 적용하지 않겠다든가, 복수를 보유할 때는 NEV만 인정하겠다는 등의 방침을 정한다 하더라도 자동차 회사가 판매가격을 대폭 인하하지 않는 한은 「부유층을 위한 차량」에 머무를 것이다.

또 한 가지, 중국 정부 내에서는 국가발전 개혁위원회(발개위)와 공업화신식화부(공업 및 정보통신부, 이하 공신부)가 각각 NEV 규제안을 주장하고 있지만, 지금까지 상세한 것은 결정되지 않은 상태이다. 「어쨌든 17년부터는 예정대로 규제를 시작할 것」이라는 방침은 정부의 의지이지만, 「크레딧을 달성하지 못한다고 하더라도 벌금은 부과하지 않는 것」이라는 이야기는 「아무것도 결정되지 않았기 때문」이다. 국가발전 개혁위원회 방안은 「생산·수입대수가 연간 50만 대를 넘는 자동차 회사」에 대해 17년에는 3%를, 18~19년에는 4%를, 20~21년에는 5%를 필요 크레딧으로 부과하겠다는 것이고, 공신부 방안은 「모든 메이커」에 대해 18년에는 8%를, 19년에는 10%

		생산대수 (NEV 제외)	필요한 크레딧	PHEV 70%	EV 30%	합계
도요타	티엔진이치-도요타	464,775	55,773	15,016	6,435	21,451
	쓰촨이치-도요타	139,359	16,723	4,502	1,930	6,432
	광치-도요타	403,373	48,405	13,032	5,585	18,617
	합계					46,500
르노닛산	동펑유한	1,018,675	122,241	32,911	14,105	47,016
	정쩌우-닛산	38,415	0	0	0	0
	동펑-르노	101	0	0	0	0
	합계					47,016
혼다	동펑-혼다	388,305	46,597	12,545	5,377	17,922
	광치-혼다	560,095	67,211	18,095	7,755	25,851
	합계					43,773

일본계 3사는 이 정도의 NEV 생산이 필요

시장조사 회사 포린(FOURIN)이 계산한 2020년 시점에서의 일본 3사의 NEV 생산 필요 대수. 크레딧은 PHEV=2, EV=4로 계산한 것이다. EV는 최대 5 크레딧이라는 방안도 있는데, 이 크레딧이 어떻게 움직일지가 관건이다.

를, 20년에는 12%의 크레딧을 부과하는 것이다.

1대당 크레딧에 대해서는 공신부가 EV는 최대 5, PHEV는 2로서 「항속거리, 차량무게, 전력소비를 고려하겠다」고 밝히고 있는 반면에 국가발전 개혁위원회는 구체적으로 제시하지 않고 있다. 크레딧 거래 방법은 공신부가 「기업간(企業間)」, 국가발전 개혁위원회는 「국무원 소관」을 주장하는 등, 보조를 맞추지는 않고 있다. 그런 한편으로 샹하이에서는 EV 공유사업이 이미 시작되었다. 「사용방식은 우리가 결정한다」고 말하는 것이 현재 중국 벤처기업가의 모습으로, 어느 쪽이든 기업이나 개인용 EV리스도 사업이 될 것이다. NEV 보급이 민간 주도로 이루어질 가능성도 부정할 수 없다.

중국 정부가 기대하는 점

지리자동차 홀딩스는 산하에 있는 볼보 카즈의 기술지원을 바탕으로 새로운 브랜드인 「Lynk & Co」를 만들었다. 상품은 EV와 PHEV에만 특화한다. 수출도 계획하고 있어서 NEV 규제가 중국 회사의 염원인 유럽·미국 진출도 가속시키는 역할을 할 것으로 기대하고 있다.

중국 정부는 공공 급속충전 스테이션을 20년에 1만 2000곳, 25년에 3만 6000곳, 30년에는 4만 8000곳까지 확충할 계획이다. 보조금 지원도 시작했다.

차량구동용 고출력 모터는 두께 1mm 정도의 얇은 전자(電磁)동판 몇 개를 겹쳐서 만든다. 중국 정부는 이런 기술의 보급에도 기대하고 있다. 투자를 끌어모아 중국 전 국토에 EV부품의 제조거점을 분산시킴으로써 지역마다 외자에 대한 부품판로를 강화한다.

자동차 모터 해부

모터의 최신기술

도해 특집

MOTOR PERFECT GUIDE

모터의 역사가 어언 200년 가까이나 되지만 자동차용 모터로 사용된 역사는 비교적 짧다.
근래의 기술진보를 바탕으로 실용영역에서 사용할 수 있게 되면서 단숨에 전기자동차(EV)로 옮겨가려는 경향이 두드러지기는 하지만, 그렇다고 가까운 장래에 내연기관이 없어지지는 않을 것이라고 MFi는 판단하고 있다.
그러나 환경규제에 대한 대응을 계기로 내연기관과 공존하면서 모터의 위력이 확대되고 있는 것 또한 사실이다.
모터팬 독자라면 엔진에 대해서는 비교적 잘 알고 있을 것이다. 그럼 전기모터에 대해서는 어떨까.
시대의 흐름에 맞춰 전기모터에 대해서도 제대로 이해해 보도록 하자.

사진 : 아우디

전기모터가 엔진을 넘어 섰을까?
배터리 EV가 내연기관을 탑재한 자동차를 넘어 섰을까?

내연기관은 현재 열효율 50%를 목표로 분투 중으로, 아직도 성능향상 여지가 많다.
한편 전기모터의 효율은 이미 최고 수준이어서, 90%를 넘고 있다.
기계로서의 효율만 따지자면 EV가 압도적인 우위에 있을 정도로 내연기관 등은 적일 수가 없어야 한다.

본문 : 마키노 시게오 그림 : BMW/재규어 랜드로버/닛산/테슬라 모터스 사진 : 미야카도 히데유키

본인(마키노)과 이번 특집을 담당한 노자키 기자는 도카이대학의 기무라 히데키 교수와 사가와 고헤이 조교에게 테슬라 모델 X·4WD의 시승을 부탁하기 위해 데모카를 빌려서는 만나러 나섰다. 두 분은 도카이대학에서 교편을 잡고 있으면서 세계적으로 유명한 솔라 카 팀을 이끄는 한편으로, 최첨단 플러그인 BEV(배터리 충전식 전기자동차)에 대해서도 매우 이해가 깊다. 학구파 분들은 어떻게 느끼지는 솔직하게 물어보았다.

「와~, 멋지다!」

솔라 카 팀 학생들이 환호성을 지른 것은 모델X의 걸 윙(기러기 날개) 도어를 열었을 때였다. 외관상의 어필은 중요하다. 이거 하나로 단숨에 마음을 매료시켰다. 기무라 교수와 사가와 조교는 이미 모델X에 대해 풍부한 정보가 있어서 놀라고 할 것도 없다.

「어떠셨습니까?」

언덕길도 있는 대학 캠퍼스 안을 운전한 뒤의 감상을 물어보았다.

「이동 수단으로는 상당히 잘 만들어진 것 같습니다」「브레이크 회생을 약간 약하게 하는 것이 일반적인 엔진 자동차와 비슷하다는 느낌입니다」「유도모터가 동기모터인지에 관한

내연기관 탑재 차량

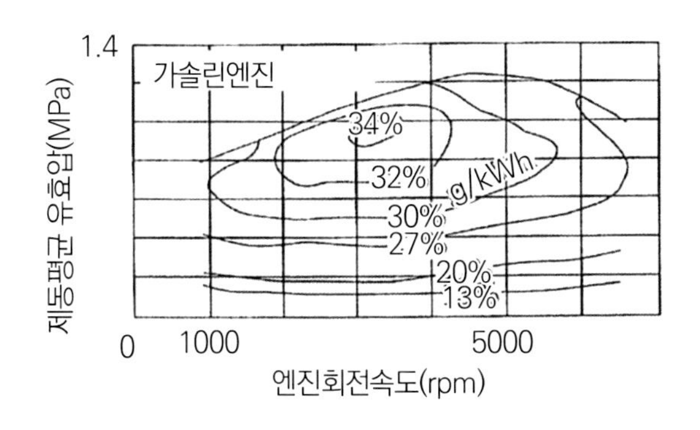

여기서 소개하는 3가지 그래프는 지금으로부터 10년 전 데이터이다. 찬찬히 따져보면 가장 발전한 것은 내연기관이 아닐까. 동시에 무게 때문에 낮았던 자동차 전체로서의 효율도 경량화가 추진되면서 개선되어 왔다. BMW X5와 레인지로버가 화려한 SUV이기는 하지만, 시각을 달리해서 테슬라 모델X 정도로만 꾸몄다면 차량 무게가 어떻게 바뀔지 생각하게 된다.

배터리 EV

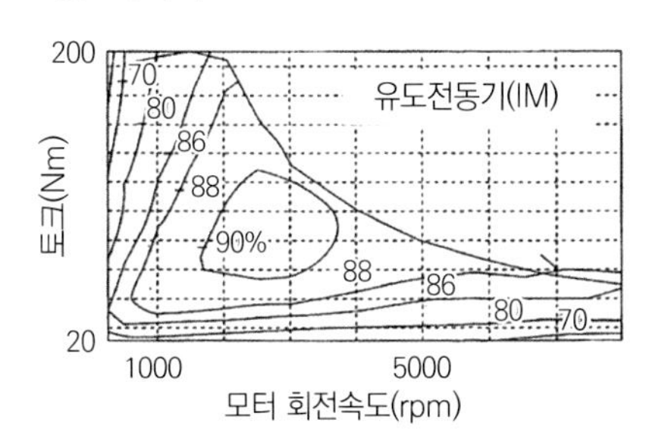

BEV 세계는 영구자석식 동기모터가 지배해 왔지만, 테슬라가 유도모터를 들고 등장하면서 분위기가 바뀌었다. 독일 서플라이어인 ZF도 유도모터를 사용한 장치를 발표했다. 두 가지를 단순하게 효율로만 비교해 보면 10년 전에는 이런 그래프였다. 현재는 어떨까. 그리고 눈여겨볼 것은 전기요금과 모터의 관계이다. 당연히 차량 무게도 관련되어 있다.

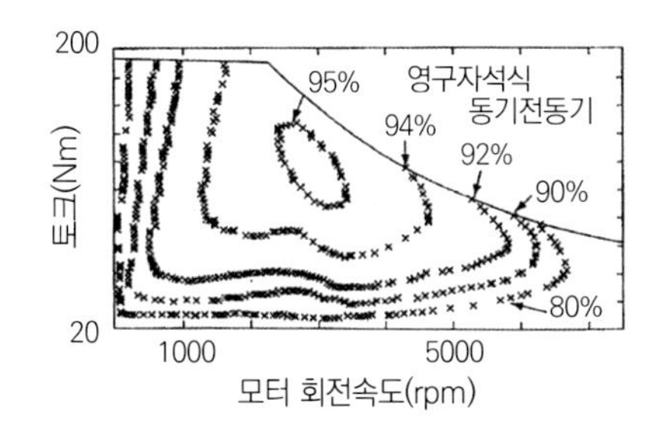

CO_2 발생량 비교

	차량제조 단계에서 발생하는CO_2(ton)	사용과정에서 발생하는 CO_2(ton)	제조할 때 발생하는 CO_2 비율
가솔린 차량	5.6	24	23%
HEV	6.5	21	31%
PHEV	6.7	19	35%
BEV	8.8	19	46%

영국 리카르도 등의 연구소나 미국 EPA의 데이터는 많이 비슷하다. 내연기관을 탑재한 차량은 사용과정에서 CO_2 배출이 비율적으로 크지만, EV는 제조단계에서 비율이 크다. 그렇다면 폐기단계까지 포함해 진실한 의미에서의 전 과정 평가(LCA, Life Cycle Analysis)는 어떨까. 또 중요한 것이 자원이다. 모터나 전지에 필요한 자원은 세계적으로 봤을 때 편재되어 있다.

미국 사양의 제원 비교

	테슬라 모델X AWD	레인지로버 3.0 수퍼차저 V6 HSE	BMW X5 x드라이브 50i
최고속도(km/h)	210	210	210
0~60mph(96.54km/h) 가속시간(초)	2.9	7	4.7
차량 무게(kg)	2511	2249	2338
차량 총 무게(kg)	3073	3099	2974
최고출력	259+503hp	380hp/5000rpm	445hp/5500~6000rpm
최대토크		46.0kgm/3500~5000rpm	66.5kgm/2000~4500rpm

최고속도는 상한치이므로 셋 다 똑같다. 소박하게 만들어진 모델X의 무게가 호화로운 SUV와 크게 차이 나지 않는다. 차이가 가장 큰 것은 가속력. 0~60mph에서 모델X는 놀라운 수치를 자랑한다. 하지만 이런 주행성능을 펼친다면 전지가 순식간에 방전될 것이다. BMW X5 정도만 돼도 그럴 걱정은 줄어들겠지만, 그래서는 어필 포인트가 줄어든다. 곤혹스러운 부분이 아닐 수 없다.

논쟁은 차치하고라도, 대단히 감촉이 좋은 모터입니다」「엔진이라는 방해물이 없는데도 불구하고 의외로 작은 회전이 둔하네요」「에어 서스펜션의 스트로크는 그다지 부자연스럽지 않습니다」 등등, 상당히 세세한 부분까지 언급해 주었다.

모델X는 앞뒤 축을 각각 다른 모터로 구동한다. 그 제어가 어떻게 이루어지고 있는가에 가장 흥미가 있었는데 사가와 교수에 따르면「일반 엔진 자동차에서 갈아타도 위화감이 없을 정도」라고 한다. 본인도 그렇게 생각했다.

테슬라의 고향인 미국에서 판매되는 중량급 고급 SUV와 스펙을 비교해 보면, 특별하게 무겁지도 않고 그렇다고 특출나게 비싼 것도 아니지만 출발가속 빠르기가 압도적이라는 것을 알 수 있다. 다만 레인지로버와 BMW X5는 어쨌든 장비가 호화롭지만, 모델X의 내장은 그와 비교하면 소박한 편이다. 이것이 싫은 사람은 구매하지 않겠지만「아무래도 EV니가 더 가볍게 만드는 것이 정답」이라고 이해하는 사람은 구매할 것이다. 그래서 이 문제는 이렇게 넘어가면 된다.

사실은 이 시승하는 날, 몇 일 전에 기무라 교수와 사가와 조교, 모터 메이커인 주식회사 미츠바의 우치야마 에이와씨로부터「현재의 EV용 모터」에 대한 강의를 받았다. 이 세 분의 EV평가는 이어지는 61~62페이지를 참고해 주기 바란다. 전기모터, 배터리와 엔진, 변속기를 비교한 것이다.

EV는 정말로 환경친화적일까. 이 이야기를 할 때, 석탄 화력까지 총동원해야 겨우 전력 수요를 맞출 수 있는 현재의 일본 사정이나, 취재를 통해 알게 된「겉으로 드러나지 않은 사정」 등을 종합적으로 보면 어쩔 수 없이 회의적으로 되지 않을 수 없다.「아직도 그런 말을 하다니!」하고 기무라 교수에게 한 마디들은 장거리 송전(送電) 건에 대해서,「그럼 가솔린은 어떻게 운반하고 있습니까」하고 질문을 받는다면 사실 신뢰할 만한 데이터가 없는 것은 사실이다.

「음, 나름 잘 달립니다. 모터 제어도 잘 되는군요. 다만 개인적으로도 사겠냐고 하면 약간 망설여지네요」라고 말하는 전기자동차 전문가 기무라 교수. 문이 열리는 방식에 환호했던 학생들에 대해서는「보는 눈이 다른 것이죠!」라고 한 마디.

「야, 이 정도면 다른 차들은 끝이 아닌가 할 정도인데요. 제어를 바꿔 가면서도 타보았는데, 잘 제어됩니다. 이동 수단으로는 종착점일지도 모르겠습니다」라고 말하는 사가와 조교. 사가와 조교는 스바루를 퇴직하고 도카이대학으로 돌아왔다. 자동차 회사를 경험한 것이 의미가 있었다고 말한다.

「어디서도 정확한 데이터를 볼 수 없으니까 기준이 될 만한 척도가 없는 것이죠. TV나 신문에서 호평하면 그것이 세상의 평가로 받아들여집니다. 무서운 일이죠」라는 우치야마씨. 그래서 우리는 이번 취재를 계기로 현시점에서 자동차에 사용되는 모터에 대해 제대로 알아두기로 마음먹었다. 관계된 분들의 의견을 정확하게 파악하자고 말이다.

「사실 모터는 소재가 다라고 할 수 있습니다. 그 소재를 어떻게 상품으로 만들어내느냐는 일렉트로닉스의 세계이죠. 근래의 발전은 모터 자체보다도 제어입니다」라는 우치야마씨. 계속해서 다음과 같이 말한다.

「EV는 부품 개수가 적고 간소하기 때문에 벤처기업에서도 만들 수 있다는 식의 이야기가 떠돌고 있지만, 그것은 절대 있을 수 없다고 생각합니다. 자동차를 모르면 모터 제어는 불가능하죠. 잘해야 내연기관 자동차를 개조한 전기자동차인 컨버터 EV 수준이겠죠」

이에 대해 사가와 조교는 「글쎄요, 벤처를 하는 사람들 가운데도 자동차를 아는 사람도 있고, 또 실력도 상당하다고 봅니다」라는 의견을 낸다. 기무라 교수는 「현재의 EV는 엔진 자동차를 많이 닮아서 더 EV답게 만들어졌으면 좋겠다는 생각이 들기는 하지만, 그렇게 하면 대중적인 호응을 받지 못하니까요」라고 한다. 반면에 본지로서는 「보조금이 없어서 팔리지 않는다면 아직 경쟁력이 없어서가 아닐까요」라고 한 마디 끼어들었다. 이에 대해 미츠바의 우치야마씨가 거들고 나섰다.

「가솔린차하고 비슷한 가격에 주행거리도 어지간히 나오고, 충전시간이 짧다면 압도적으로 EV가 이길 것이라 생각합니다. 일단 주행성능은 훌륭하니까요. 하지만 지금 시점에서 상품력으로는 열세입니다. 여러 가지 각도에서 EV를 바라보고, 일본의 산업구조나 교통사정까지 고려해 보면 무턱대고 EV만 예찬해서는 안 된다고 생각합니다. 과제가 산처럼 쌓여 있으니까요」라며, 확실히 모터 추진파일 것으로 생각했던 우치야마씨가 이렇게 말했다.

그러나 세상 이치가 도리로만 돌아가지는 않는다. 내가 알고 있는 한 독일인 저널리스트는 디젤차에 대해 「뭐라고 해도 CO_2 배출이나 운용비용까지 포함하면 현실적인 선택」이라고 쓰기만 했는데도 항의 전화에 시달렸다고 한다. 기업이 DM을 보내는 것은 그렇다 치더라도 개인정보를 어디서 얻었는지 「전혀 모르는 사람한테서 갑자기 전화가 걸려오기도」 했다고 한다.

메르켈 정권이 연립문제로 우물쭈물하는 사이에 반디젤파들이 여론 결집에 분주했다. 일본 아마가사키시의 사례를 참고로 배출가스 소송이 제기된 곳은 주도(州都) 슈투트가르트시를 안고 있는 바덴-뷔르템베르크주와 주도 뒤셀도르프를 안고 있는 노르트라인-베스트팔렌주였다. 고소한 곳은 환경단체인 독일 환경지원협회(DUH). 이 소송에서 지자체 측이 패소하고, 지자체가 환경오염의 방지·개선을 목적으로 디젤차의 시내 주행금지 등과 같은 조치를 도입한 것에 대해 「위법성은 없다」는 판결이 확립되었다.

그 일은 그렇다 치고, 순수하게 현재의 EV를 평가하면 역시나 비용 문제가 첫 번째 과제이다. 특히 2차전지가 그렇다. 모터는 그다지 비싸지 않을 것이다.

「최근에 이제 일본의 물건제조는 끝난 것이 아니냐는 목소리가 있습니다. 이유는 중국의 존재 때문이죠. 리튬이온전지가 됐든 모터가 됐든 또는 이것들을 장착한 제품이 됐든 간에 처음부터 끝까지 팔 수 있습니다. 그러니까 산다는 것이죠. 일본은 품질이 높은 영역의 제품들만 팔리지 싸게는 못 만듭니다. 중국에서 파는 스쿠터 가운데는 정말로 엉터리 같은 제품도 섞여 있습니다. 그래도 팔리는 것이 현실입니다. 그런 나라를 어떻게 이기겠습니까」

우치야마씨가 이렇게 말하자 기무라 교수도 이야기하기 시작했다. 재료 이야기이다.

「양산 수량 싸움이 아니게 되고 있죠. 예전에는 대량으로 만들면 단가는 싸졌습니다. 하지만 재료비 이하로까지 떨어지지는 않죠. 재료가격 차이가 자동차 산업을 압도할지도 모르는 겁니다. 똑같은 철이나 구리라도 일본보다 중국이 훨씬 쌉니다. 자석도 놀랄 만큼 싸죠. 일본은 어떤 식으로 재료를 확보해야 할지가 문제입니다. 어쨌든 일본은 개발만 하고 생산은 해외에서 하는 식의 노선이 가장 쉽기는 합니다」

이런 말을 듣다 보니 나는 중국 어떤 대학이 생각났다. 큰 강당에 100명 이상의 학생들이 모여 열심히 마이크로 컨트롤러 프로그램을 써서 내던 모습이다. 나를 안내했던 교수는 「어떤 일본 차의 엔진 제어 프로그램을 써내고 있는 겁니다」하고 말했다. 학생들은 무료봉사이다. 그 대학은 해석한 프로그램을 자동차 회사에 팔고 그 돈으로 여러 가지 설비를 구매하는 것 같았다. 실험 풍동이나 카본 소재를 태우는 오토크레이브 설비를 갖추고 있던 것도 놀라웠지만 「어떤 대학에는 자동차 생산라인도 있습니다」라는 말을 듣고는 질렸던 기억이 난다.

이런 중국이 외자를 통해 NEV(신에너지 자동차=EV, PHEV, 연료전지차)를 중국에서 양산하게 하고 부품도 국산화시키는 한편, 정부가 지정한 2차전지 회사에서 전지를 사게 한 뒤에는 전 세계에 저렴한 NEV를 팔려고 한다. 일본 자동차 회사는 어떻게 생각하고 있을까.

이런 대화를 나누고 며칠 뒤에 도카이대학에서 시승이 이루어졌다. 솔라 카 팀 학생들과 자동차 이야기를 나누고는 마침 벚꽃이 만개한 교정에서 기념촬영 후, 솔라 카 팀 기지를 방문했다. 당연한 말이지만 거기에는 내연

17년도 세계 태양광 자동차 경주(World Solar Car Challenge)에서 4위에 입상한 머신. 조사해 보니 1~3위 머신은 모두 다접합 화합물 솔라 셀이었고, 도카이대학은 실리콘 셀을 사용한 머신 가운데는 최고 순위이다. 고성능 셀을 사용하면 차체 표면적을 줄일 수 있다.

솔라 카「도카이 챌린저」의 본거지. 여기는 과거에도 취재 때문에 몇 번 방문했었는데, 세계적인 대회에서 우승한 머신의 존재감이 압도적이다. 동시에 경기규칙이 바뀌면 머신 형상도 바뀌는, 경쟁을 다투는 대회의 세계도 엿볼 수 있다.

이것이「인간의 대사보다도 에너지 효율이 뛰어났다고 하는 연비 챔피언 머신」이다.「에볼타(Evolta)」건전지로 움직이며, 사람 혼자서 이동할 수 있다. 일상적인 탈 것은 못 되지만, 군더더기를 철저히 배제하면 이렇게까지 가볍게 할 수 있다는 것을 보여주는 샘플이다.

기관 부품들이 전혀 없고 전기부품들뿐이다. 「이 솔라 카는 인간의 대사보다 작은 에너지로 달립니다」

기무라 교수가 설명해 준 것은 혼자서 엎드려 눕듯이 타고, 단면적은 작으면서도 달팽이 같은 솔라 카였다. 설명을 들어보고는 인간의 소화기가 의외로 효율이 좋지 않다는 생각이 들었다. 무엇보다 경기용 솔라 카는 태양광만 이용해서 달린다. 첨단기술의 태양전지나 모터, 제어장치, 초고정밀 베어링 등을 사용하면서 최소한으로 전기만 사용한다. 그러면서도 조금의 낭비를 배제한 상태에서 경량화를 위해서 버릴 수 있는 것은 주저 없이 버린다. 그와 비교하면 에어컨이 장착된 EV 등은 아주 너그럽다 할 수 있다. 전기적 낭비도 있다. 나는 「모터가 계속해서 활동할 영역이 있을까요?」하고 우치야마씨에게 물어보았다. 「물론 그렇습니다」라는 우치야마씨. 기계적 측면의 개선과 제어 측면의 개선. 지금까지의 상식을 뒤엎는 대담한 설계변경. 「철 덩어리」로부터의 탈출 등등, 개선 방향은 여러 가지가 있을 수 있겠지만 개인적으로 EV는 「어떻게 되든 결국은 전지」라고 생각한다. 7년 전에 기무라 교수한테서 받은, 지금으로 따지면 10년 전 데이터에는 가솔린의 수백~1000분의 1에 지나지 않는 리튬이온 전지의 에너지 밀도가 기록되어 있었다. 전지도 발전하고 있기는 하지만 괄목할만한 성능향상까지는 이르지 못하고 있다. 이것이 현재 상태이다.

벚꽃이 만개한 교정에서 모델X와 시승기념 단체 사진을 찍었다. 지붕 가운데까지 유리로 뒤덮인 모델X가 벚꽃 아래서 반사되면서 그림이 된다. 과연 솔라 카 팀의 학생들은 이 차를 어떻게 느끼고 있을까. 이야기를 들어보니 학생들 모두 자동차를 매우 사랑하고 있었다.

BASICS

전기모터는 왜 고속으로 회전할까?

핵심은 「자력」의 제어

본문 : 마키노 시게오
그림 : 구마가이 도시나오
마키노 시게오/도요타/ZF

왕복 엔진은 크랭크 장치를 통해 피스톤의 상하운동을 회전운동으로 바꾼다.
반면에 전기모터는 처음부터 회전운동이기 때문에 「아무것도 하지 않아도 부드럽게 돌아갈까?」
전기모터를 고속으로 부드럽게 돌리는 구조는 사실 상당히 어렵다.

자석의 「흡인」과 「반발」

모터에는 철(Fe)과 그 조합제품인 강(鋼)을 사용한다. 그 이유는 철이 지구상에서 3개 밖에 없는 강자성체 원소이기 때문이다. 철 말고는 코발트와 니켈밖에 없다. 강자성체 재료를 사용하는 대표적 제품이 영구자석으로, 자체에 「S극」과 「N극」을 갖고 있다. 지구는 자체가 약한 자석으로서, N=북극과 S=남극을 연결하는 자장=지자기(地磁氣)를 가지고 있다. 방위 자석(나침반)은 이 지자기에 반응한다. 우리 생활 속에 있는 영구자석도 자장을 갖는데, 같은 극끼리는 서로 반발하고 다른 극끼리는 서로 끌어당긴다.

덧붙이자면 자성재료는 2종류로 나뉜다. 외부에서 힘(대부분은 전류의 방향)을 받으면 쉽게 S극과 N극이 반전하는 「쉽게 포기하는 재료인」 연질 자성재료와 자신의 극(磁化)을 절대로 「포기하지 않는 재료」인 경질 자성재료이다. 물건으로 예를 들면, 전자석이나 전자강판이 전자에 해당하고 영구자석이 후자에 해당한다.

여기서는 영구자석을 예로 들어 살펴보겠다. 위 그림처럼 두 개의 자

「흡인」「반발」을 연속해서 일어나게 하려면…

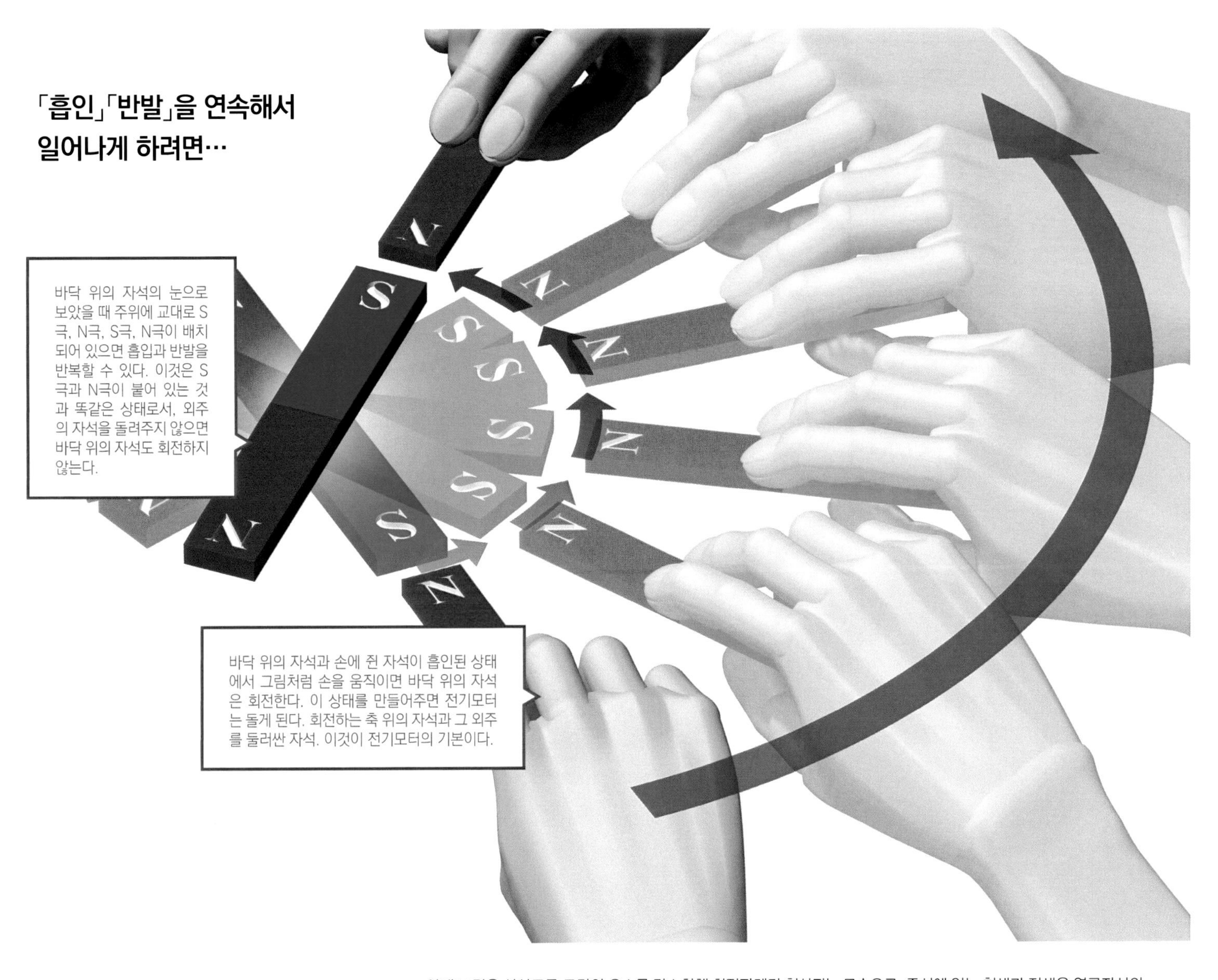

어느 쪽으로 돌릴지를 결정

아래 그림은 삼상교류 모터의 요소를 간소화해 회전자계가 형성되는 모습으로, 중심에 있는 청색과 적색은 영구자석의 로터를 나타낸 것이다. 그 바깥쪽을 둘러싸고 있는 3개의 돌기 부분이 삼상분의 스테이터 코일이고, 여기에 교류전류를 순차적으로 흐르게 했을 때 로터가 돌아가는 모습을 나타낸 것이다. 왼쪽 끝의 그림을 보면 스테이터 코일 상의 상(相)이 통전으로 인해 N극으로, 우측 아래의 상(相)이 S극으로, 그리고 좌측 아래의 상(相)은 전기가 흐르지 않아 극성이 없는 상태이다. 이어서 왼쪽부터 2번째 그림을 보면 좀 전의 우측 아래에 있던 S극이 좌측 아래의 상(相)으로 이동하고 있다. 극의 이동은 하나씩 움직이는 것이 규칙이다. 그런 규칙이 적용되면서 오른쪽 그림으로 진행될 때 극이 어떻게 움직이는지, 그에 따른 영구자석의 로터가 어떻게 회전하는지를 주의 깊게 관찰해보기 바란다.

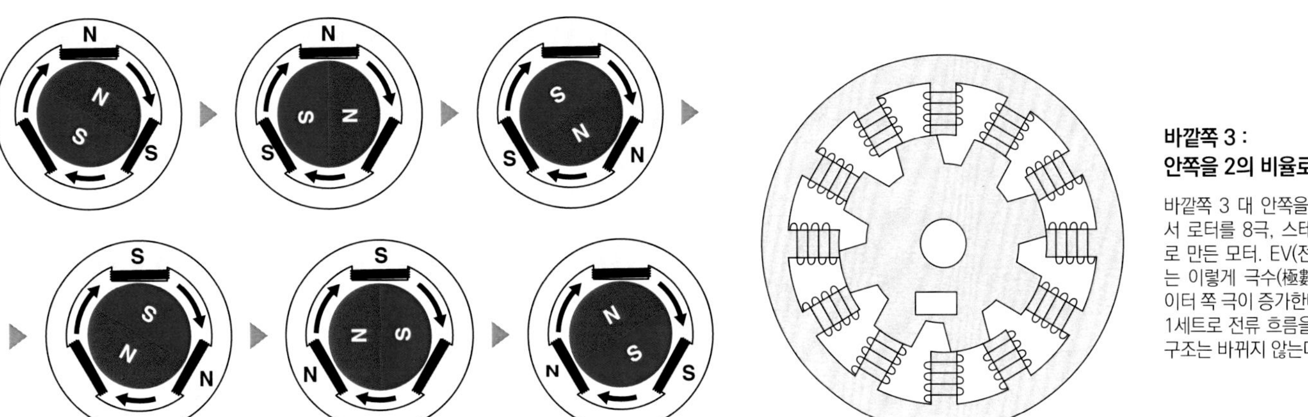

바깥쪽 3 : 안쪽을 2의 비율로 하면

바깥쪽 3 대 안쪽을 2의 비율로 해서 로터를 8극, 스테이터를 12극으로 만든 모터. EV(전기자동차) 모터는 이렇게 극수(極數)가 많다. 스테이터 쪽 극이 증가한다 하더라도 3극 1세트로 전류 흐름을 바꾸기 때문에 구조는 바뀌지 않는다.

석을 사용하는 실험을 가정해 보겠다. 다른 극끼리는 자연스럽게 서로 잡아당긴다. 같은 극끼리는 서로 반발한다.

그렇다면 그림처럼 한쪽 극만 나오게 잡은 다음 원을 그리듯이 움직이면 어떻게 될까. 다른 극끼리 서로 잡아당긴 상태에서 자석은 손이 돌리는 대로 움직인다. 이것은 쉽게 상상할 수 있다. 그럼 방법을 바꾸어서 자석을 손에 잡는 대신에 원을 그리듯이 배치하면 어떻게 될까. 같은 N극을 쭉 배치하면 하나의 N극에만 붙어서 떨어지지 않는다. 많은 자석을 배치하는 의미가 없는 것이다.

그럼 N극과 S극을 교대로 배치하면?

약간 강한 힘으로 자석을 원운동을 시키면 같은 극 앞에서는 반발하고 다른 극 앞에서는 서로 끌어당긴다. 한가운데 놓은 자석을 빙빙 회전시키면 흡인과 반발이 되풀이된다. 이것을 자동적으로 하게 만들면 전기모터가 되는 것이다.

그럼 모터로는 무엇을 할 수 있을까.

전자석과 영구자석으로 「원활하게」 돌린다.

전자석은 겹쳐놓은 얇은 철판(전기자석 강판)에 구리선을 감은 구조를 하고 있다. 구리선에 흐르는 전기가 전기자석 강판에 작용해 자장이 발생한다. 그리고 전기가 흐르는 방향을 반대로 하면 자장의 방향이 바뀌면서 「극」이 바뀐다.

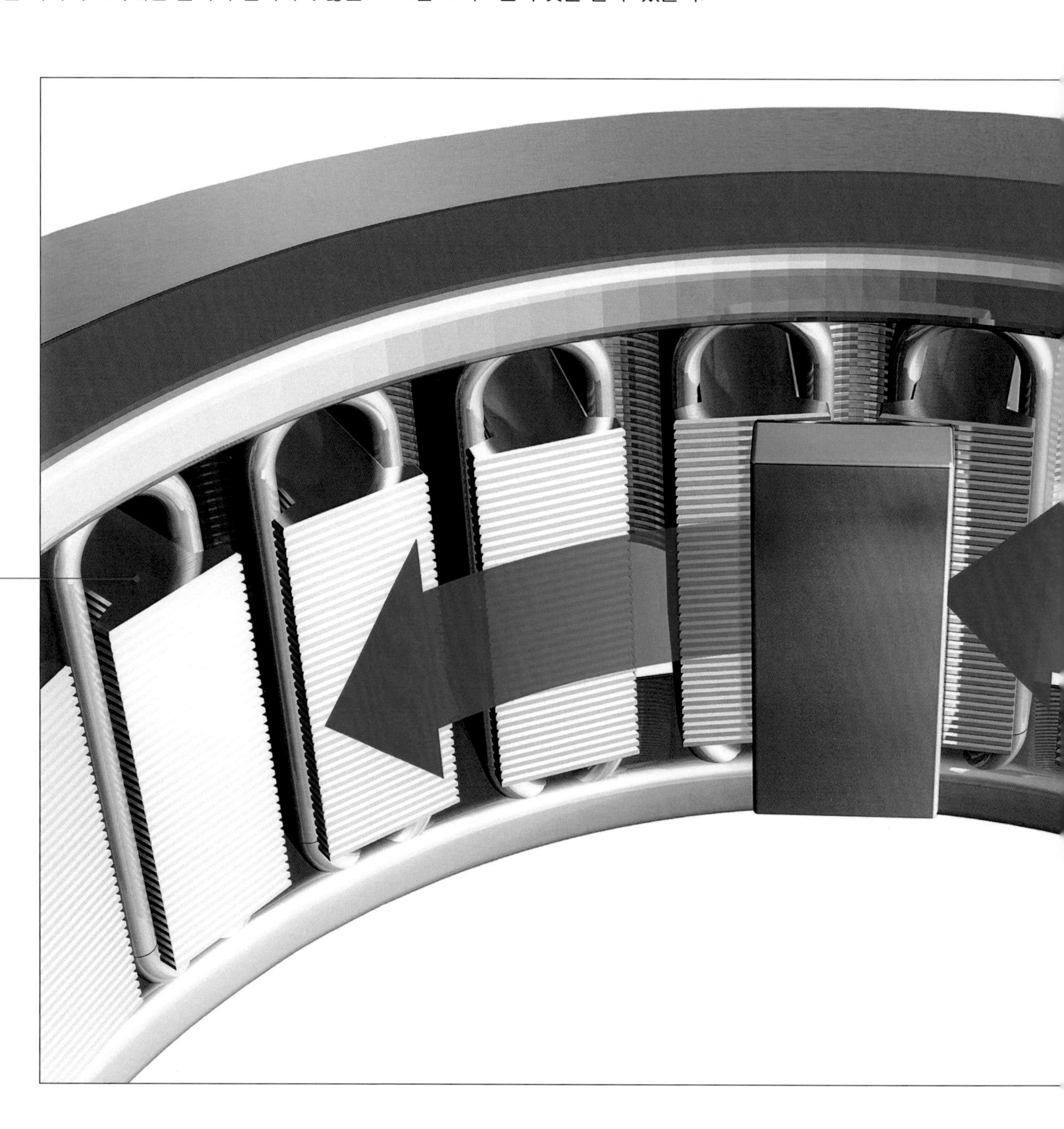

영구자석이 계속해서 전자석으로 끌려간다.

전자석과 쌍으로 영구자석을 사용할 때는 영구자석의 성능에 따라 모터의 성질이 좌우된다. 네오디뮴 등과 같은 희토류를 자석에 섞으면 성능이 향상된다. 부품단가로만 따지면 EV 모터용 영구자석이 가장 비싸다.

회전하는 축=로터를 자신의 자화(磁化)를 잊지 않는 영구자석으로 만들고, 그 주위를 자력을 「쉽게 잊는」 전자석으로 둘러싼 예가 이 페이지의 그림이다. 전자석에 전류를 흘려 N극으로 만들면 로터의 S극이 당겨간다. 당겨간 다음에 이번에는 전류를 반대로 해서 전자석을 S극으로 만든다. 지금까지 당겨갔던 로터의 S극은 갑자기 서로 반발하게 되고 멀어져 간다. 그러면 로터 쪽의 N극이 전자석의 S극으로 당겨간다. 이런 반복적 행위를 로터의 회전방향을 바꾸지 않고 할 수 있다면 항상 한 쪽 방향으로만 회전하는 「축」이 된다. 회전시키는 에너지는 전류이다. 이것이 전기모터의 원리이다.

여기서 중요한 것은 어느 쪽으로 돌리느냐이다. 영구자석은 자신의 자화를 잊지 않는다. 전자석은 전류를 역방향으로 하면 바로 자화를 잊는다. 이 성질을 이용해 영구자석을 사용하는 로터 바깥쪽에 3개의 전자석을 같은 각도로 배치한다. 로터는 S와 N 2극, 그 외주에 「S와 N을 전환할 수 있는 」극이 3극. 이렇게 하면 로터의 극이 어떤 위치

영구자석을 로터에 끼워 넣는다. ➔
영구자석을 로터에 끼워 넣은 한 가지 사례. 고속으로 회전하는 로터 표면에 자석을 배치하면 분리될 위험성이 있어서 전기자석 동판을 겹쳐놓은 튼튼한 개체 안에 끼워넣는 방법이 개발되었다. 날로 진화하고 있는 부분이다.

➔ 차라리 회전 쪽도 전자석으로
로터 쪽에 영구자석을 사용하지 않고 전자석 로터와 전자석 스테이터로 자장을 제어하는 것이 유도모터이다. 영구자석 성능에 좌우되지는 않지만, 고성능 영구자석을 사용해 기본성능을 높이는 동기모터 방법은 사용되지 않는다. 그 때문에 효율은 동기모터보다 약간 떨어지는 경우가 많다. 근래유 유럽과 미국에서는 유도모터에 관한 새로운 개발이 활발하다.

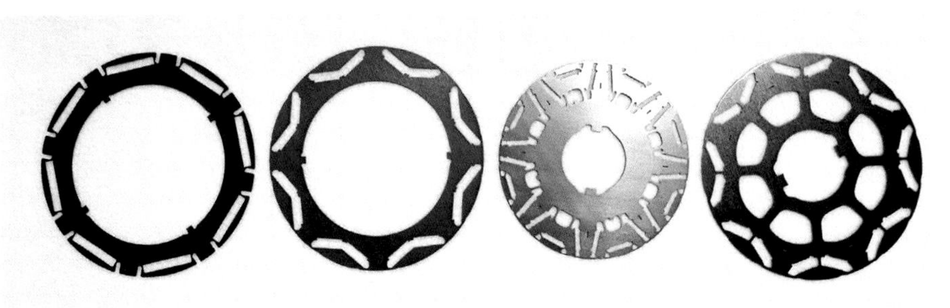

더불어서 에너지 회생까지 하려면

제동을 걸 때의 에너지 회생은 모터를 역회전시키는 것이 아니라, 모터로서의 회전제어를 멈춘 순간에 자연스럽게 유도(誘導)전압이 발생하는 현상을 이용한다. 로터에 영구자석을 사용하는 경우는 전자석 쪽과의 전위차가 커져서(電磁誘導라고 한다) 전기가 쉽게 만들어진다. 그리고 발전은 그대로 모터(발전 중인 모터)의 회전 저항으로 작용하기 때문에 차량은 감속된다. 다만 여기서 만들어지는 전기를 「저장」하는 일은 발전과는 다른 영역이다. 또한 모터로서의 제어를 멈추었을 때 전자유도가 일어나지 않는 모터의 경우는 발전도 이루어지지 않는다.

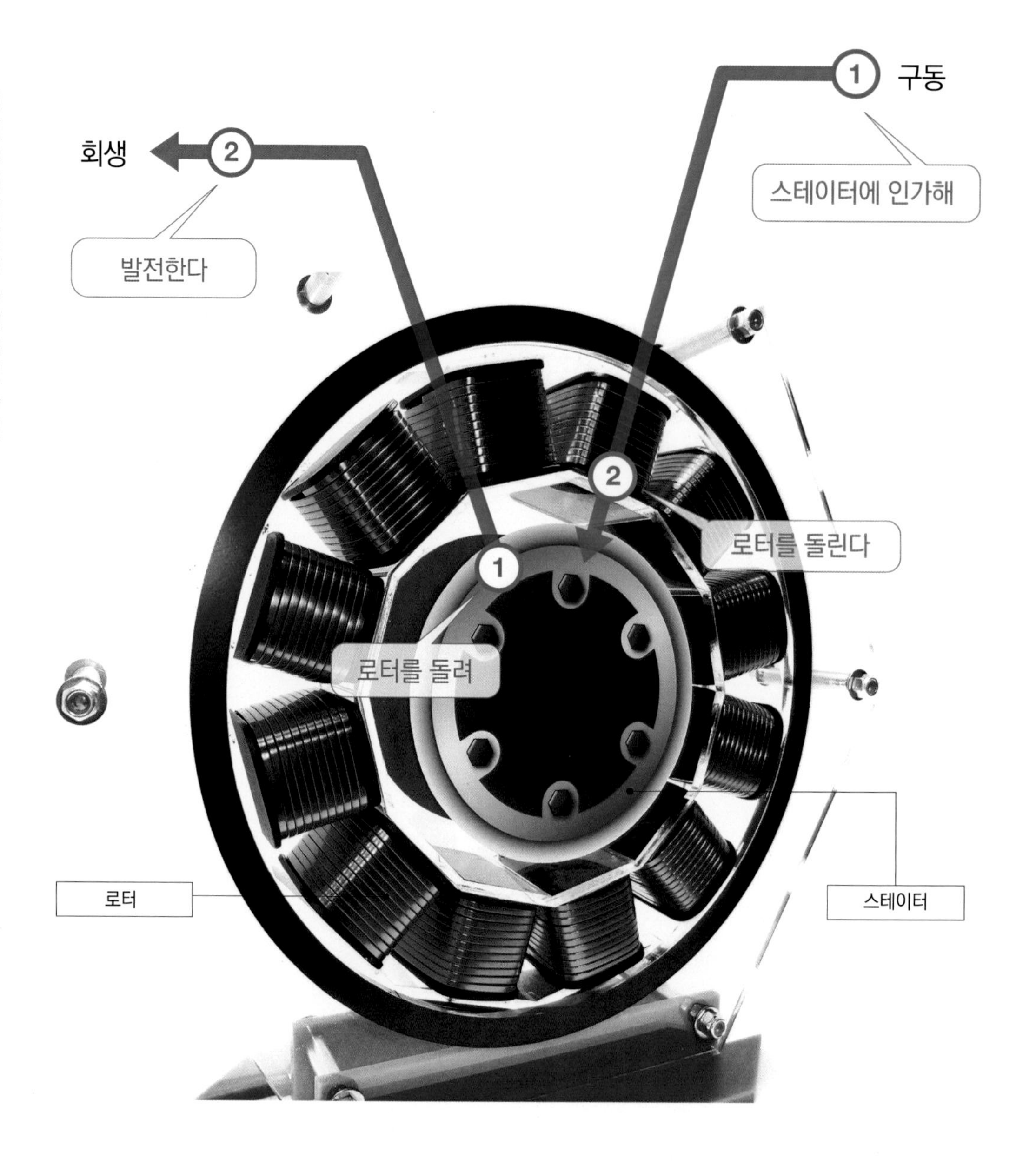

에 있다 하더라도, 앞 페이지 그림에서 보듯이 주위의 전자석을 순차적으로 전환하기만 하면 로터가 반드시 한 방향으로만 회전한다. 외주의 전자석이 2개일 때는 우회전과 좌회전은 「그때의 운」이 된다.

이 로터 쪽 2극, 외주 쪽 3극과 같은 배치는 로터가 120도로 회전할 때마다 흡인과 반발을 되풀이하는 「삼상교류」 동기모터의 기본 원리이다. 그리고 회전을 원활히 하기 위해서 로터 쪽은 2의 배수, 외주(스테이터라고 부른다) 쪽은 3의 배수로 각각 극을 배치한다. 동기(=싱크로너스)로 불리는 이유는 로터와 스테이터 사이에서 생기는 자계(磁界) 속도를 제어하기 때문이다. 전자석의 극을 신속하게 전환하면 로터의 회전속도가 빨라진다. 항상 동기(=싱크로)되어 회전하기 때문에 동기모터라고 하는 것이다.

앞페이지 그림은 스테이터 쪽에 전자석이 3의 배수로 쭉 배열된 다극형(多極型) 동기모터를 나타낸 것이다. 실제로 회전하는 로터 쪽도 영구자석이 2의 배수로 쭉 배열되어 있는데, 그 가운데 자석 하나만 그려 놓은 것이다. S극과 N극의 흡인, S극과 S극 또는 N극과 N극의 반발이 연속적으로 일어나면서 로터가 회전하는 모습을 상상해 보기 바란다.

그리고 전자석은 전류 방향을 반전시키면 극(자화)도 바뀐다. 반전을 되풀이하면 같은 전자석은 S극→S극→무극→N극→N극→무극… 순으로 연속해서 극이 바뀐다. 이 상태를 만들어주면 되는 것이다. 그렇다면 어떻게 전류 방향을 바꿀 것인가. 전류방향을 바꾸는 것이 인버터이다. EV의 2차전지(충전·방전을 반복적으로 할 수 있는 축전지)에는 직류 전기가 저장되어 있다. 이 저장된 직류 전기를 인버터를 통해 교류로 바꾼다.

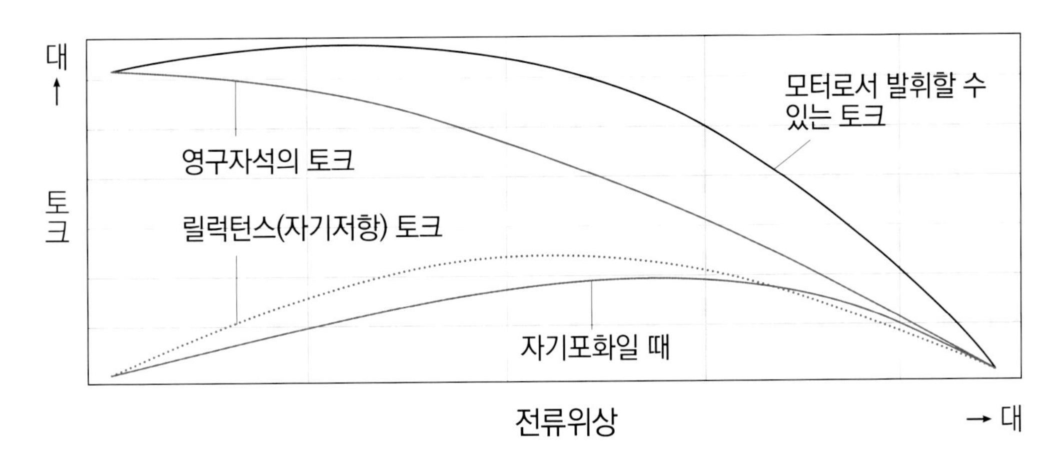

릴럭턴스 토크

릴럭턴스 토크(Reluctance Torque)는 자석으로 철이 끌려가는 힘. 여기서는(왼쪽 그래프) 로터에 영구자석을 끼워 넣은 IPM(Interior Permanent Magnet)이라고 하는 교류 동기모터의 릴럭턴스를 가리킨다. IPM의 기본동작은 로터에 삽입된 영구자석에 의해 발생하지만, IMP은 전자강판 적층의 로터 코어 내부에 삽입되어 있어서 표면에는 강판, 즉 철로 인해 스테이터 코일에서 발생하는 자력의 영향을 받게 된다. 이 힘을 제대로 사용하면 유효한 토크로 이용할 수 있다는 것이다. 근래의 IPM은 많든 적든 간에 이 릴럭턴스 토크를 이용하는 설계를 하고 있다.

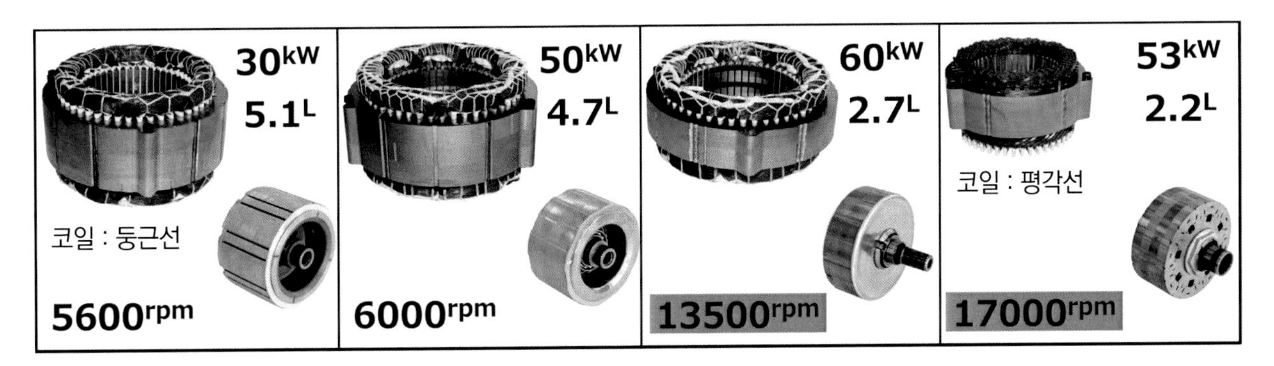

프리우스의 전기모터

31페이지 하단의 사진은 왼쪽부터 프리우스의 1세대, 2세대, 3세대, 4세대 로터 형상을 나타낸 것이다. 직사각형 구멍에 영구자석을 끼운다. 이런 개선과 권선의 개선을 통해 모터의 최고 회전속도와 체적당 출력이 비약적으로 향상되었다. 이 페이지의 사진은 프리우스에 사용되는 각각의 모터로서 왼쪽부터 1세대, 2세대, 3세대, 4세대이다.

일반가정의 콘센트로 공급되는 전력도 교류이다. 일본에서는 시즈오카현의 이토이가와를 기준으로 동쪽이 50Hz(헤르츠) 교류를 사용하고 서쪽이 60Hz 교류를 사용하는데, 이 숫자는 「1초 동안 몇번이나 전류의 방향(위상)이 바뀌는지」를 나타낸다. 가정용 청소기에 교류모터를 사용하는 경우, 매초 50번 또는 60번의 방향 전환을 통해 모터 쪽 전자석의 극이 바뀐다. 자동으로 바뀌기 때문에 그대로 놔두면 모터는 회전한다. 50Hz용 모터를 장착한 기계를 60Hz 전원으로 작동시키면 모터의 회전속도가 빨라진다. EV의 모터도 이와 똑같아서 모터 회전수를 바꾸고 싶으면 교류전원 주파수를 바꾸면 된다.

또 한 가지, 로터 쪽도 전자석으로 만든 교류모터가 있다. 동기모터는 영구자석과 전자석을 조합한 것이지만, 전자석으로만 구성된, 유도(Induction) 모터라고 하는 모터가 있다. 32페이지 그림에서 보면 안쪽에서 도는 영구자석을 전자석으로 바꾼 것이다. 동기모터와 유도모터는 제각각 특징이 있어서 전문 분야도 다르다. 어느 쪽이 뛰어나냐는 의미가 아니라 어떻게 사용할지, 어떤 특성을 부여할지, 어떤 크기로 만들지, 어느 정도의 비용으로 만들 것이냐 같은 요소로 결정된다. 자동차에서는 테슬라 모터스가 처음으로 유도모터를 사용해 화제를 모은 바 있다.

그리고 또 하나, 에너지 회생이다. 「브레이크를 걸 때는 모터를 발전기처럼 사용해 전기를 생산」하는 시스템 작동은 거의 모든 EV에서 이루어지고 있는데, 모터가 왜 발전기가 되는 것일까. 영구자석과 전자석을 사용하는 동기모터 같은 경우, 모터를 작동시키는 전류를 전자석으로 흐르게 할 때는 구동력이 나오지만, 이 전류를 차단하면 영구자석이 회전하면서 코일 근처를 통과하게 되고 그러면 자속이 코일을 횡단함으로써 코일에 유도전류가 발생한다. 이 현상은 운전 중인 모터에서도 발생하는데, 역기전력이라 몹시 싫어하는 현상이지만 이것이 바로 발전기의 동작 자체이다. 반대로 말하면 역기전력이라는 현상을 제대로 활용한 것이 발전기이고, 회생제동도 마찬가지이다.

모터의 구조는 전자가 자유롭고 쉽게 이동하는 금속 안에서 생기는 자장의 「흡인」과 「반발」이라는 성질을 이용해 전기로 제어함으로써 회전을 일으키는 구조라고 할 수 있다.

잘 돌게 하기 위한 기술
내연기관은 기계정밀도, 전기모터는 제어.

전기모터는 자석이 가진 「흡인」과 「반발」이라는 성질을 이용해 회전한다.
거기에는 내연기관 엔진과는 전혀 다른 섬세한 전자제어기술이 담겨 있다.

본문 : 마키노 시게오 그림 : 구마가이 도시나오/다임러/마키노 시게오

「부드러운」 회전을 위하여

피스톤이 상사점에 있을 때 크랭크 샤프트 쪽의 카운터 웨이트(균형추)는 반대쪽에 있다. 여기서부터 피스톤이 하사점까지 내려갈 때, 카운터 웨이트는 회전을 계속한다. 공작정밀도와 카운터 웨이트의 설계에 따라 진동의 「질」이 바뀐다.

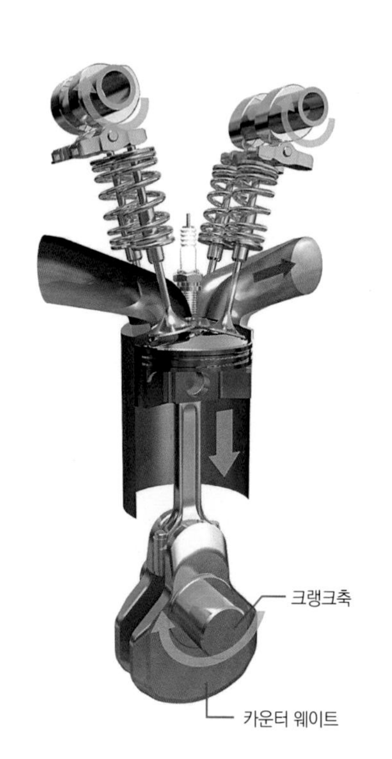

A : 상사점

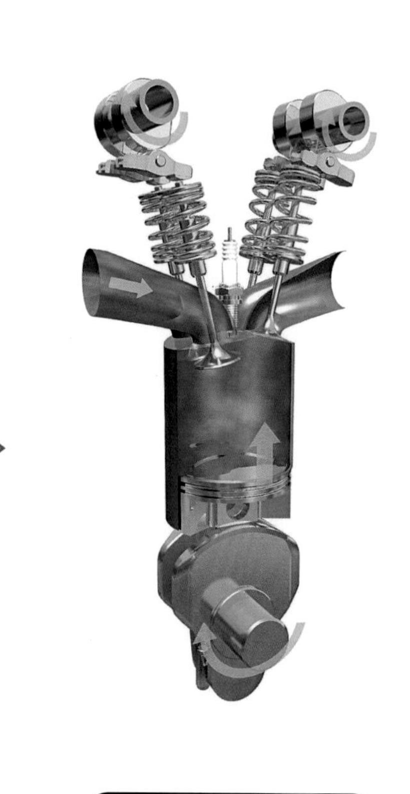

B : 하사점

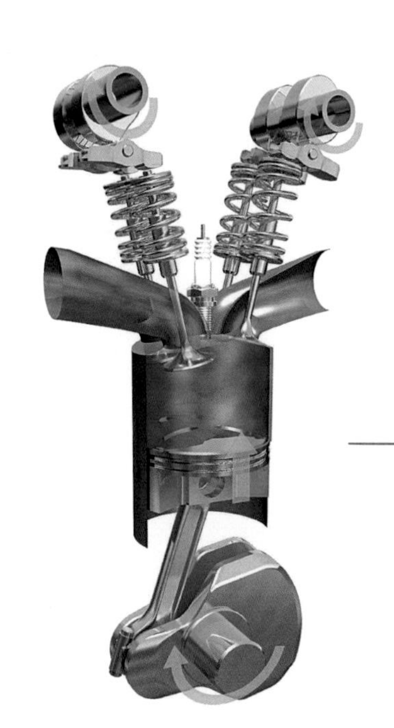

B' : 하사점 이후

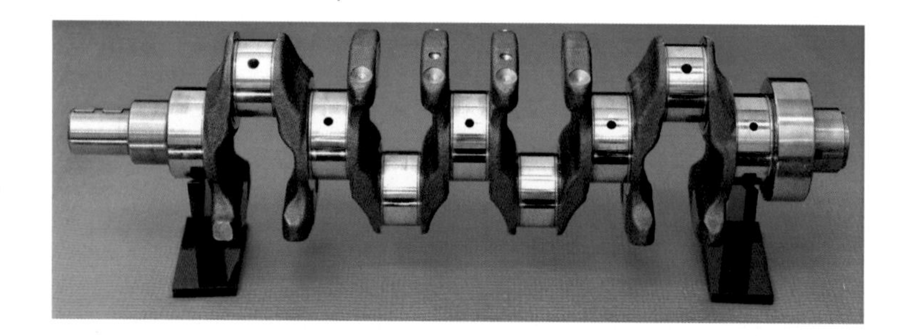

크랭크 샤프트는 정밀부품

이 사진은 직렬4기통 엔진의 크랭크 샤프트. 커넥팅 로드가 장착되는 부분은 크랭크축 중심에서 벗어나 있다. 그 양은 스트로크(행정길이)에 따라 바뀐다. 즉 왕복 엔진은 설계단계에서부터 진동 발생요소가 결정되는 것이다. 엔진 제어로 이것을 해소하기는 쉽지 않다.

모터는 본체보다도 제어가 중요하다. 현재는 이렇게 말하고 있다. 운전자의 가속 페달 조작으로부터 「무엇을 원하는지」를 읽어내고 모터 상태와 전지 상태를 살피면서 주행에 필요한 추력·토크를 만들어낸다. 이를 위한 것이 제어 프로그램이다. 내연기관 엔진에서는 연소온도, 배기온도, 냉각수온도, 배출가스 후처리 장치의 온도 등을 감시하면서 운전자의 가속 조작에 맞는 운전이 이루어진다. 전기모터에서도 전자석 내의 코일이나 영구자석 온도, 2차전지 각 셀의 온도가 일정 수준 이상으로 상승하지 않도록 계속 감시하면서 전지의 SoC(State of Charge=충전상태)에 맞춰 모터를 가동시킨다. 엔진 같은 경우는 변속기와 협조해서 제어하

매끄러운지, 착각인지…

오래된 벨트 구동방식의 레코드 플레이어는 4~6극의 동기모터가 많다. 회전변동은 벨트가 흡수하지만 0.1% 정도의 불필요한 회전이 발생한다. 한편 초침이 세세하게 움직이는 기계식 시계는 기계 부분의 진동주파수가 많아질수록 「간격」이 좁아진다. 그렇다고 초침이 항상 일정한 속도로 회전하는 것은 아니다.

안쪽 원주에 전자석, 바깥쪽 원주에 영구자석을 배치한 동기모터 예. 극수(極數)가 많아지면 전자석 코일 하나마다 전류가 ON, OFF가 이루어져 반대쪽에 있는 자석의 이동하는 양이 짧아진다. 기본적으로 극수가 많은 모터는 매끄럽게 돌아간다. 물론 무게 편중 등 기계적 정밀도는 중요하다.

삼상 교류 모터 예

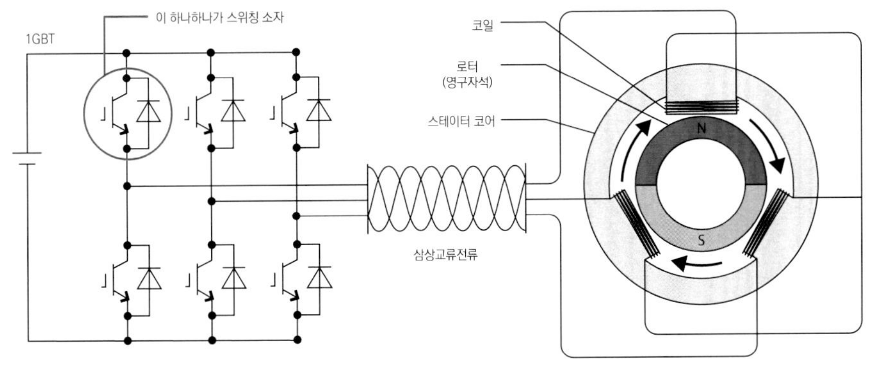

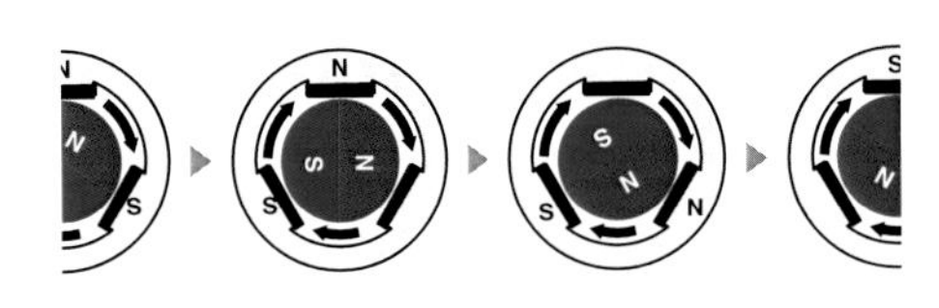

스위칭 소자의 ON, OFF에 따라 좌측 그림처럼 로터가 회전한다. 이 120도 간격의 3극 배치가 기본이기는 하지만, 극수가 6개가 되면 간격은 60도, 9극에서는 40도, 12극에서는 30도로 간격이 좁아지면서 회전이 매끄러워진다.

지만, 전기모터는 전지와의 협조이다.

앞 페이지의 위쪽 그림은 4사이클 왕복 엔진이다. 흡입, 압축, 연소, 배출 4가지 행정이 크랭크 샤프트가 2회전 하는 동안 이루어진다. 피스톤은 직선운동으로, 그 움직임은 커넥팅 로드를 매개로 크랭크 샤프트로 전달되면서 회전운동이 된다. 전기모터는 회전운동으로, 태생적으로 「매끄럽게 회전」하지만 1회전 안에서 회전변동이 없느냐 하면 그렇지 않다. 왕복 엔진에서는 점화순서와 기통수 관계상 불균형이 발생하게 되고 그것이 진동이 된다. 일반적인 삼상교류 모터는 위 그림에서 보듯이 6개의 스위칭 소자가 각각 ON, OFF되는 구조에서 전자석에 전류가 흘러 로터 쪽 자석과의 사이에서 흡인과 반발을 되풀이한다. 이때 1회전에 몇 번의 스위치 전환이 이루어지는지, 그 주파수에 따라 회전변동이 발생한다.

4사이클 왕복 엔진이 매끄럽게 돌아가는 것 같지만 사실은 그렇지 않다. 크랭크 샤프트가 2회전(720도)하는 동안, 한 번 연소하는 셈이기 때문에 피스톤이 강력한 연소압력을 받는 회전각은 40도 정도이다. 남은 680도는 평범하다. 이것이 바로 엔진 진동의 원인이다. 전기모터 같은 경우는 전자석마다 스위치가 ON, OFF될 때마다 흡인과 반발이 일어나는 사이클이 진동으로 작용한다. 진동은 소리가 되어 스위치 제어주파수가 높아지면 그에 따라 발생하는 진동 주파수도 높아지는데, 결과적으로 모터 소리도 고주파가 된다. 「조용한 모터」를 만드는 일은 매우 어려운 작업이다. 자동차용 전기모터에서는 스위칭 주파수가 10kHz(키로 헤르츠)인 예도 드물지 않다. 1초 동안 전기가 흐르는 방향을 1만 번이나 전환한다. 하이브리드 자동차 같은 경우는 모터 회전속도가 낮을 때 스위칭 주파수를 높이는 경향이 있는데, 이것이 고주파음이 발생하는 원인 가운데 하나이다. 왕복 엔진은 진동을 줄이기 위해 기계정밀도를 높이고 기통수를 많이 한다. 전기모터는 애초의 극수(極數)와 스위칭 주파수의 조합에 의해 「매끄러운」 특성이 결정된다.

[내연기관 vs 전기모터] 에 대한 전문가들의 평가

사람은 제각각 기호가 있어서 저마다 익숙해져서 친밀해진 환경이 있다.
「전기야말로 환경적이다」「EV의 가속은 일품이다」 등과 같이 다양한 의견이 있을 수밖에 없다.
전기는 발전부터 사용단계까지의 과정에서 손실이 있으며, 화석연료 같은 경우는 유정(油井)에서 급유~사용까지의 과정에서 손실이 있다.
그런 점을 감안한 상태에서 전문가들이 배터리 충전방식 전기자동차=Plug In EV에 대해 평가해 보았다.

본문 : 마키노 시게오 그림 : 구마가이 도시나오/다임러/마키노 시게오

기무라 히데키

도카이대학 공학부 전기·전자 공학과 교수

세계적으로 미스터 솔라 카로 유명.
전기자동차의 가능성을 추구하는 전기 전문가.

Comment

지속가능한 사회를 구축하기 위해서는 온난화를 일으키는(?) 것으로 알려진 CO_2 배출을 줄일 필요가 있다. 재생가능 에너지와의 상생 측면에서 보면 전기에너지로 움직이는 EV 확산은 시대적 흐름이다. EV에서 나오는 폐열은 적은 편이기 때문에 도시의 열섬현상 완화에 효과가 있다. 당분간은 저렴해진 하이브리드나 차세대를 겨냥하는 PHEV가 절충점이 될 것이다.

	모터+배터리	엔진+변속기	비고
에너지 효율	◎	○~△	SKYACTIV-X 같은 고효율 엔진도 있지만, 일반적으로는 EV가 좋다.
소형화(치수·무게)	△	○	치수는 비슷. EV는 배터리 무게가 무겁기 쉽다. 연료는 자신의 무게 이상의 산소를 공기로부터 받아들인 다음 전부 차 밖으로 버리기 때문에 원리적으로 배터리가 따라잡을 것이 없다.
가속력	◎	○	차체 레벨이 같을 경우, 모터의 저속 토크와 연속적인 토크 밴드는 가속에 유리.
승차감	○	△	무거운 차체로 코너링하기는 힘들지만, 일반적인 주행에서는 정숙성과 저진동으로 EV가 우수.
주행거리	△	◎	배터리를 키우면 주행거리는 늘어나지만, 충전시간을 고려하면 급유속도에는 못 미친다. 가선(架線)이나 비접촉 급전(給電)이 가능한 고속도로를 만들면 장거리 이동 문제는 단번에 해결된다.
환경부하	○	△	전기에너지를 어떻게 만드느냐에 따라 다르다. 오래된 석탄 화력발전이라면 EV의 장점이 없다.
경제성	△	○	연료비 차원은 EV가 싸지만, 차량이 비싸므로 전체적인 경제성은 전통적인 차가 뛰어나다고 생각한다.
탑재성	△	○	배터리 공간과 주행거리는 상반되는 관계에 있지만, 에너지 절약성능이 요구되는 EV는 일반적으로 소형으로 설계되므로 탑재성이 불리하지 않을까?

사가와 고헤이

도카이대학 공학부 전기·전자 공학과 조교

스바루를 거쳐 모교로 돌아와 기무라 교수의 오른팔 역할을 하고 있다.
전 세계의 전기자동차 기술을 공평하게 평가할 수 있는 몇 안 되는 전문가.

Comment

사용자 시선에서 보느냐, 전체적으로 보느냐에 따라 평가가 달라지겠지만, 이번에는 사용자 시선에서 바라보았다. 비교는 「모터+배터리 vs 엔진+변속기」=「EV vs 가솔린 차」라는 해석으로 파악했다.

	모터+배터리	엔진+변속기	비고
에너지 효율	◎	△	차량만 봤을 때 엔진은 열효율 40%가 약점.
소형화(치수·무게)	△	○	모터 단독으로 보면 EV도 ○. 배터리와 관련된 무게와 크기가 약점.
가속력	◎	○	최대 파워는 비슷하지만 저회전부터 출력을 얻을 수 있는 모터가 우세.
승차감	△(○)	○	EV는 차량 중량이 무거운 만큼 하체 주변에 부담이 크다. 동급 차종에서는 EV 무게가 더 나간다. 전체적으로 EV는 하드한 느낌(리프, i3, 테슬라 모델S, 스텔라EV). 조용한 것은 ○. 다만 너무 조용해서 지금까지 들리지 않던 다른 소리가 신경 쓰인다.
주행거리	×(△)	◎	연비가 나쁜 자동차라도 300~400km(주행거리는 아니지만, 급유시간도 짧다). EV는 냉난방을 사용하면 주행거리가 격감. 최근에는 배터리 온도조절까지 하면서 더 악화되었다.
환경부하	○	△	보기에 따라 다르다. 사용자 시선에서 보면 EV는 ◎. 리사이클까지 감안하면 △. 발전설비 측면에서는 연기배출 처리도 쉬우므로 ○로 하겠다.
경제성	◎	△	세제우대, 전기비 vs 가솔린 대결에서는 EV쪽 운용비용이 싸다. EV가 싸게 너무 많이 팔렸을 때, 기업 수익성 차원에서 보면?
탑재성	×(△)	○	배터리 탑재위치가 관건. 또한 고전압 부품을 탑재할 수 있는 위치가 한정적이다. 바닥이 높아지고 짐칸도 좁아지는 경향.

우치야마 히데카즈

주식회사 미츠바 SCR+프로젝트

미츠바에서 다양한 모터를 개발해 왔다.
퇴직 후에도 미츠바에 남아 전기모터를 개발할 예정.

Comment

「모터+배터리」와의 비교 대상을 「엔진+가솔린」으로 평가했다.

	모터+배터리	엔진+변속기	비고
에너지 효율	◎	○	Well to Wheel로 비교하면 차이가 의외로 별로 안 난다는 보고도 있다.
소형화(치수·무게)	△	○	배터리 무게가 불리. 아래 내용을 참조.
가속력	◎	○	EV의 변속 없는 가속감은 차원이 다르다.
승차감	◎	◎	이것은 원동기 문제보다 차체 성능에 관한 이야기인 듯.
주행거리	×	◎	
환경부하	△	◎~○	배터리의 제조·폐기 시 환경부하가 크다. 다른 것은 재활용이 가능.
경제성	△~◎	○	운용비용은 전자가 유리(전기요금)하지만 반대로 구입가격(배터리 가격)은 높다(현재 상태). 생각하기 나름인 듯.
탑재성	◎	○	모터는 여러 대를 장착하지만, 엔진은 하나뿐이다.

다카하시 잇페이

전기기술에 정통한 자동차 저널리스트

전 세계의 전기자동차 기술을 공평하게 평가할 수 있는 몇 안 되는 전문가.

Comment

제어기술 발전을 배경으로 에너지 효율 향상과 높은 응답성이라고 하는, 뛰어난 잠재성을 끌어냄으로써 햇빛을 보게 된 모터+배터리. 한편으로 엔진+변속기에서도 착실한 개선을 바탕으로 제어기술이 발전되면서 에너지의 지방 소비라고도 할 수 있는 선순환 상태로 환경성능이 크게 좋아지고 있다. 어느 쪽이든 일장일단이 있다는 점을 감안하면 엔진과 모터를 조합한 HEV 또는 48V 마일드 HEV 등에서 엔진과 모터 각각의 장점을 끌어내는 것이 현실적인 해법이 아닐까 한다.

	모터+배터리	엔진+변속기	비고
에너지 효율	◎	△	모터+배터리의 충전과 관련된 전력조달 상태를 고려하지 않는다면, 차량 자체로 보았을 때 ◎. 충전까지 감안한 well to wheel로 보면 전력공급망의 원천인 발전소에서 이용되는 에너지 종류와 이것들의 혼합비율에 따라 크게 달라진다. 엔진+변속기에 대해서는 착실하게 효율을 향상하는 가운데 SPPI(과학 및 공공정책 연구)라는 난관을 극복해야 할 기술에 이르러야 할 근래의 상황을 고려하면 △가 야박하기는 하지만, 모터와 비교했을 때는 ○라고 하기에는…
소형화(치수·무게)	△	○	배터리는 에너지를 그대로 저장하는 형태(실제로는 에너지를 화학반응으로 치환하고 있는 것이지만)에 가까워, 그런 의미에서는 증기기관 같은 "외연기관"과도 유사하다. 모터(+인버터)는 외부에서 받아들인 에너지를 운동 에너지로 변환하는 컨버터에 지나지 않는다. 모터만 보면 분명히 작은 편이지만, 충분한 용량을 가진 배터리까지가 필수라는 점을 감안하면 작다고 하기에는 무리라고 생각한다.
가속력	◎	○	제로 스타트의 "단거리 주행"이라면 모터+배터리의 승리. 0→1000m 등의 높은 고속영역에 이르는 가속 비교라면 현재 상태에서는 엔진+변속기가 역전할 것이다.
승차감	◎	○	엔진과는 차원이 다른 응답성을 가지면서 어떻게든 맛을 낼 수 있는 모터+배터리가 우위. 다만 인간의 감성에 호소한다는 의미에서는 엔진음이나, 완전히 직접적이라고 하기는 어려운 응답성도 버리기는 아깝다. 물론 정숙성 차원에서는 모터+배터리를 이길 수가 없지만….
주행거리	△	◎	가솔린이나 경유 같이 운반성이 뛰어난 연료를 사용하는 한편, 가는 곳마다 산소와 반응시키면서 에너지를 만드는 엔진+변속기의 이른바 지방 소비라고도 할 수 있는 형태에, 모터+배터리가 이길 구석이 현재는 없다. 그러나 배터리나 그 매니지먼트 시스템도 조금씩 발전하고 있다는 점 때문에 △로 했다.
환경부하	△	△	에너지원인 그리드 전력의 발전(發電) 상태, 배터리나 모터를 생산할 때의 환경부하 등을 고려하면 모터+배터리의 환경부하가 그렇게 좋다고는 할 수 없지 않을까? 가솔린에는 CO_2같은 배출가스 문제가 있기는 하지만, 에너지의 지방 소비라는 합리성 외에 착실한 노력을 바탕으로 손실저감이나 효율향상을 고려하면 지적되는 만큼 환경부하가 높다고는 보지 않는다. 그런 의미에서는 엔진+변속기가 △ 이상일지도….
경제성	△	◎	기술자들의 노력에 따라 가솔린+변속기(를 탑재하는 자동차) 가격이 과도하다고 할 만큼 낮아지고 있다. 경자동차가 대표적이다. 반면에 모터+배터리는 배터리 가격, 나아가서는 수명이라는 문제가 있다.
탑재성	△	○	엔진+변속기도 탑재성이라는 의미에서는 뛰어나다고 생각하지는 않지만, 배터리까지 포함한 모터+배터리와 비교하면 양반이라고 본다. 더구나 엔진+변속기는 오랜 역사 속에서 쌓아온 노하우가 있다. 현대의 자동차는 엔진+변속기를 전제로 한 형태로서, 충돌안전 등과 같은 요소도 이런 점을 바탕으로 성립하고 있다는 점도 간과해서는 안 된다.

동기모터 vs 유도모터

최근에 「유도모터냐, 동기모터냐」는 논쟁이 활발하다. 각각 장점과 단점이 있으므로 어느 쪽이 뛰어나다는 것은 아니지만, 테슬라가 유도모터를 사용하고 엔지니어링 회사 등이 「분해 정비」 보고서를 내고 나서부터 주목도가 높아졌다.

[동기모터]

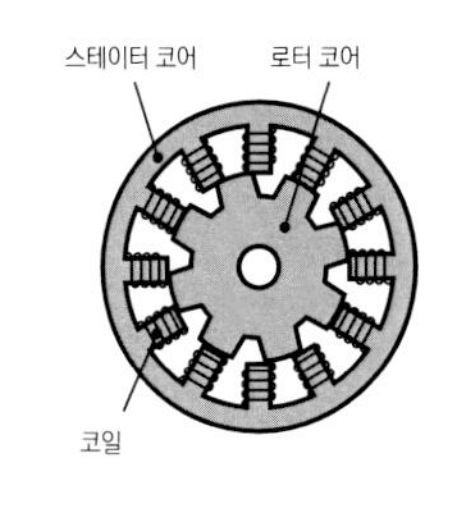

[유도모터]

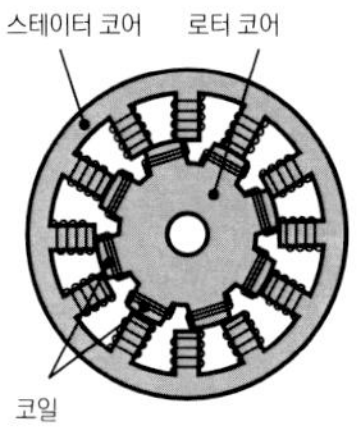

메이커의 실제 사례로 보는 모터조립 방법

현재 자동차용 파워트레인으로 이용하는 모터는 대부분이 IPM이라고 하는 영구자석 동기모터이지만,
제어나 설계 등에는 저마다의 노하우가 있다.
시판 차량을 사례로 들면서 실제 사정을 들여다보겠다.

제4세대 프리우스의 트랜스액슬(T/A). 선대보다 모터가 더 발전되고 소형화되면서 복축(複軸) 구조를 바탕으로 모터에서 디퍼렌셜까지 기어가 맞물리는 수를 줄였다(선대 4군데→현재 2군데). 이로 인해 기계적 손실도 크게 줄어들었다. (사진은 PHV 모델).

CASE 01

Electric Motor NOW

도요타 프리우스

독자적인 노하우를 바탕으로 하는 전동기술의 선구자

20세기 말에 프리우스로 전기자동차 기술의 대문을 열어젖힌 도요타. 제어부터 반도체까지 기술의 모든 것을 확보해 온 도요타가 모터에 쏟아붓고 있는 기술에 관해 물어보았다.

본문 : 다카하시 잇페이 사진 : 야마가미 히로야/MFi/도요타자동차
그림 : 아이다 사토루/도요타자동차

[소형·경량화]

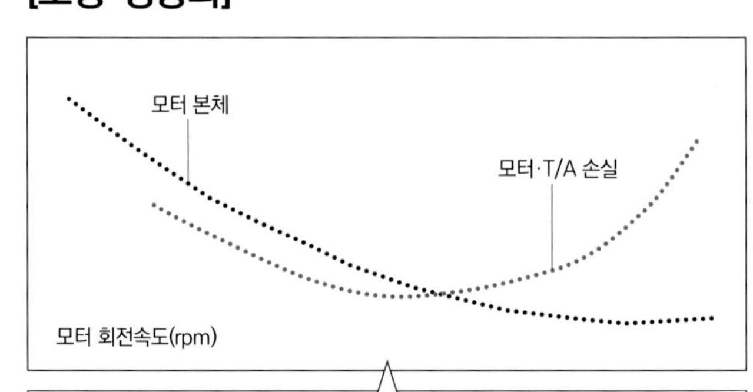

목표로 하는 출력과 똑같다면 고회전화로 인해 모터의 체격(흑선)이 작아진다. 한편으로 소형화에 따른 구리 손실(銅損)이 작아짐으로써 에너지 손실(적선)도 감소하는 경향을 띠지만, 고회전화가 과도하게 진행되면 철손(鐵損) 외에 트랜스액슬(T/A≒감속장치)의 기계적 손실이 증대하면서 그래프 기울기가 반전된다. 연비효율도 추구하는 프리우스에서 목표로 했던 것은 에너지 손실이 바닥을 치는 이 부분이다. 전자(電磁)철판 등과 같은 소재의 진화를 바탕으로 적선 위치가 세대를 거듭할 때마다 우측 아래 방향으로 내려오고 있다.

[고회전·고전압화]

고회전화로 인해 모터를 작게 만듦으로써 출력밀도도 크게 향상. 기본적으로 고회전으로 만들려면 역기전력을 이겨내기 위한 고전압화가 필수인데, 제4세대 프리우스는 이것이 약간 내려갔다는 점에도 주목(좌측 아래 그래프). 로터에 이용하는 마그넷 개선이나 전자강판 변경에 따른 철손 억제 등과 같은 기술의 발전에 따른 것이다.

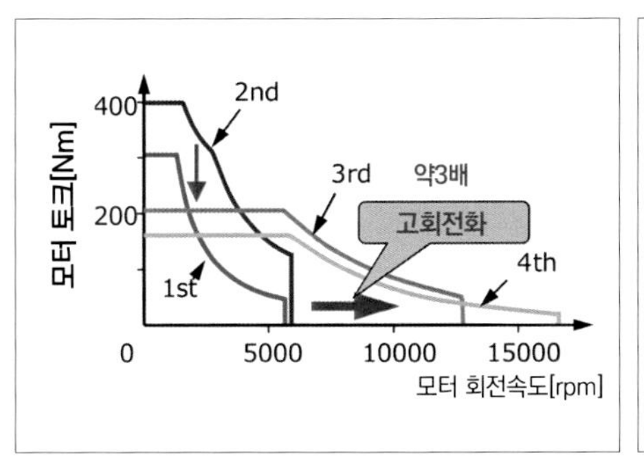

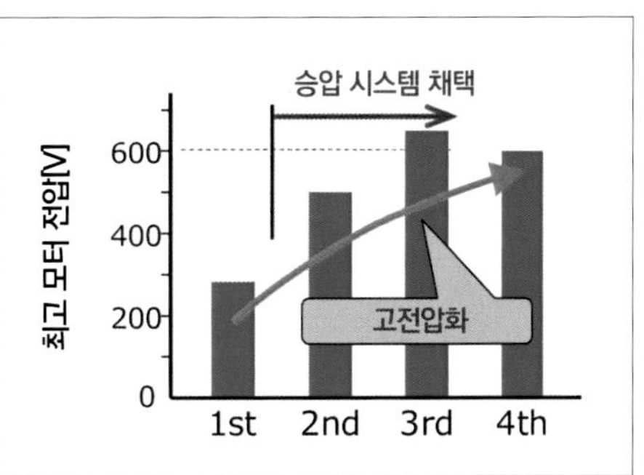

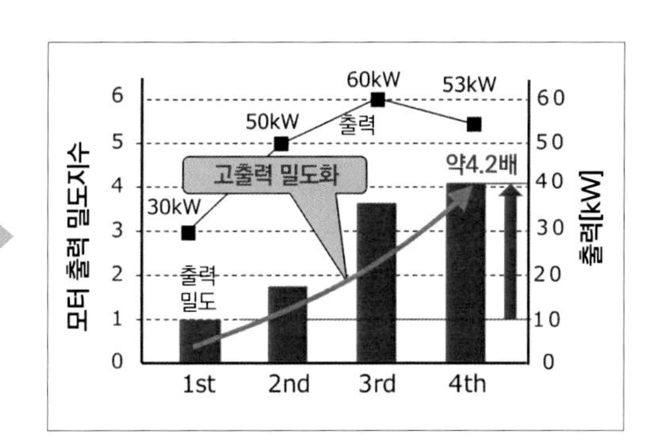

[모터 구동효율「동손과 철손」]

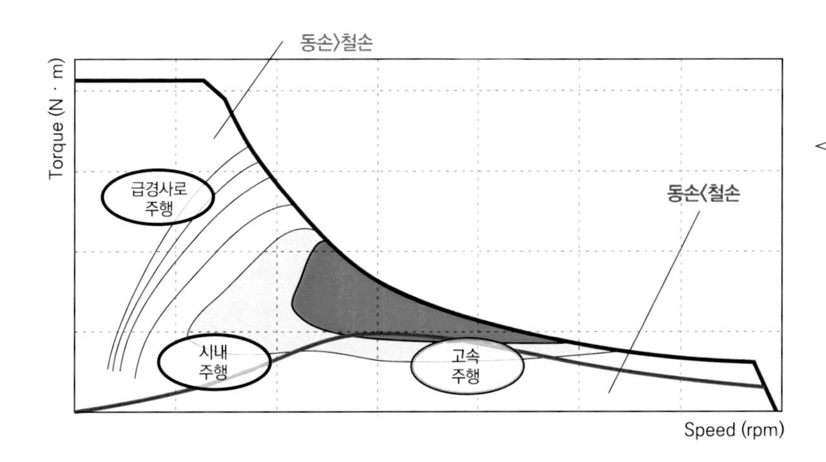

이 그림은 모터의 토크 특성과 운전범위 내의 에너지 효율, 주행조건별 대표적인 사용영역 등을 겹쳐놓은 것이다. 청색에서 황색, 그 바깥쪽으로 등고선 상태로 퍼져나가는 것이 에너지 효율분포를 나타낸 것이다. 청색 부분이 가장 고효율이고 그 다음이 황색 부분이다. 적색 선은 동손과 철손의 비율을 표현한 것으로, 선 위쪽이 동손, 아래가 철손이다. 저속회전 영역은 거의 동손이 차지하지만, 회전속도가 상승하면서부터는 철손이 커지면서 중속회전 영역 이상에서는 비율이 역전된다.

전자강판의 박판을 겹쳐서 만든 로터 코어(제4세대 프리우스의 제너레이터). 자속 변화에 대응하는 형태로 발생하는 와전류를 각 층마다 분단하고, 그 규모가 억제되도록 적층된 전자강판 표면에는 절연 코팅이 되어 있다. 와전류는 철손의 주요 원인 가운데 하나로서, 강판이 얇으면 얇을수록 와전류 규모도 작아지기 때문에 세대를 거듭할수록 박판화가 진행되어 현재는 0.2mm 두께의 박판이 사용되고 있다.

아마도 자동차용 전동 파워트레인 가운데 가장 널리 보급된 것이 도요타의 THS(Toyota Hybrid System)일 것이다. 1997년에 대량생산되어 세계 최초로 하이브리드 시스템으로 등장한 THS는 항상 세계 최고의 연비성능이라는 숙명을 안고서 프리우스와 함께 진화해 왔다. 그리고 그것을 떠받쳐 온 것은 도요타가 MG(Motor Generator)라고 하는 모터이다.

THS에는 2개의 모터가 이용된다. 한 개는 주로 발전을 하는 MG1, 다른 하나는 주행용 구동력을 만들어내는 MG2. 둘 다 로터에 영구자석을 매입하는 영구자석형 교류동기 모터이다. 그리고 이것들은 앞서 언급했듯이 진화 과정에서 소형화가 진행되었다.

모터를 작게 만드는 첫 번째 목적은 손실 저감이다. 이 손실이라고 했을 때 쉽게 알 수 있는 것으로는 동손(銅損), 즉 구리선으로 구성된 (모터의) 코일에 전류가 흐를 때 코일에서 발생하는 전기저항(이하 저항)에 의한 손실이다. 구리선에 전류가 흐르면 구리(銅)의 물적 특성에 따른 저항 때문에 줄(Joule)열이 발생한다. 이 열은 코일에 통전된 전류의 에너지 일부가 열로 변환되면서 발생한 손실이다. 모터 크기가 작아지면 코일에 감기는 동선의 전체 길이가 짧아지게 되고, 그러면 코일 입구에서 출구까지 전체적인 저항값이 저절로 내려가 동손도 작아진다.

의도하지 않는 장소나 타이밍에서 열로 바뀐 에너지는 일을 하는데 사용하지도 못하고 낭비(손실)가 된다. 이와 관련된 상황은 내연기관과 마찬가지이지만, 그밖에도 소형화는 동선의 경우처럼 전자강판이나 영구자석 등과 같은 재료를 적게 사용하는 효과도 있다.

이로 인한 경량화는 당연한 결과이고, 영구자석 사용량을 줄임으로써 거기에 필요한 네오듐(Nd) 등과 같이 생산지(나라)가 한정적인 희토류 원소를 절약하는 것으로도 이어진다. 가격 측면만이 아니라 조달상의 장애물이 낮아지는 것도 빼놓을 수 없는 이점이다.

물론 좋은 것만 있는 것은 아니다. 모터 크기가 작아지면 당연히 얻어지는 토크도 작아진다. 주행성능에 필요한 출력, 흔히 말하는 파워는 토크에 회전속도를 곱한 것이다. 토크를 얻을 수 없다면 회전속도로 보충해야겠지만 그렇다고 고회전화가 제한 없이 될 수는 없다. 모터를 고속으로 회전시키기 위한 기술적 요소와 어려움에 대해서는 후술하겠지만, 고회전화로 인해 발생하는 손실이 또 별도로 존재한다. 철손과 기계 손실이다.

뒤에서 언급할 동손은 전기저항이라는, 비교적 간단한 원리에 기초한 것으로 전류가 있는 곳에는 반드시 존재하는 보편적인 손실이다. 이에 반해 철손은 교류 주파수가 높아지면 커지는 성질을 가지고 있다. 모터가 고속으로 회전하는 것은 인가되는 전류의 교류 주파수가 높아진다는 것, 즉 철손을 발생시킨다는 뜻이다. 기계 손실은 내연기관 엔진의 파워트레인에서도 익숙한 손실로서, 굳이 설명하지 않겠다. 모터에서도 감속 기어 등의 기계요소를 이용하는 이상 피할 수 없는 손실로서, 역시나 회전속도가 높아지면 커지게 되어 있다.

이런 동손, 철손 그리고 기계 손실 같은 손실의 합계와 회전속도 관계, 소형화와 회전속도(고회전화) 관계 각각을 그래프로 겹쳐놓은 것이 38페이지의 그래프이다. 전자가 적색선, 후자가 흑색선으로 표시되어 있다. 가로축은 양쪽 모두 똑같이 회전속도이지만, 세로축은 전자가 손실 에너지양, 후자는 모터 크기이다. 이 그래프를 보면 모터의 고회전화에 따른 "절충점"을 엿볼 수 있다.

연비효율을 가장 중요한 과제로 여겨왔던 프리우스에서는 에너지 손실을 최대한으로 배제하는 것이 요구된다. 즉 적색선의 바닥 부근 회전속도가 고회전화의 기준이라는 것이다. 프리우스의 세대별 최고회전속도가 다른 것은 모터에 사용되는 기술이나 소재 등과 같은 차이로 인해 적색선의 위치가 달라졌기 때문이다. 제1세대에서는 적색선이 더 좌측 위쪽에 있었다.

[코일의 점적률 향상]

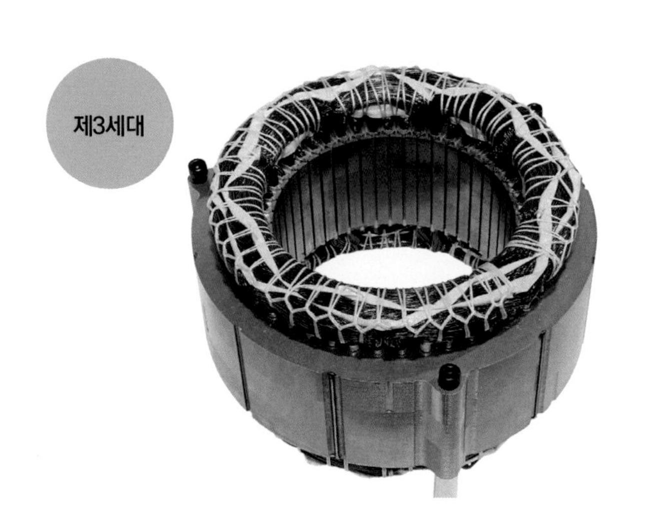

스테이터 코일의 구조변화

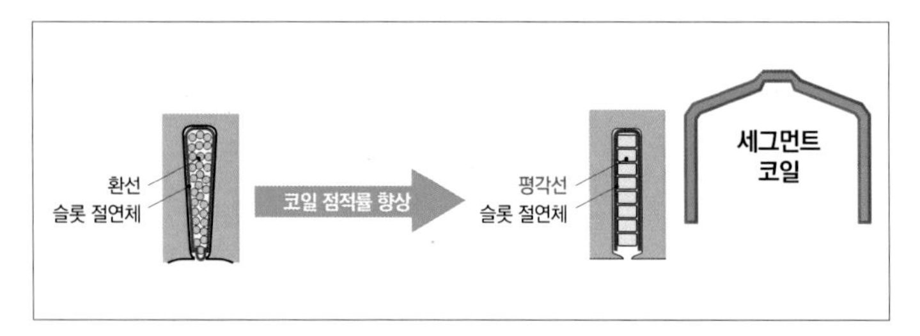

스테이터 코어의 슬롯 부분을 단면으로 봤을 때 거기에 배치된 코일의 동선(의 단면적)이 차지하는 비율이 점적률이다. 환선을 사용했던 제3세대까지(좌측)의 점적률은 50%에도 미치지 못했지만, 평각선을 사용하면서부터는(우측) 비약적(약 40% 상승)으로 향상되었다.

현재의 프리우스는 스테이터 코일을 구성하는 동선에 평각선을 사용. 점적률 향상은 슬롯에 들어가는 동선의 단면적이 늘어난다는 것으로, 이것은 통전 저항 즉 동손의 저감을 의미한다. 또한 U자형으로 분할된 부자재를 코어에 삽입한 뒤 나중에 용접해서 코일로 만드는 방법을 통해 코일 엔드(코어 밖으로 나오는 코일의 끝부분)도 작게 할 수 있다는 의미로서, 동선(코일) 부분의 원주 길이를 억제한다. 이것도 또한 동선 저감으로 이어지는 부분이다.

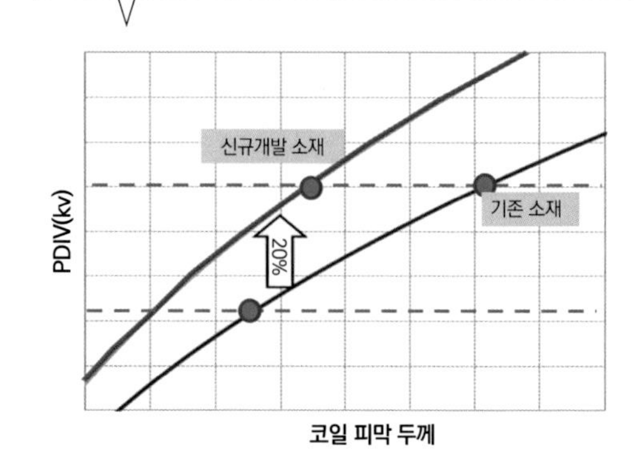

고전압 대응 코일의 변화

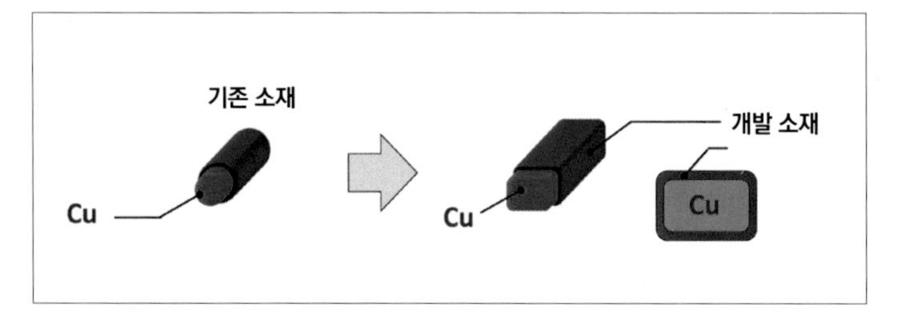

동선의 절연 피막 두께도 점적률을 좌우하는 요소 가운데 하나이다. 평각선에서는 부분 방전 개시전압(PDIV : Partial Discharge Inception Voltage), 폴리이미드를 베이스로 하는 신개발 피막 재료를 이용해 피막은 얇게 하면서도 절연성능을 확보하고 있다.

[모터의 냉각기술]

과도한 온도상승은 동선의 절연 피막 손상이나 영구자석의 자력(磁力) 감소 등으로 이어지기 때문에, 모터의 냉각은 필수이다. 제3세대 프리우스(우측)은 모터 윗부분에 설치된 캐치 탱크에서 떨어지는 오일을 통해 코일 엔드에 뿌리는 식으로 냉각했다. 그러나 제4세대(우측)에서는 더 향상된 출력 밀도에 대응할 수 있도록 오일펌프를 이용해 모터 냉각용 공급 파이프로 오일을 유도하는 방법으로 변경함으로써, 로터의 쿨링 채널(좌측 아래 사진)에 중공(中空) 로터 샤프트를 경유해서 오일을 보내는 방법도 병행하고 있다.

모터 유냉(油冷) 사례 1

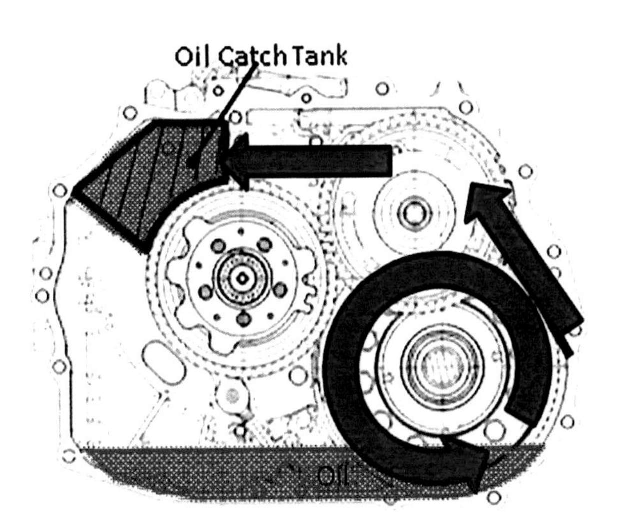

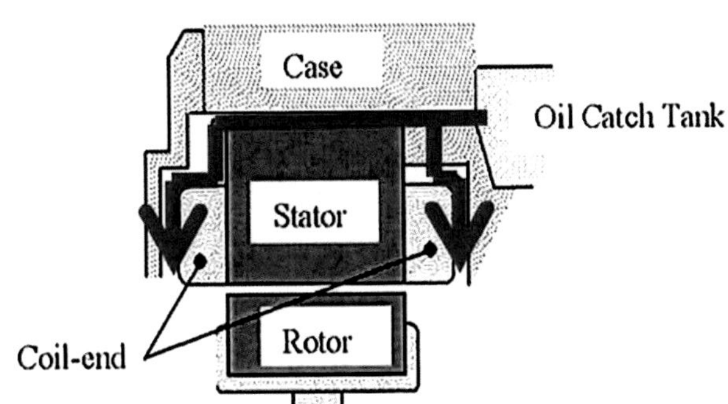

모터 유냉(油冷) 사례 2

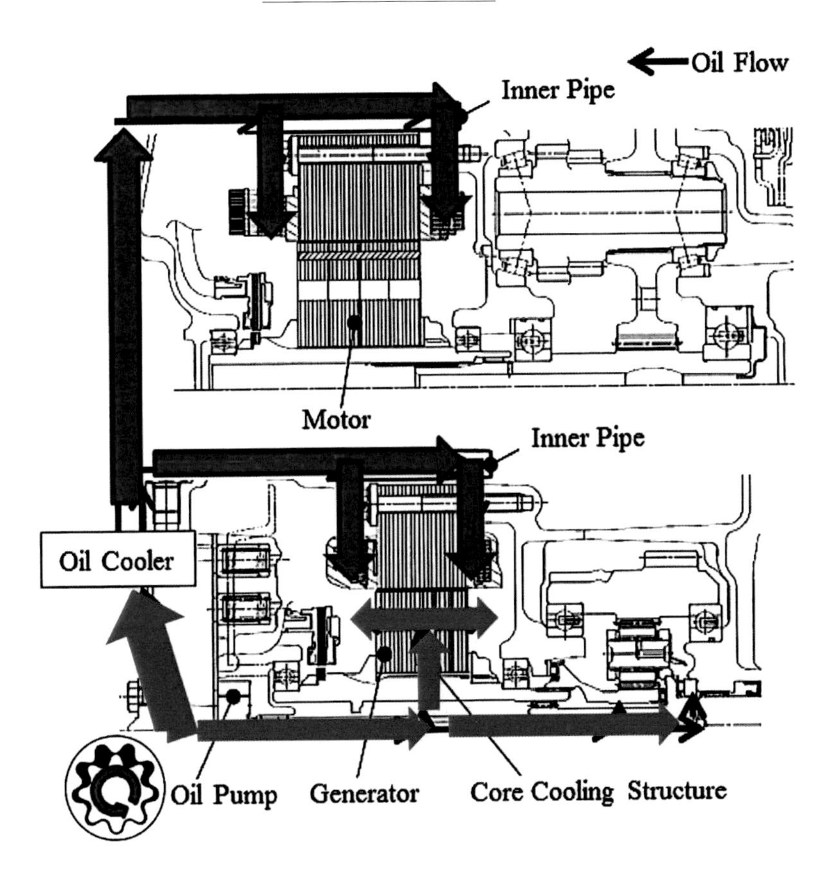

모터 스테이터의 비교. 코일 권선에 환선을 사용한 제3세대(좌측)와 비교하면 평각선 세그먼트 코일을 사용하는 제4세대(우측)에서는 코일 엔드가 훨씬 작게 마무리되었다. 코어에서 밖으로 나오는 이 부분은 동손은 발생하지만 토크 발생에는 기여하지 않기 때문에 가능한 작게 만들려고 하는 부분이지만, 냉각성 확보라는 역할도 갖고 있다.

로터 내에 설치된 쿨링 채널. 채널 안으로 오일을 흘려 영구자석 온도를 적절히 유지함으로써 고온으로 인한 자력 감소를 방지. 고온특성 유지를 위해 자석에 첨가되는 중(重)희토류 사용량 억제로도 이어진다. 로터 끝에서 배출되는 오일은 원심력으로 코일 엔드로도 퍼지면서 코일쪽에서도 냉각 효과에 이바지한다.

[릴럭턴스 토크 비율 향상]

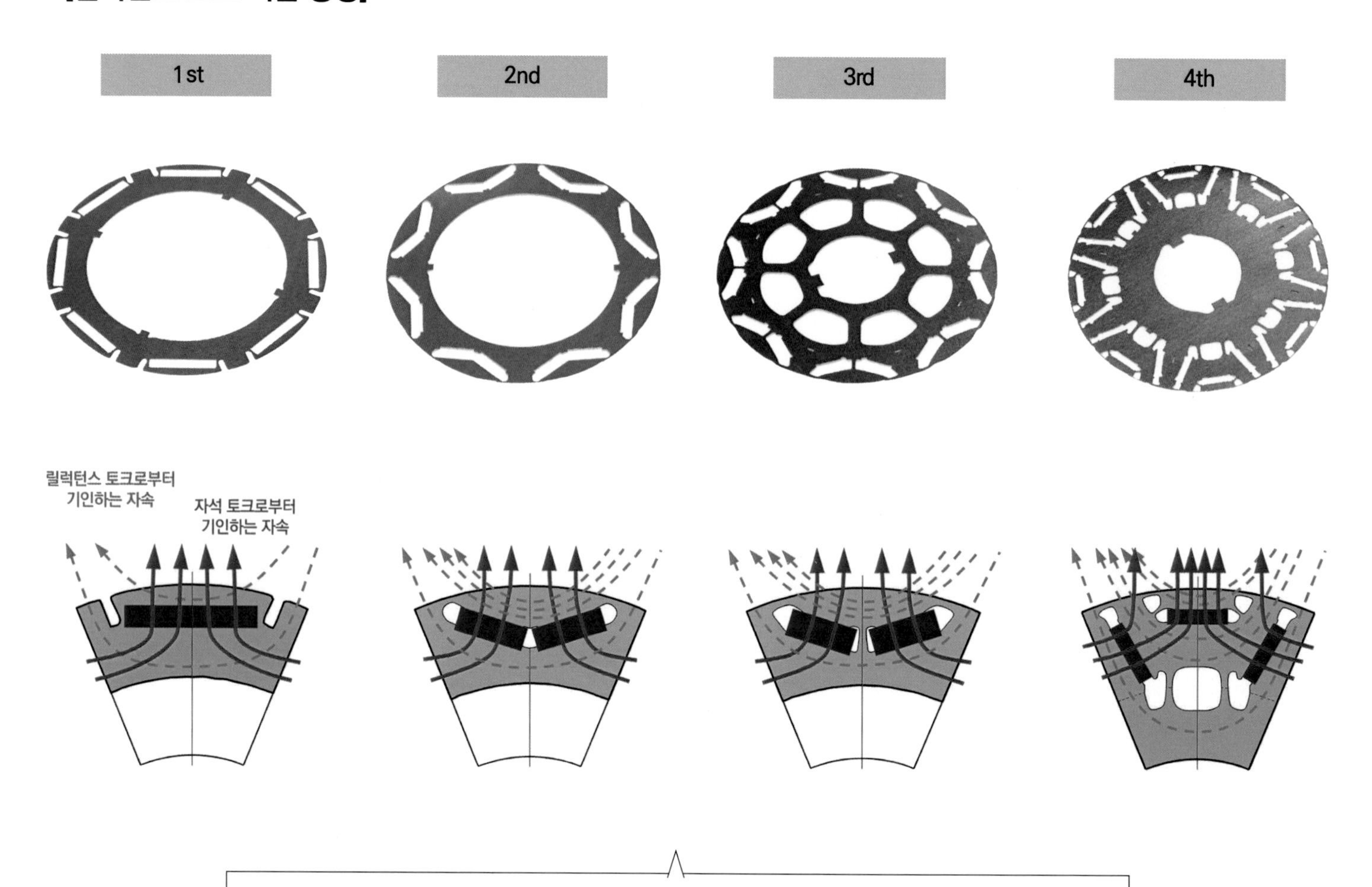

릴럭턴스 토크의 이용률을 향상하기 위해서 변화해 나간 로터 코어 형상과 거기에 삽입되는 영구자석 배치의 변천을 나타낸 것이다. 로터 코어를 구성하는 강판 사진(위쪽)과 각각의 영구자석 배치와 자속의 경로를 일부는 생략한 형태로 나타낸 그림이다. 그림 안에 보이는 영구자석(짙은 청색 부분) 이외의 하얀 부분은 강판이 존재하지 않는 공동 부분으로서, 자속이 잘 통과되지 않기 때문에 「자속 장벽(Flux Barrier)」이라고 한다. 이 플럭스 배리어는 1세대 프리우스 단계부터 이미 존재했다.

알기 쉬운 부분부터 말하자면 제4세대 프리우스에서는 트랜스액슬(T/A)을 축을 복수로 배치함에 따라 모터 하류(모터→디퍼렌셜)의 기어 치합부가 4곳에서 2곳으로 줄어든다. 이를 통해 기계 손실이 줄어들면서 앞서 언급한 적색선이 왼쪽 밑으로 내려가게 된 것이다. 덧붙이자면 이 T/A 복축화(複軸化)는 모터의 소형화 때문에 가능해졌다. 3세대 프리우스까지의 모터 크기로는 2개의 모터를 세로 방향으로 겹쳐놓는 배치가 구조적으로 불가능했다.

이밖에도 와전류손이나 히스테리시스손이라고 하는, 철손의 구성요소에 효과적인, 뛰어난 특성을 가진 전자강판이나 코일의 점적률을 향상하는데 빼놓을 수 없다. 박막으로 절연성능 확보가 가능한 피막재료 등과 같은 신소재의 등장도 손실 저감에 힘을 보태 왔는데, 이 부분은 도요타 같은 자동차 회사 쪽에서도 "수동적"일 수 없는 부분이다. 이런 소재기술의 발전에 보조를 맞춰가면서 모터는 작아져 왔다. 이것은 반대로 얘기하면 어떤 시대마다 세상에 존재하는 기술의 한계까지 "공격"했다는 증거이기도 하다.

제4세대 프리우스의 모터는 41페이지에서 보듯이 세그먼트 코일로 불리는 평각선으로 구성된 조립 방식의 분포권(分布捲) 코일로 환선(丸線)을 이용하는 기존 코일과 비교해 점적률(占積率)이 크게 향상되었다. 이를 통해 크기는 작지만 더 큰 전류에 대한 대응이 가능해진 것이다. 이는 체적당 출력 밀도를 높이는데도 연결되지만, 작은 것에 큰 전류를 흘리면 높은 전류 밀도 때문에 열이 문제가 된다.

그래서 주력한 것이 냉각이다. 제4세대 프리우스는 오일 펌프를 이용해 모터 각 부분의 냉각용 오일 통로에 냉각용 오일을 압송함으로써 더 적극적으로 열을 회수하는 구조를 채택했다. 세그먼트 코일에 의한 점적률과 전류 밀도 향상은 이런 냉각과 묶어서 생각할 필요가 있다. 물론 점적률이 향상되면 먼저 저항이 줄어드는 효과가 있어서 전류량이 같다면 발열량을 낮출 수 있지만, 거기에 여유를 남겨 둘 만큼 프리우스에 대한 요구가 녹록하지 않다.

현재(4세대 프리우스)의 최고회전속도는 17,000rpm이다. 사실 이 정도까지 고회전화가 진행되면 모터에 인가되는 삼상교류를 만드는

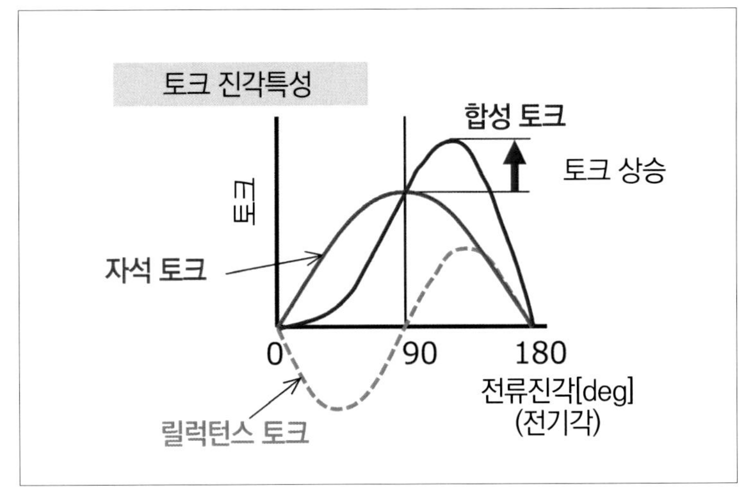

영구자석을 이용하는 동기모터에서는 회전속도 상승에 따른 역기전력 발생에 대응하기 위해 코일에 인가되는 교류전류 위상을 진각시키는 방식으로 영구자석에 의한 자계를 약하게 하지만, 위상각이 90도까지 진행된 부근서부터는 지금까지 저항으로 작용했던 릴럭턴스 토크가 포지티브한 토크로 작용하기 시작한다. 이들 자석 토크와 릴럭턴스 토크를 합성한 것이 모터의 출력 토크이다.

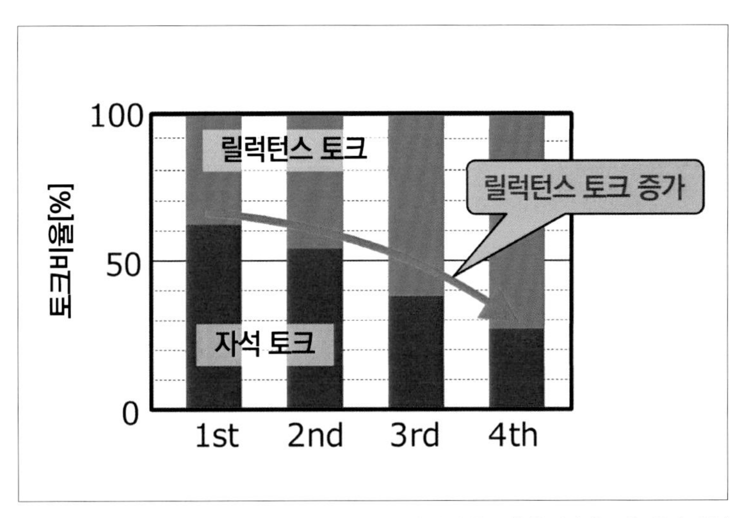

프리우스 각 세대의 모터 토크에 있어서 릴럭턴스 토크가 차지하는 비율을 나타낸 그래프이다. 최신 모델인 제4세대에서는 릴럭턴스 토크가 전체의 70%를 조금 넘게 차지한다. 릴럭턴스 토크는 제1세대부터 이용했었는데, 42페이지 상단 그림에서 보듯이 (제1세대의) 자석을 로터 표면 근처에 두는 일반적인 배치였지만, 이 양옆으로는 자석 장벽이 설치되어 있다.

인버터 제어가 어렵게 된다. 다른 페이지에서도 언급했듯이 인버터는 교류전원에서 sin 곡선을 그리면서 전압이 변화하는 모습을 PWM방법을 통해 방형파(方形波) 집합(멀티 펄스)이라는 형태 비슷하게 만들어지지만, 회전속도가 상승하여 로터의 1회전 시간이 극단적으로 짧아지면 주어진 시간 내에 생성할 수 있는 펄스 수가 줄어들어 PWM에 의한 유사파형이 성립되지 않는다. 이 상황은 근래의 디젤 엔진 등에서 볼수 있는 다단분사 상황과도 비슷하다. 다단분사도 제어가 고속화되고 나서야 비로소 가능해진 기술이다.

17,000rpm이나 되는 초고회전에 대응하기 위해 이용하는 것은 「원펄스」라고 하는 방법이다. PWM과 같이 펄스(방형파)를 복수로 쪼개는 것이 아니라 하나의 펄스로만 끝내는 것이다. 대략적인 느낌은 있지만 초고회전이라고 해서 모터가 회전 중에 출력하는 토크 변동량을 가리키는 토크 리플(Toruqe Ripple) 등도 문제가 되지는 않는다. 통전이 극소단위의 단시간에 이루어질 때도 있어서 방형파로 통전해도 코일에 흐르는 실제 전류 곡선은 의외로 "부풀려져" 각이 생기게 되었다고 한다. 코일로 전기가 흐른다는 것도 있지만 이 정도로 짧은 시간 동안에는 전기도 급하게 흐르지 못하는 것이다.

물론 이런 멀티 펄스와 싱글 펄스를 나누어서 사용하는 복잡한 제어는 고성능화가 진행된 현재의 차량탑재용 제어 마이크로 컨트롤러가 있어서이다. 현재(제4세대 프리우스)는 인버터 제어 때문에 두 개의

희토류 사용량 저감

릴럭턴스 토크의 이용비율 증가와 소형화로 인해 모터에 사용하는 영구자석의 양을 크게 줄였다. 나아가 로터를 적극적으로 냉각해 영구자석 온도를 적정하게 관리하고, 고온일 때의 감자(感磁)를 억제함으로써 고온특성 유지를 위해 자석에 첨가되는 중희토류(Tb:테르븀, Dy:디스프로슘) 사용량을 낮추었다. 앞으로는 이것들을 더 줄여 Nd(네오듐) 일부를 La(란탄)과 Ce(세륨)으로 치환할 계획이다. 도요타에서는 NEDO 프로젝트로 이 기술을 확립한 상태이며 남은 과제는 양산능력이라고 한다.

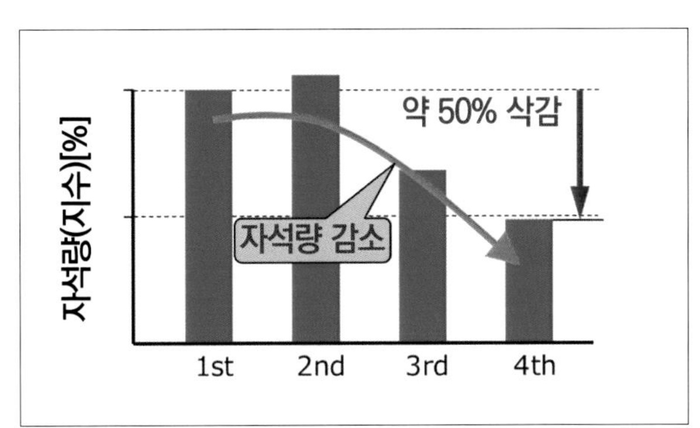

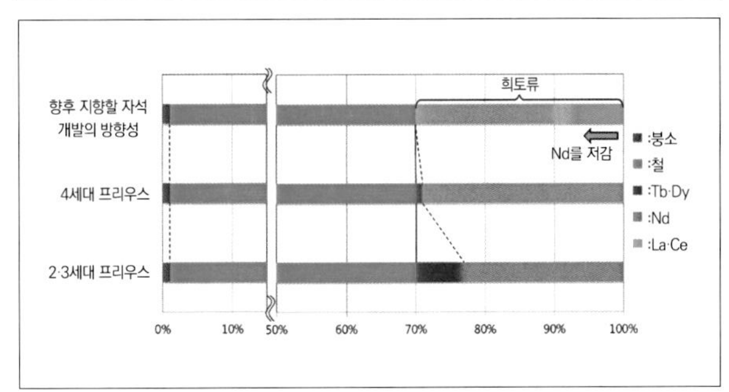

마이크로 컨트롤러가 탑재되지만 제1세대 프리우스 때는 3개의 마이크로 컨트롤러를 사용하는 시스템이었다.

자동차 용도뿐만 아니라 가전 용도에서도 현재는 교류동기 모터를 제어하기 위해서 d-q변환이라고 하는 벡터 계산을 이용하는 방법이 당연시되고 있다. 하지만 당시에는 그런 계산에 특화된 「벡터 엔진」이라고 하는, 액셀러레이터의 일종을 탑재하고 모터 제어에 특화된 차량탑재 용도의 마이크로 컨트롤러는 존재하지 않았다. 그런데도 프리우스는 제1세대부터 이 벡터 엔진을 채택했다. 물론 기성 제품은 없었기 때문 "직접 자신들이" 만들었다.

「1세대 프리우스나 그 전의 RAV4-EV 때는 그런 것이 없었기 때문에 오로지 어셈블러로 프로그램했었죠」(나카무라 엔지니어)

지금은 C언어 같은 고급언어도 컴파일러(프로그램 언어를 이진 코드로 변환하는 프로그램)의 진화 등에 힘입어 메모리 제한이 있는 용도로도 사용할 수 있게 되었지만, 당시에는 아직 프로그래밍 환경도 미숙해서 이진 코드(Binary Code)와 1대1로 대응하는 기호(2모닉이라고 불린다)의 나열로 기술하는 어셈블러라고 하는 개발환경을 이용했었다. 그런 환경에서 벡터 엔진을 사용한다는 것은 정신이 아찔할 정도의 작업이었을 것이다.

그리고 흥미로운 것은 RAV4-EV의 존재이다. 사실 도요타는 프리우스 이전에 EV를 만들고 있었다. 모터는 로터 표면에 영구자석을 배치한 SRM이었지만, 이때 이미 릴럭턴스 토크를 이용하는 모터를 만들었다고 한다.

「한번 충전으로 주행거리를 얼마나 늘리느냐 하는 것이 최대 관건이었습니다. 당시에는 유도모터가 주류였지만 효율을 추구한 결과 자석방식을 선택하게 되었죠」(구보 엔지니어)

RAV4-EV는 생산 대수 2000대 정도의 모델이었지만, 이렇게 축적된 기술이 훗날 프리우스에서 만개하게 된 것이다.

파워트레인 설계총괄부
치프 프로페셔널 엔지니어·HV시스템

구보 가오루

파워트레인 컴퍼니
파워트레인 선행기능 개발부
구동·EV 선행개발 실장

다키자와 게이지

제1전동 파워트레인 시스템 개발부
모터제어 개발 실장

나카무라 마고토

도요타가 개척한 구동용 모터의 제어기술

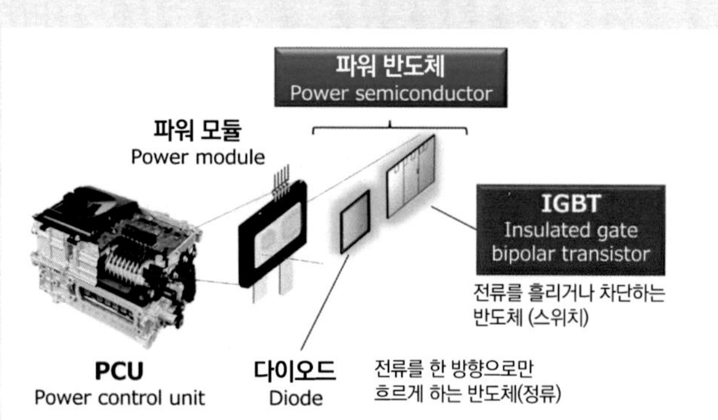

지금이야 자동차 구동용 파워 반도체가 진귀할 것이 없지만, 그 역사는 1990년대 후반에 도요타가 자사에서 개발한 IGBT부터 시작되었다. 또한 당시는 모터제어용 마이크로 컨트롤러 등도 없었던 시절이고 차량탑재용 마이크로 컨트롤러 성능도 한정적이었기 때문에 인버터(PCU) 제어에 3개의 범용 마이크로 컨트롤러를 이용했으며(현재의 제어기판은 마이크로 컨트롤러 2개로 구성), 거기에 실장되는 소프트웨어도 수작업에 가까운 방법으로 짜넣었다고 한다.

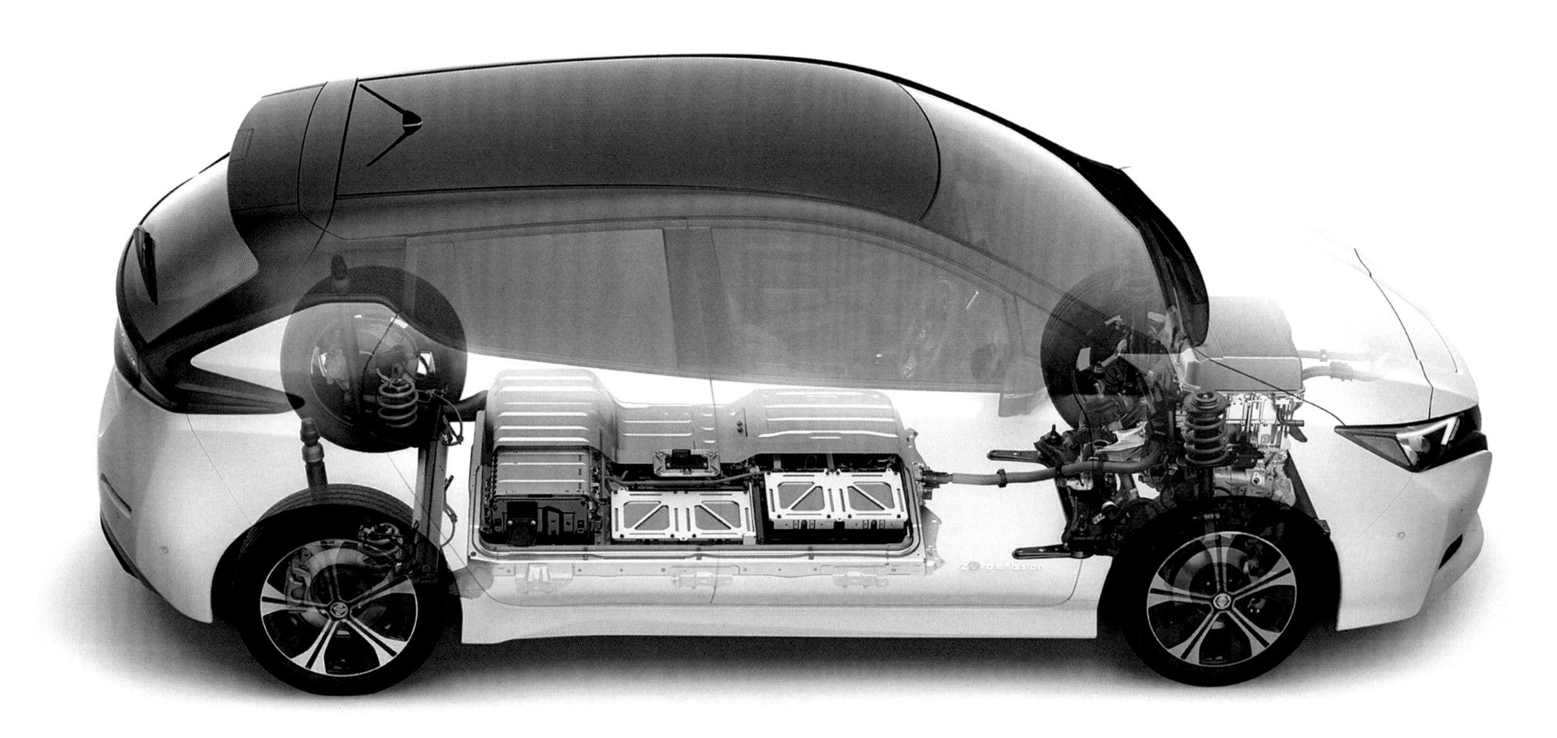

CASE 02

Electric Motor ▸ NOW

닛산 리프

모터 본체는 그대로이지만 제어 시스템의 업데이트를 통해 출력을 향상

파워 모듈부터 제어기판, 마이크로 컨트롤러 그리고 거기에 실장되는 소프트웨어까지, 인버터 장치를 완전히 새롭게 함으로써 최고출력 향상을 도모했다는 닛산 리프. 거기에 이용되는 기술의 내역을 추적해 보았다.

본문 : 다카하시 잇페이 사진 : MFi/닛산
그림: 아이다 사토루/닛산

가속성능 향상

리프의 전동 파워트레인. 모터 본체에는 선대 모델(중기모델 이후)에서도 사용했던 EM57형을 그대로 계승하고 있지만, 제어 하드웨어(인버터)와 거기에 실장되는 소프트웨어를 갱신함으로써 최고출력이 110kW(선대 80kW)로 크게 향상되었다.

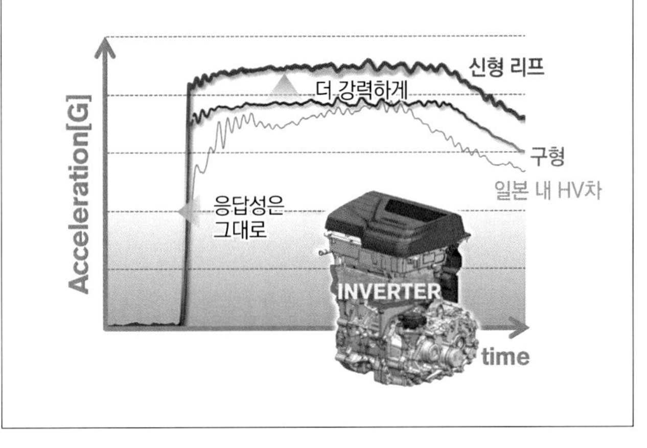

2017년의 모델 변경으로 출력이 크게 높아진 닛산 리프. 흥미로운 것은 선대 모델에도 탑재되었던 EM57형 모터를 그대로 사용했다는 점이다. 더구나 이 모터 본체에는 이렇다 할 변경사항도 없다고 한다. 그도 그럴 것이 사실 이 출력 향상은 모터로 전력을 공급하는 인버터 제어에 의한 것이 크기 때문이다.

내연 엔진에서는 출력 향상에 있어서 구조나 부품변경 같은 요소가 거의 필수로 여겨지고 있지만, 이 대목에서 모터의 경우는 사정이 약간 다르다. 내연 엔진이 마치 플랜트 시설을 응축한 것 같은 복잡한 기구를 이용해 스스로 내부에서 에너지를 만들어내지만, 모터는 외부에서 주어진 에너지(=전력) 없이는 움직이지 않는다. 더구나 그 전력(

[모터의 냉각기술]

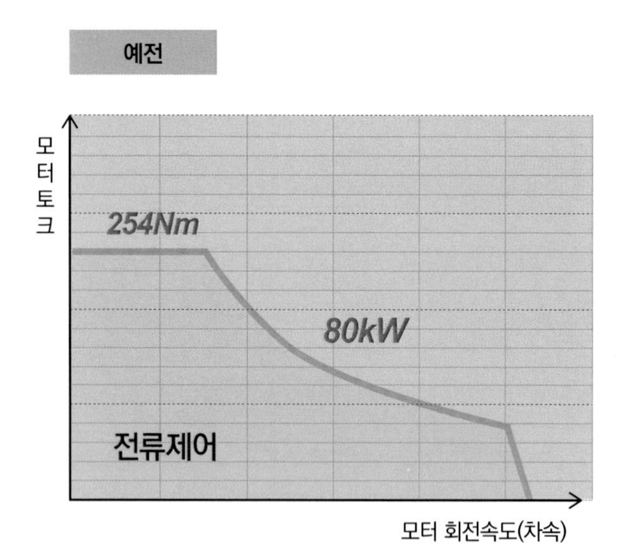

전류제어(전류 벡터 제어)로만 제어. 실제 시장의 극한상태 등, 미지수 부분이 많았기 때문에 온도로 인해 변화하는 영구자석의 자력 등, 여러 가지 조건의 불균형을 고려해 여지를 남기는 형태로 제어했다.

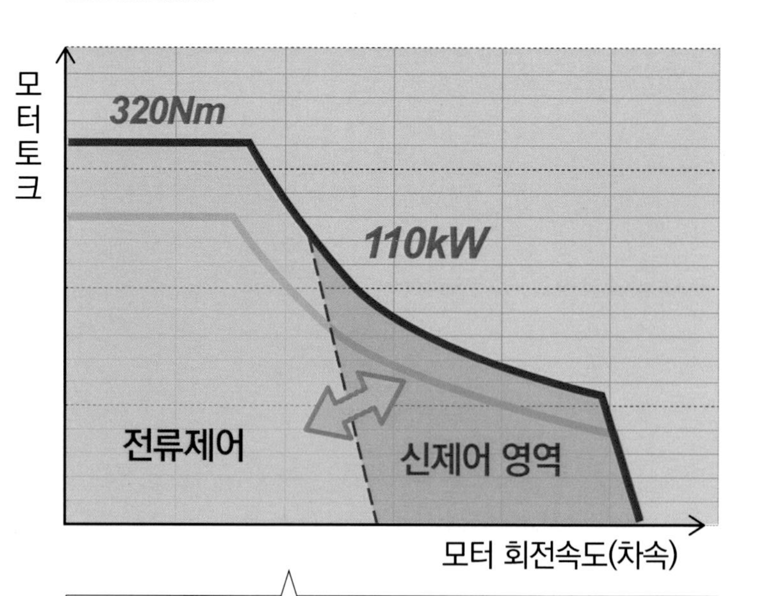

저속 쪽 전류제어 영역은 지금까지와 똑같은 정현파 PWM을 이용하는 전류 벡터 제어, 고속 쪽 신제어 영역에서는 과변조 PWM의 전압위상 제어를 이용한다는 새로운 제어방식을 채택. 변조율이 높고 전원이용율이 뛰어난 과변조 PWM을 채택함에 따라 전원전압은 그대로이고 구동영역을 확대. 크게 향상된 최고출력은 이 구동영역 확대와 대전력에 대응하는 파워 모듈에 힘입은 것이다.

전류제어

전압을 높이고 전류를 제어한다.

전압위상 제어

위상을 제어해 전압을 최대한으로 사용한다.

강전 배터리 전압범위

구동전압 파형 (FFT처리 후)

구동전압 파형 (FFT처리 후)

위상

왼쪽은 전류제어 영역의 정현파 PWM에 의한 파형이고, 오른쪽은 신체제 영역의 과변조 PWM에 의한 것이다. 복수의 펄스가 모여서 하나의 큰 방형파가 되는 영역으로 인해 변조율이 대폭 향상. 토크 제어는 위상제어를 통해 이루어진다.

전류)의 "전달 방법"에 따라서는 큰 변화를 보인다. 그것은 리프에 탑재된 EM57형처럼 교류동기모터는 더욱 그런 편이어서 이 점이 재미있는 부분이기도 하다.

한편 이 EM57형은 교류동기 모터 중에서도 로터 코어 내부에 매립된 형태의 영구자석을 가진 IPM이라 불리는 타입으로 분류되는데, 영구자석에 의한 강력한 자계를 바탕으로 흡인력과 반발력 양쪽을 동시에 이용하면서 토크를 만드는 구조를 하고 있다.

작은 크기에서 큰 토크가 가능한 데다가, 자석 토크뿐만 아니라 릴럭턴스 토크도 쉽게 이용할 수 있어서 전동 파워트레인을 가진 차량 대부분이 이 IPM을 채택함으로써 폭넓은 운전영역을 확보하고 있다.

방향을 바꿔서 인버터 제어에 관한 것인데, 출력 향상으로 이어진 것은 위 그림처럼 토크 특성(T-N 특성) 그래프 안에서 나타나고 있는 신(新)제어 영역 부분에서 새롭게 채택된, 「과변조 PWM」이라고 하는 구동전압의 파형제어이다.

과변조 PWM은 직류교류 변환의 일반적 정현파 PWM과는 약간 다르다. 그래프를 보면 알 수 있듯이 펄스 폭이 가장 굵어지는 부분의 펄스를 모아서 하나의 방형파(펄스)가 되도록 하는 형태를 취한 것이다. 정현파 PWM이 전체 영역에서 두텁게 펄스를 만듦으로써 모터가 매끄럽게 운전되도록 하는 한편으로, 펄스 틈새 수만큼 변조율이 올라가지 않는 관계로 입력전압으로 이용하지 못하는 부분이 남는다. 이에 반해 과변조 PWM에서는 일부 펄스가 모이는 부분에서 이 틈새 부분이 생각되는 정도만큼 변조율과 전압이용률을 확보할 수 있다.

[냉각성능을 추구해 모터 토크를 25% 향상]

출력 향상에 있어서 가장 지배적인 요소라고 할 수 있는 것은 파워 모듈을 변경하는 것이다. 파워 모듈은 파워 반도체인 IGBT와 프리 휠 다이오드를 칩 한 개에 모아서 냉각용 방열판까지 포함한 케이스에 넣은 것을 말한다. 신형 리프의 파워 모듈은 모터 구동에 필요한 6개가 케이스 하나에 들어가 있다. 핀이 배치된 방열판이 인버터 케이스 바닥의 냉각수 통로에 직접 잠기는 구조로서, 뛰어난 냉각성능을 확보. 어떤 상황에서도 누수가 일어나지 않도록 최대한 밀봉 구조에 힘썼다.

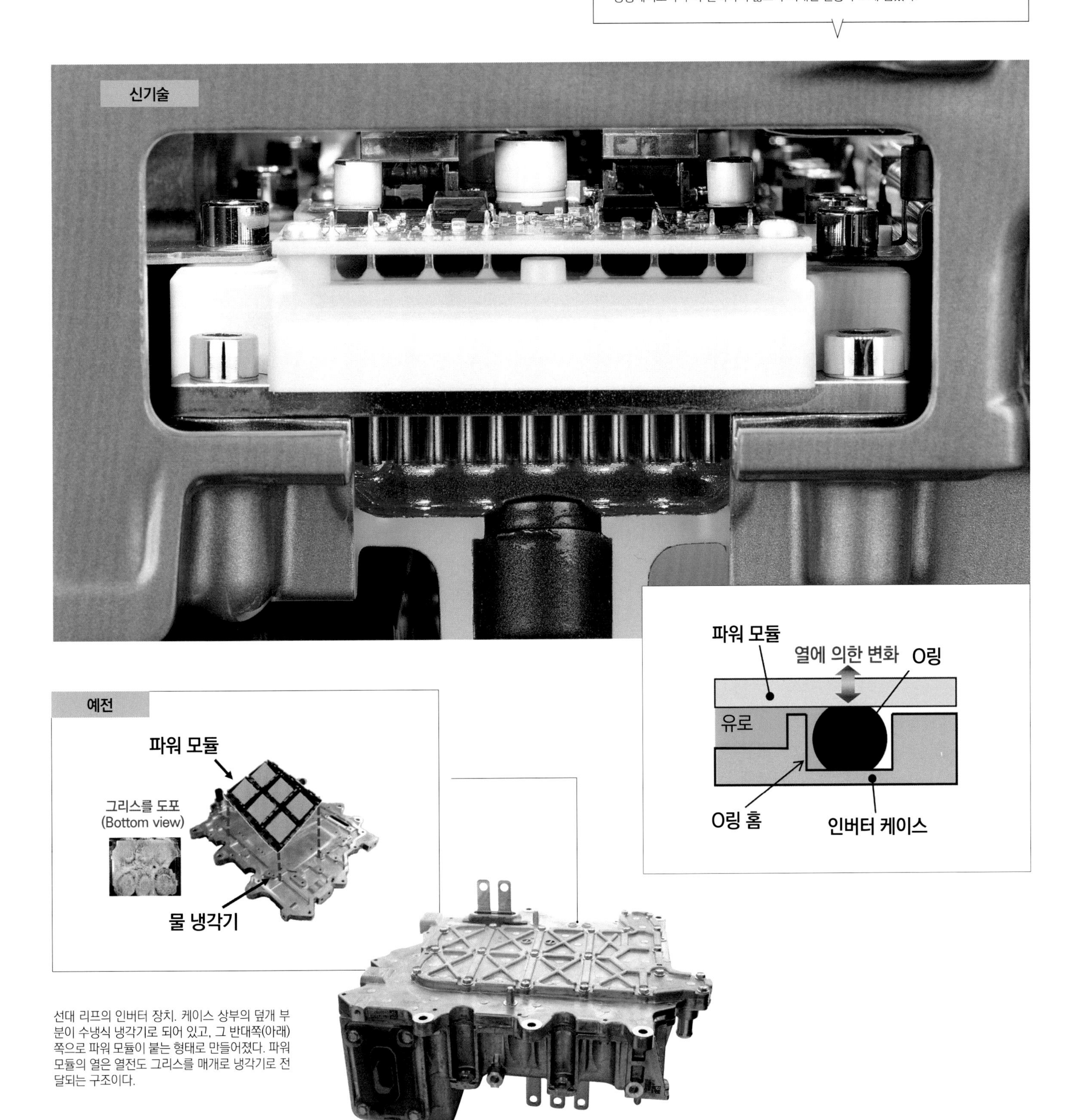

선대 리프의 인버터 장치. 케이스 상부의 덮개 부분이 수냉식 냉각기로 되어 있고, 그 반대쪽(아래) 쪽으로 파워 모듈이 붙는 형태로 만들어졌다. 파워 모듈의 열은 열전도 그리스를 매개로 냉각기로 전달되는 구조이다.

[크게 향상된 모터 출력의 기술]

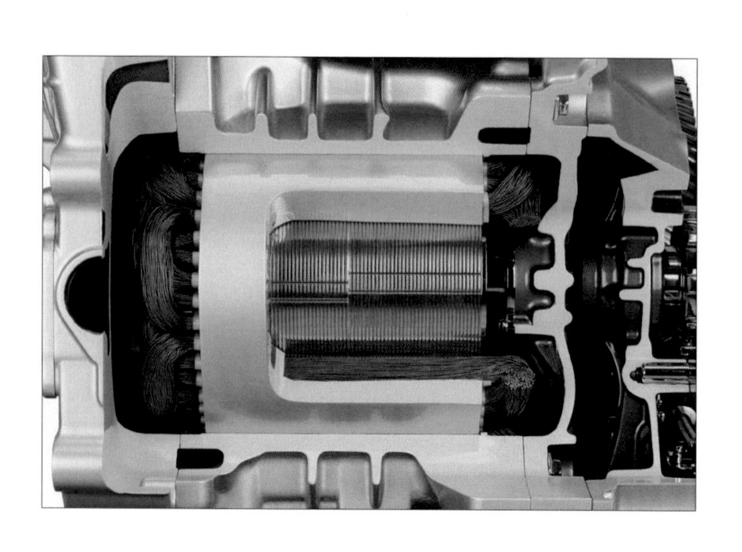

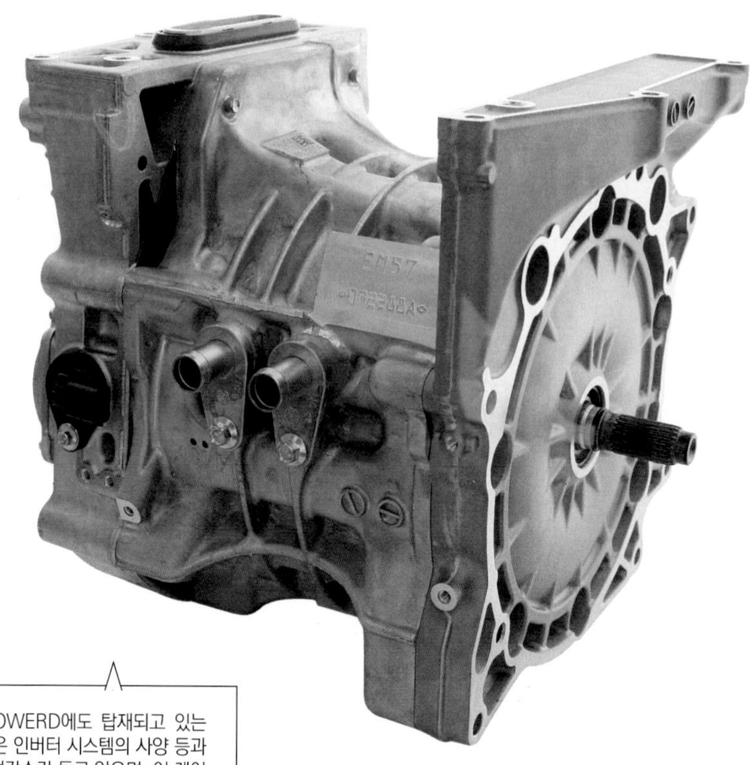

리프 외에 노트 e-POWER, 세레나 e-POWERD에도 탑재되고 있는 EM57형 모터. 출력과 특성이 각각 다른 것은 인버터 시스템의 사양 등과 같은 제어 차이 때문이다. 모터 케이스에는 냉각수가 돌고 있으며, 이 케이스에 접촉하는 스테이터 코어에서 열을 회수한다. 스테이터 코일은 환선을 이용한 분포권이다.

[주행거리 확대에 기여하는 배터리의 고밀도화]

특별한 냉각기구가 없는 아주 간소한 공랭구조를 유지하고 있다. 치수는 그대로이면서도 용량은 선대 모델의 30kWh에서 40kWh로 대폭 확대된 배터리 장치. 8개의 평형(平型) 라미네이트 셀로 구성된 배터리 모듈 등의 내부구성은 30kWh 장치를 그대로 답습. 용량 확대는 삼원계의 정극(正極) 소재채택 등과 같은 소재 변경에 따른 것이지만, 공랭구조 유지에 있어서는 배터리 관리에 대한 개량이 크게 효과를 거두었기 때문이다.

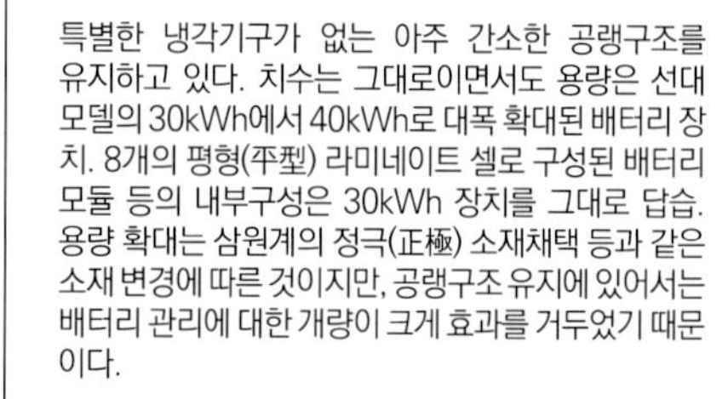

[운전성능을 높이는 제진제어 기술]

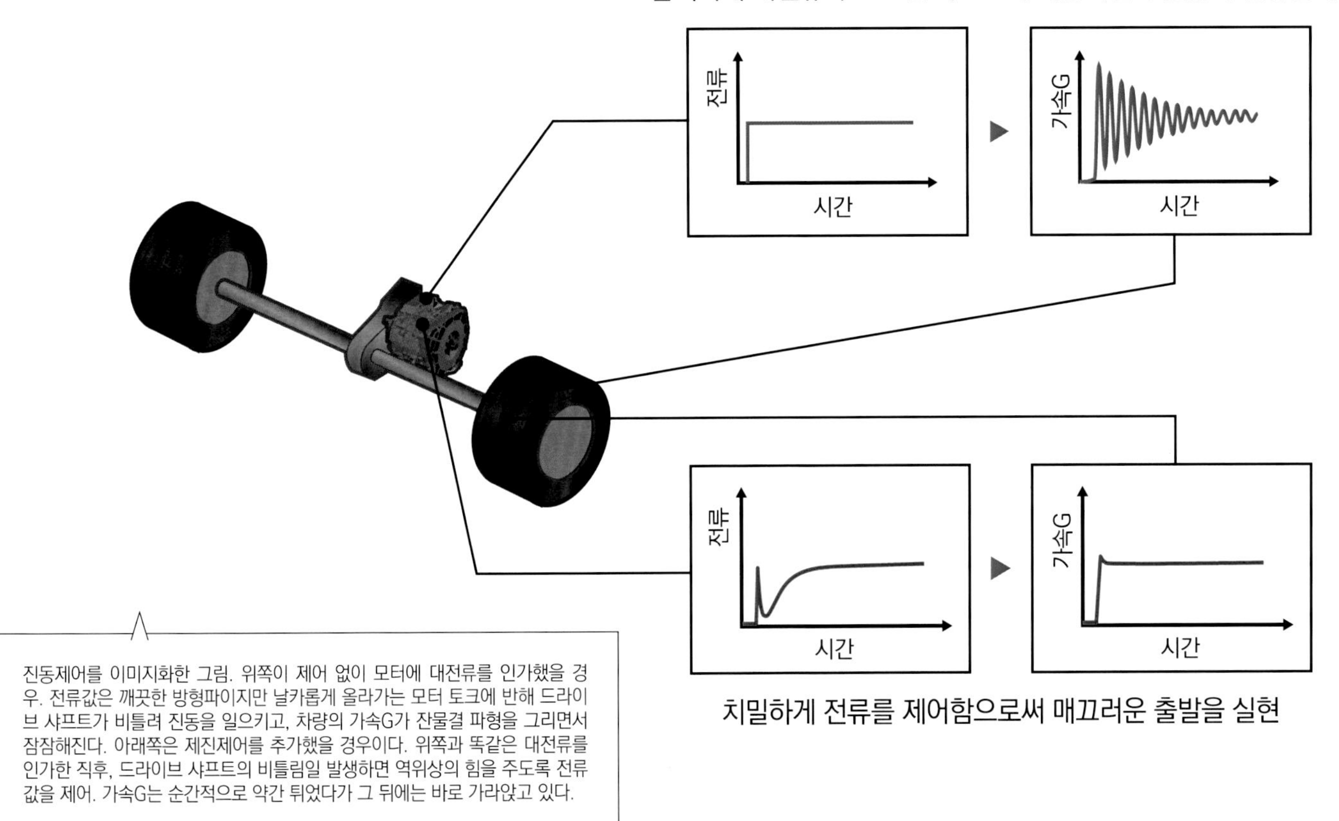

진동제어를 이미지화한 그림. 위쪽이 제어 없이 모터에 대전류를 인가했을 경우. 전류값은 깨끗한 방형파이지만 날카롭게 올라가는 모터 토크에 반해 드라이브 샤프트가 비틀려 진동을 일으키고, 차량의 가속G가 잔물결 파형을 그리면서 잠잠해진다. 아래쪽은 제진제어를 추가했을 경우이다. 위쪽과 똑같은 대전류를 인가한 직후, 드라이브 샤프트의 비틀림일 발생하면 역위상의 힘을 주도록 전류값을 제어. 가속G는 순간적으로 약간 튀었다가 그 뒤에는 바로 가라앉고 있다.

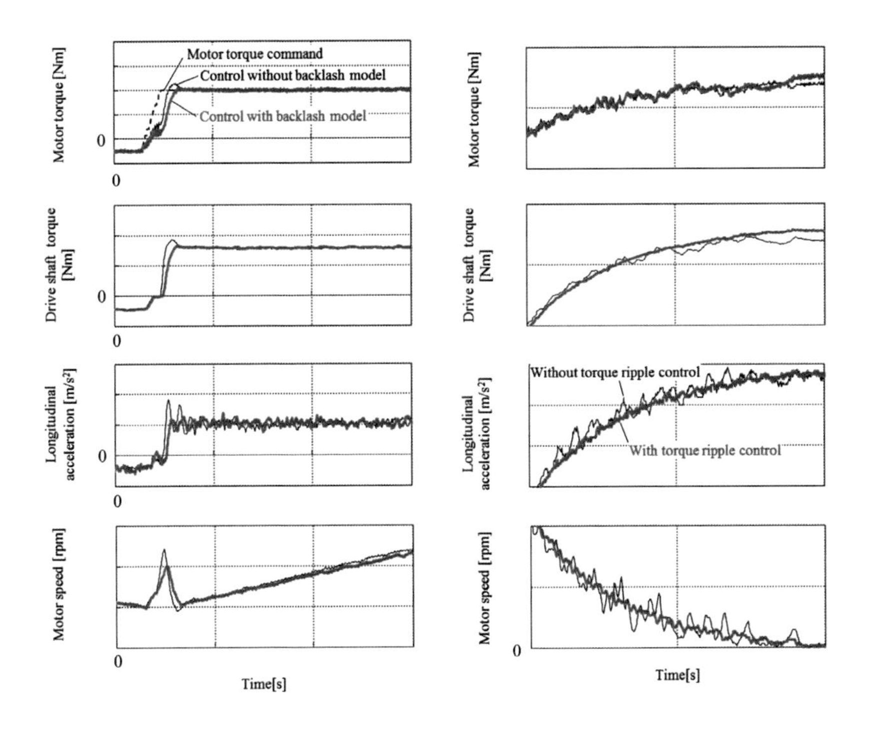

제진제어 유무를 비교실험했을 때의 그래프. 좌측 열 4개는 e-Pedal의 감속상태에서 재가속했을 때의 그래프로서, 적색선이 백래시 제어일 때. 흑색선이 제어가 없을 때를 나타낸다. 가장 위 그래프에 있는 점선은 토크 지령값으로, 백래시 사이에 토크가 걸리지 않은 상태임을 알 수 있다. 우측 열은 토크 리플 제어를 했을 때와 하지 않았을 때를 비교한 그래프이다.

원래 위 토크 특성 그래프에서 나타나 있듯이 구동영역을 위쪽을 향해 확대하기 위해서는 배터리 전압을 높일 필요가 있지만, 전압이용률 향상은 배터리를 고전압화하는 것과 실질적으로 같은 효과를 얻을 수 있다. 즉 이 전압이용률 향상이야말로 출력 향상 자체라고 해도 무방하다.

제어만 놓고 보면 이런 방법을 선대에서 채택하지 않았던 것에 의문을 품을지 모르지만, 출력을 향상한다는 것은 그만큼 큰 전력이 필요하다는 것까지도 의미한다. 그러기 위해서는 인버터 전력을 제어하는 파워 소자도 더 큰 전력에 대한 대응이 필요하게 되는데, 선대 모델의 파워 소자(인버터 내에는 파워 모듈이라는 패키지 형태로 들어가 있다)에는 그렇게까지 여유가 없었다.

신형 리프에서는 파워 모듈이 변경되면서 냉각방법도 크게 바뀌었다. 파워 모듈이 큰 전력에 대응하게 된 것은 말할 필요도 없고, 파워 모듈을 냉각판에 붙이는 형태로 간접적으로 냉각하는 방식에서 파워 모듈의 냉각 핀을 직접 냉각제에 침수시키는 구조로 변경함으로써 냉각성능도 크게 향상된 것이다. 기본성능 향상이라고도 할 만한 요소가 있어서 앞서 말했던 제어도 가능해졌다. 선대 모델에서는 하고 싶어도 하지 못했던 것이다.

그것은 전력의 원천인 배터리에도 적용할 수 있어서, 40kWh나 되는 대용량화의 열쇠가 된 새로운 전극 소재 채택을 비롯한 배터리의 소재 변경은 내부저항의 저저항화(低抵抗化)라는 효과까지 끌어냈다. 이 일은 더 큰 출력 대응을 가능하게 하는 것은 물론이고, 배터리에서 발생하는 열을 제어함으로써 배터리 팩의 공랭구조 유지에도 공헌한다.

내부저항이 낮아진 것은 그밖에도 회생 때의 전기를 받아들이는 성능이나 급속충전에 대한 내구성 향상으로도 이어지고 있다. 배터리 관리 기술의 발전과 더불어 급속충전으로 인해 배터리가 소모되는 경우도 완전히 없어졌다고 한다.

배터리 관리용 BMU 자체도 전력검출용 IC패키지 통합 등과 같은 발전을 바탕으로 발열을 억제한 구조로 진화하고 있다. 그런 배경에는 EV, HEV 관련 부품의 수요증가가 순풍 역할을 하는 한편, 고성능에 고기능까지 겸비한 반도체 부품이 계속해서 등장하고 있다는 사정이 깔려있다.

이것은 앞서 언급한 인버터에 대해서도 마찬가지로서, 신형 리프의 인버터 제어용(모터 제어용) 마이크로 컨트롤러는 선대 모델의 그것과 비교해 2배 성능을 가진 것이 탑재되어 있다. 두 가지 제어방식을 나누어서 사용하는 방법에도, PMD(Programmable Motor Driver)라고 하는, 이 모터 제어용 마이크로 컨트롤러 성능향상으로부터 영향을 받은 바가 크다.

전압 위상제어에서는 모터의 회전속도나 부하 조건 등에 따라 전압을 인가하는 위상이 바뀌기 때문에 복잡한 처리가 필요할 뿐만 아니라, 전류 벡터 제어와의 전환 부분에서 토크 변화를 일으키지 않기 위해서는 역시나 약간의 수고가 요구된다고 한다.

그리고 약간의 수고라고 하는 것은 선대부터 모터 제어에 들어갔던 제진(制振)제어에 새로운 기능이 추가된 것을 뜻한다. 원 페달 드라이브인 e-페달(Pedal)에 수반되어 추가된, 백래시 때의 제진제어이다. 감속을 강하게 하고 나서 다시 액셀러레이터를 밟을 때 백래시가 발생하게 되는데, 여기에 모터가 가진 순발력이 가세하면 기어 맞물리는 소리가 강하게 난다고 한다. 「그대로 놔두면 상당한 소리가 납니다. 백래시 동안에는 순간적이기는 하지만 모터가 자동차와 연결되지 않는 상태가 됩니다. 이 백래시에 걸렸을 때 (다음 순간, 기어의 이를) 어떻게 부드럽게 맞물리게 하느냐가 관건이죠」(후지와라씨)

기본적으로는 피드 포워드로 거동을 예측, 그래도 진동이 발생했을 때는 피드백 제어가 들어간다고 한다. 진동을 없애기 위해서는 진동, 즉 역위상 진동을 가해 해소한다. 이 제어에서 중요한 것이 EM57형 모터에 들어간 "초(超)" 고정밀한 리졸버(회전각도 센서)이다. 「센서에 오차가 있으면 (센서에서) 차가 진동을 하는 것처럼 감지하면서 아무것도 없는 부분에 진동을 줄지도 모릅니다. 제진제어를 하기 위해서 정밀도가 아주 높은 센서를 사용하고 있습니다.」(후지와라씨)

이런 이야기들을 듣다 보니 어느 정도로 성능이 뛰어난 마이크로 컨트롤러(PMD)가 사용되는지 알 것 같다. 하지만 이 PMD는 몇 센치 정도 밖에 안 되는, QFP라고 하는 작은 패키지의 부품이다. 「엔진과 비교하면 모터는 너무나 순수하고 현실에 가까운 모델이 만들어지고 있다고 할 수 있습니다.」(쇼지씨)

그야말로 제어는 모델 베이스였다. 모터 그리고 제어… 정말로 흥미로운 세계가 아닐 수 없다.

EV·HEV 기술개발본부
EV·HEV 콤포넌트 개발부
제진제어 개발그룹 주담

후지와라 겐고

EV·HEV 기술개발본부
EV·HEV 콤포넌트 개발부
제진제어 개발그룹

쇼지 미츠히로

EV·HEV 기술개발본부
EV·HEV 배터리 개발부
배터리 시스템 개발그룹 주담

히가시노 다츠야

닛산 세레나 e-POWER

노트 e-POWER와 똑같은 모터이면서도 출력이 25%나 향상된 이유

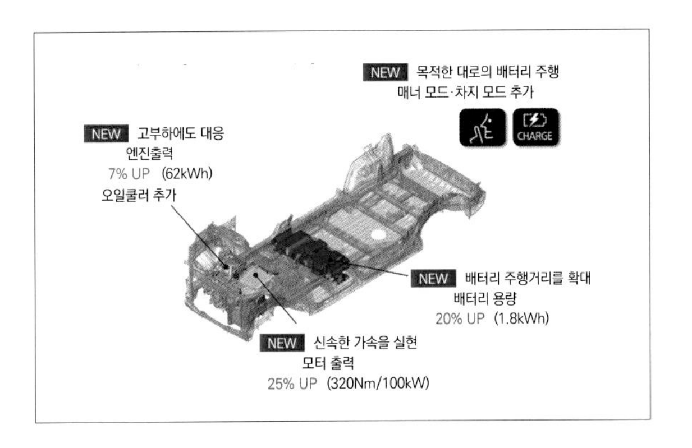

파워 모듈은 리프와 똑같은 신세대 타입

주행용 EM57형 모터와 발전용 HR12DE형 엔진의 조합은 노트 e-POWER와 공통. 모터는 리프와도 공통이지만 리프, 노트 e-POWER와 달리 독특한 출력 특성을 자랑한다. 물론 액셀러레이터 조작에 대한 반응은 전동 특유의 맛 그대로이다.

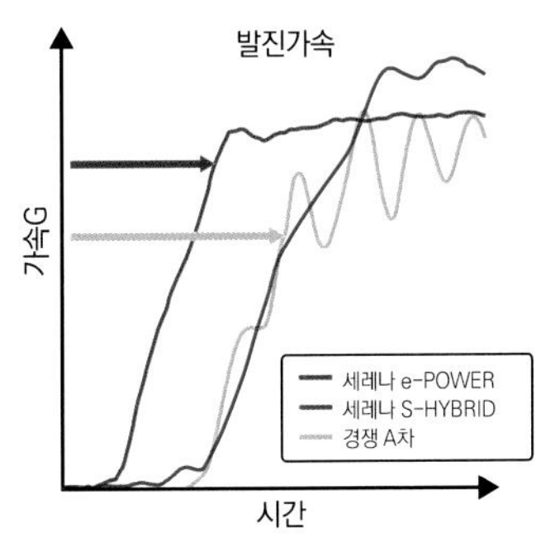

세레나에 추가된 e-POWER 버전. 파워트레인은 EM57형과 똑같지만 500kg 이상 무거운 차종에 대응하기 위해서 엔진 출력은 7%를 향상시켜 62kW, 주행용 배터리는 용량을 20% 확대(1.8kWh로), 모터의 최고출력도 25% 끌어올렸다(100kW). 그리고 주목해야 할 것이 모터의 출력이다. 25%의 고출력화는 다시 말하면 전류량 증가도 의미하는 것으로, 세레나 e-POWER의 인버터에는 현재의 리프와 똑같은 신세대 파워 모듈이 사용되고 있다. 파워 모듈의 방열판을 직접 냉각제에 침수시키는 냉각방법도 똑같다. 즉 세레나 e-POWER는 이 파워 모듈과 냉각방법 개발 없이는 성립되지 않았다고 해도 과언이 아니다. 세레나 뿐만 아니라 현재의 전동 파워트레인은 이런 전지기술의 한계를 추구하면서 발전하고 있는 것이다. 노트 e-POWER에서 처음 등장한 직렬방식 하이브리드도 2016년 그때 시점이 아니었으면 실현되기 어려웠을 것이다. 개념은 예전부터 있었지만, 에너지 효율이 뛰어난 파워 반도체(앞서 언급한 파워 모듈의 중추 부분)와 제어기술이 없었으면 세상에 내놓을 정도로 에너지 효율에 대한 이점은 찾아낼 수 없었다. 그것이 정확하게 언제인지 특정하기는 어렵지만 10년 전에 가능했느냐고 묻는다면 그것은 자신 있게 NO라고 할 수 있다. 한편 세레나 e-POWER에는 리프나 노트 e-POWER 같이 강렬한 정도의

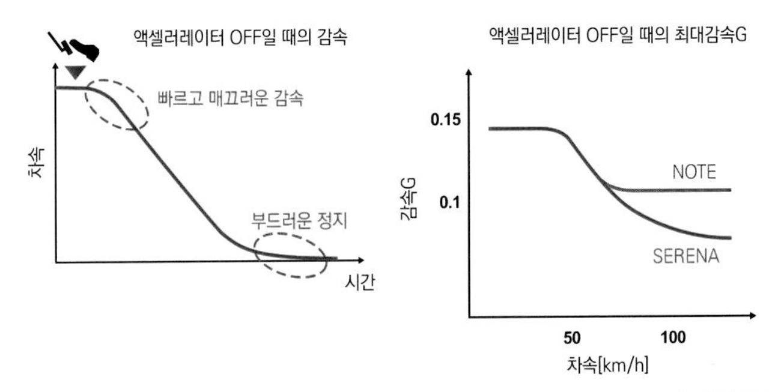

미니 밴 형태의 운동특성까지도 고려해 원페달 방식의 e-POWER Drive 모드일 때의 감속G 특성과 정지하기 직전에 제동력(감속G)을 약하게 하는 과정을 부드럽게 변경. 고속주행 중일 때는 최대감속G를 억제하는 형태를 취했다. 이것은 특히 동승자의 위화감을 줄임으로써 양질의 승차감을 목표로 한 것이다.

고속주행 중일 때의 에너지 모니터. 엔진에서 발전하고 있는 동안에 직렬 운전으로 주행하는 모습을 나타낸 것이다. 엔진의 운전상태는 액셀러레이터 조작과 주행부하에 맞춰 자연스럽게 이루어지도록 제어.

"EV 감각"은 없다. 그 만큼 전기자동차이기 때문에 느낄 수 있는 부드러운 출력 특성과 정숙성에 중점을 두고 개발했다는 것이다. 마지막으로 e-POWER와 처음 조합된 프로 파일럿. 전용으로 튜닝되면서 동작이 더 부드럽고 자연스럽게 진화되었다.

Electric Motor ▸ NOW

미쓰비시 아웃랜더

대용량 배터리와 트윈 모터로 절제된 효율을 추구

EV를 베이스로 한 구성과 주행성능을 독자적인 세계관으로 무장한 이단아적 존재이면서도 세계에서 가장 잘 팔리는 PHEV이기도 한 미쓰비시 아웃랜더 PHEV.2018년 제네바쇼에서 마이너 체인지가 발표되면서 다시금 주목 받는 아웃랜더의 기술에 대해 들여다 보았다.

본문&사진 : 다카하시 잇페이 사진 : MFi/미쓰비시 모터스
그림 : 미쓰비시 모터스

아웃랜더 PHEV의 파워트레인이 EV, 직렬 그리고 병렬 모드를 전환하면서 주행할 때, 각각이 요구하는 운전상태를 나타낸 그래프. 엔진을 사용하는 상태에서는 주행에 필요한 출력을 초과하는 형태로 운전해 잉여분을 발전(發電)으로 돌린다는 것을 알 수 있다.

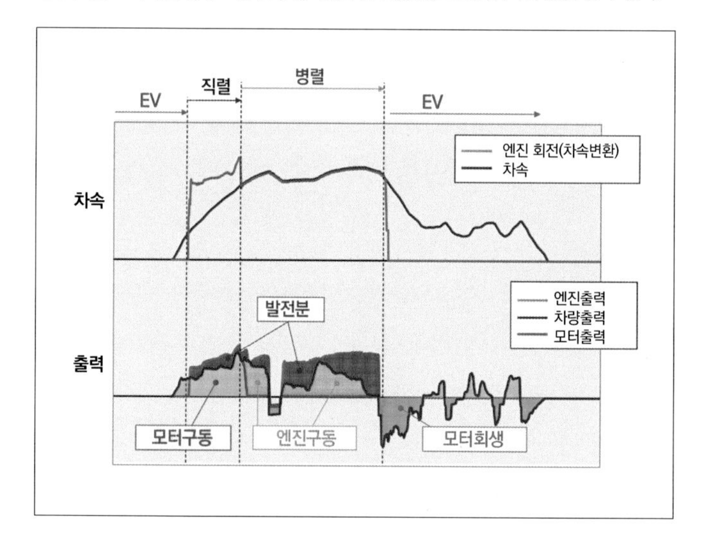

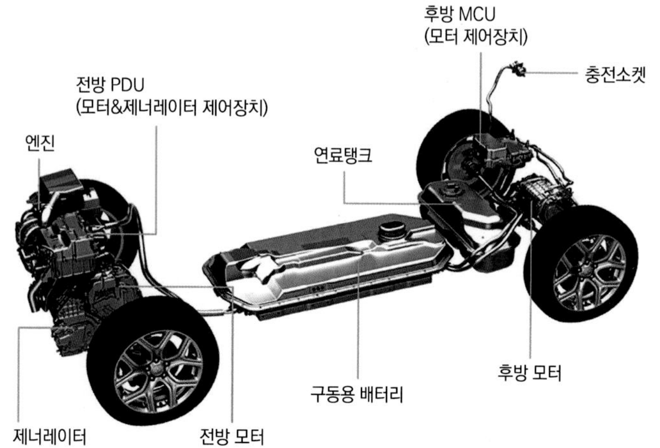

PHEV의 파워트레인 전체 모습. 차량 중앙에 주행용 배터리를 탑재. 프로펠러 샤프트가 없는 전동식 4WD로서, 후방 축은 모터로만 구동. 회생에는 앞뒤 2개의 모터를 이용해 운동 에너지를 남김없이 회수한다.

중앙에 있는 모니터의 에너지 화면 표시. 최대 충전상태일 때의 EV 주행거리는 60.8km(JC08모드). 배터리를 다 사용한 뒤에도 자주 EV주행으로 돌아가는 절묘한 에너지 관리가 특징이다.

[에너지를 회생으로 회수한다]

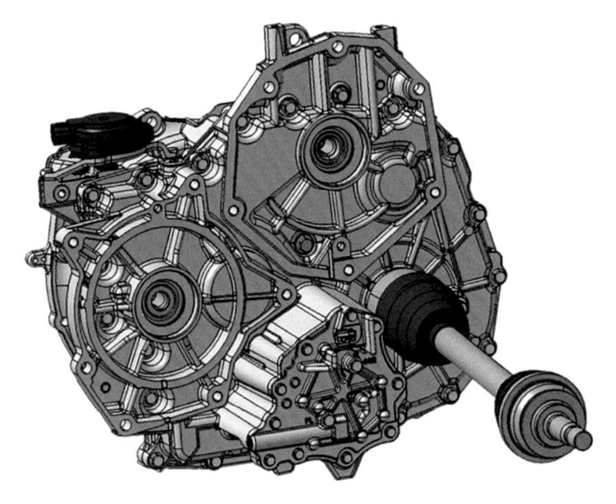

감속 기어와 클러치로만 구성된 트랜스액슬. 변속 기구를 갖지 않고, 일반적인 변속기의 5단에 해당하는 감속비로 고정되어 있다. 구동용 S61형 모터의 최고출력은 60kW. 발전전용 제너레이터도 탑재.

리어 액슬 구동용인 Y61형 모터(우측위)와인버터(우측 아래). Y61형 모터는 원래 i-MiEV용을 바탕으로 만든 장치로서, 아웃랜더용은 최고출력을 60kW로 높였다. 좌측의 아래쪽 사진은 후방 서브 프레임에 배치되는 Y61형 모터를 뒤쪽에서 바라본 모습.

「아웃랜더 PHEV는 앞쪽과 뒤쪽에 모터가 배치된, 트윈 모터 4WD 시스템입니다. 그리고 SUV라 차체가 크기 때문에 끌어낼 수 있는 에너지도 큽니다. 그러기 위해서 앞뒤 두 개의 모터로 4륜을 사용해 회생하는 것이죠. 게다가 용량이 큰 배터리라서 여유가 있기 때문에 (전기가) 충전이 잘 됩니다.」(EV·파워트레인 개발 관리부 한다씨).

「우리 자동차(아웃랜더 PHEV)는 회생량이 대단합니다. 손실된 에너지(언덕길에서 손실된 에너지)를 내리막길에서 회수할 수 있으니까요. 물론 100% 회수는 무리지만 그래도 거의 다 회생하는 이미지라고 할 수 있죠.」(C&D-seg 상품개발 프로젝트 가미히라 주임)

아웃랜더 PHEV에서 인상적인 것은 뛰어난 회생 효율이다. 물론 계측기를 사용해 정량적 비교를 한 것은 아니다. 그러나 많은 PHEV가 충전한 배터리 전력을 다 사용한 뒤에는 EV주행으로 돌아가는 경우가 거의 없는 데 비해, 아웃랜더는 내리막길 등을 내려가면 회생을 통해 배터리 충전량이 부활하면서 20km 정도까지는 EV주행이 가능하다는 표시가 뜨는 경우도 적지 않다.

그래서 모터와 제어에 있어서 어떤 비밀이 숨겨져 있지는 않을까? 하고 두 사람에게 질문했더니, 돌아온 대답이 글 첫 부분의 말이었다. 내 추측도 그다지 예상을 벗어난 것은 아니어서 일단 확인이 된 셈이기는 하지만, 사실 결론부터 말하자면 아웃랜더에 숨겨진 대단한 "비결"까지는 알아보지 못했다.

아웃랜더에 숨어 있었던 비결은 다름 아닌 대형 배터리에 의한 뛰어난 충전 효율성과 트윈 모터 요소, 그리고 최저한의 기어 요소와 클러치로만 구성된 트랜스액슬이다. 요는 오로지 착실하게 만들었다고 하는 미쓰비시다운 비결들이었다.

덧붙이자면 아웃랜더 PHEV에 탑재된 S61형 모터(앞쪽)와 Y61형(뒤쪽)으로 불리는 모터는 모두 다 교류동기형 IPM으로서, 제 각각 독립적인 인버터 장치가 딸려 있다. 인버터를 통한 제어는 전체 영역이 정현파 PWM, 즉 전류 벡터 제어이다.

물론 S61형, Y61형 둘 다 현재의 자동차용 IPM이 그렇듯이 릴럭턴스 토크를 이용하는, 교류동기 릴럭턴스 모터와의 하이브리드라고 할 수도 있는 구조이다.

「13형(2013년)을 만들었을 때는 먼저 효율을 우선시했죠. 그리고 연비, 환경이었습니다. 그리고 다음(2019년형)에는 품질성을 지향했지만 결국은 모든 것을 다시 만들게 되었습니다」라는 가미히라 주임.

이유를 물어봤더니, 효율을 우선하는 부분부터 시작한 아웃랜더 PHEV가 마이너 체인지를 거치는 2015년형, 그리고 2017년형에서 앞서의 효율을 더 좋게 하면서 품질감까지 높이려고 했지만, 모든 요소가 한계에 도달하는 수준까지 숙성되었기 때문이라고 한다.

[대용량 배터리의 장점을 최대한으로 활용]

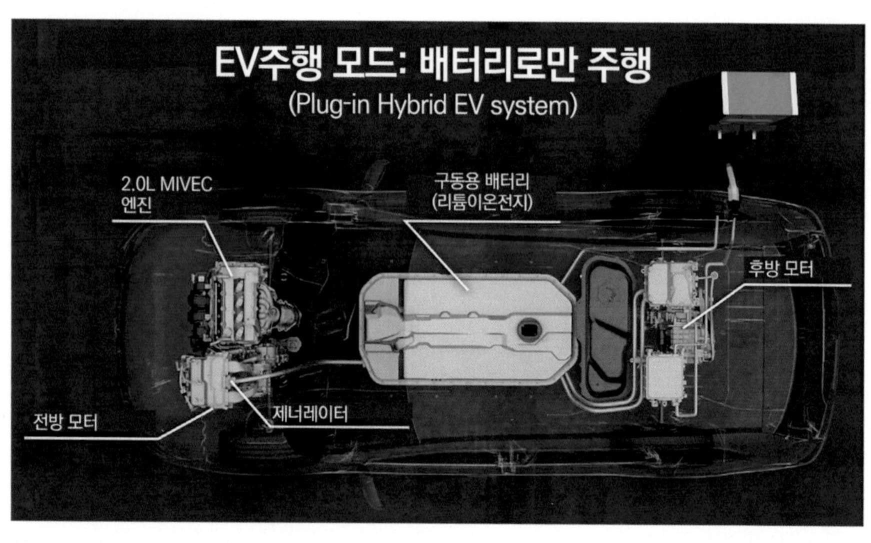

앞뒤로 장착한 모터가 항상 축과 함께 돌아가는, EV와 똑같은 구성을 바탕으로, 제너레이터가 딸린 2.0ℓ 엔진의 파워트레인. 앞뒤에 있는 모터는 로터에 영구자석을 끼워 넣은 IPM. 드라이브 샤프트나 센터 디퍼렌셜도 없지만, 제어 소프트웨어 상에 "가상 센터 디퍼렌셜"이라고 할만한 기능이 들어가 있다.

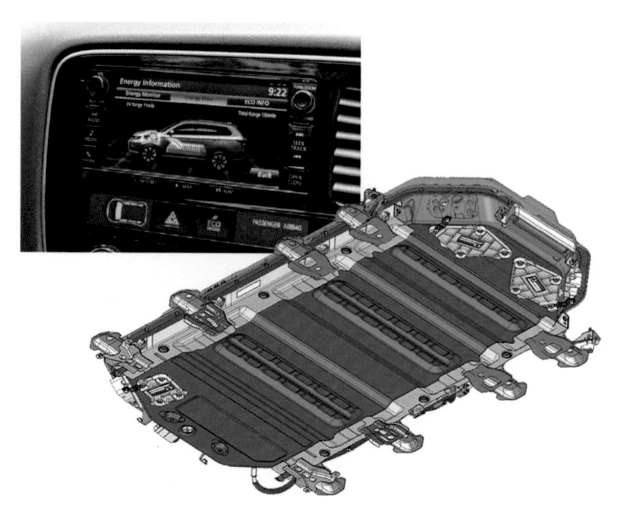

12kWh이나 되는 EV 수준의 대용량 배터리. 여유 있는 용량은 플러그인 충전 전력을 통해 EV 주행거리의 확보뿐만 아니라 뛰어난 충전 효율이라는 이점까지 거두고 있다. 회생할 때는 물론이고 직렬 모드나 병렬 모드에서도 순식간에 전력을 충전하는 모습에서 답답함이 느껴지지 않는다.

[각 주행 모드의 모터 동작]

3종류의 주행 모드와 각각의 전력 흐름. 엔진은 병렬 모드일 때만 드라이브 샤프트와 접속한다. 접속에 이용되는 것은 습식다판 클러치로서, 충격이 발생하지 않도록 제너레이터의 도움을 받아서 엔진회전속도를 완전히 동기시켜 가면서 접속한다.

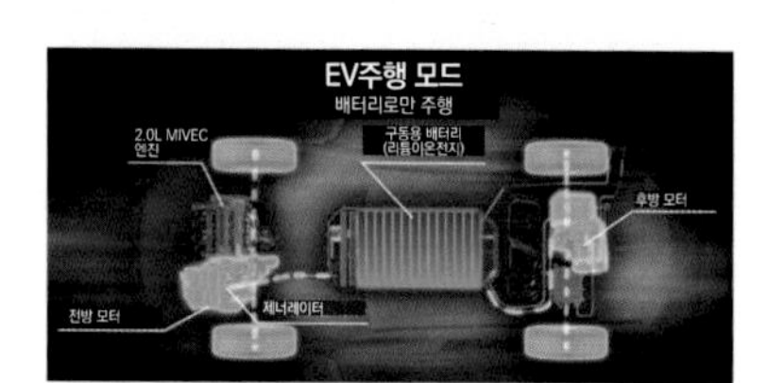

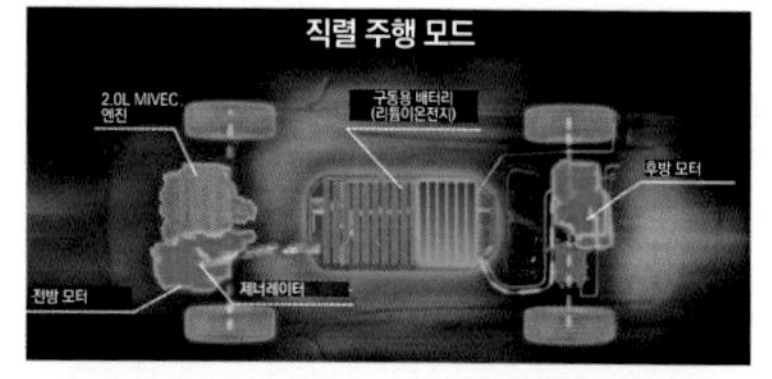

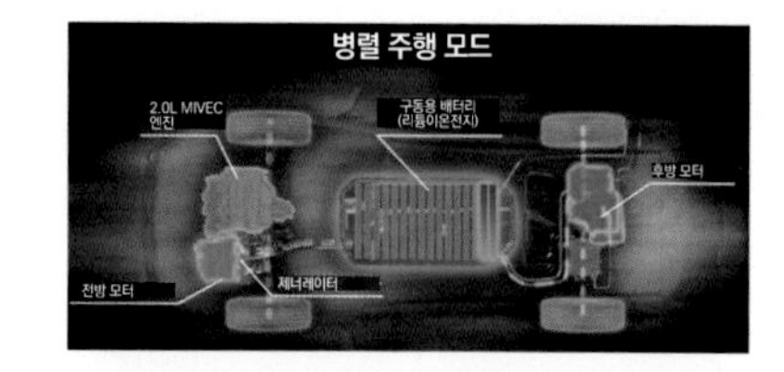

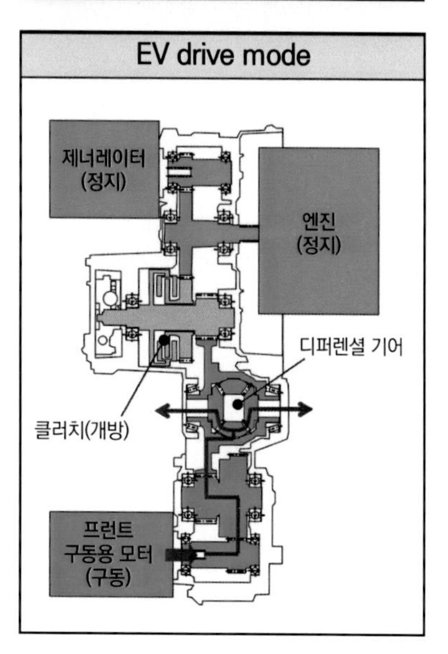

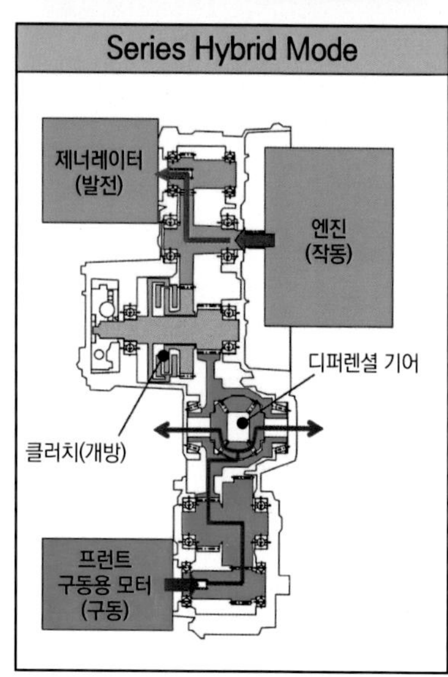

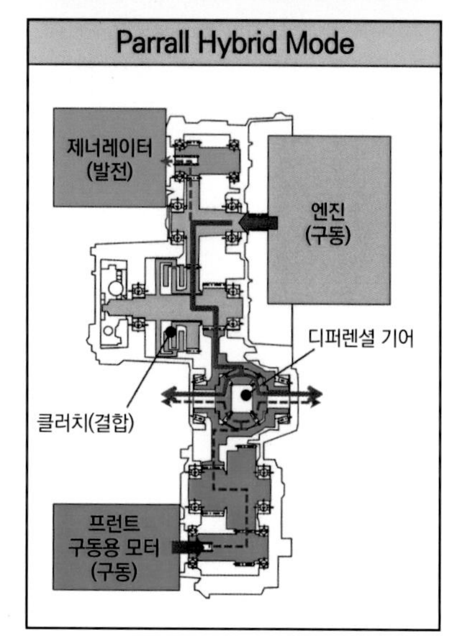

[2019년형은 전동 파워트레인을 대폭 혁신]

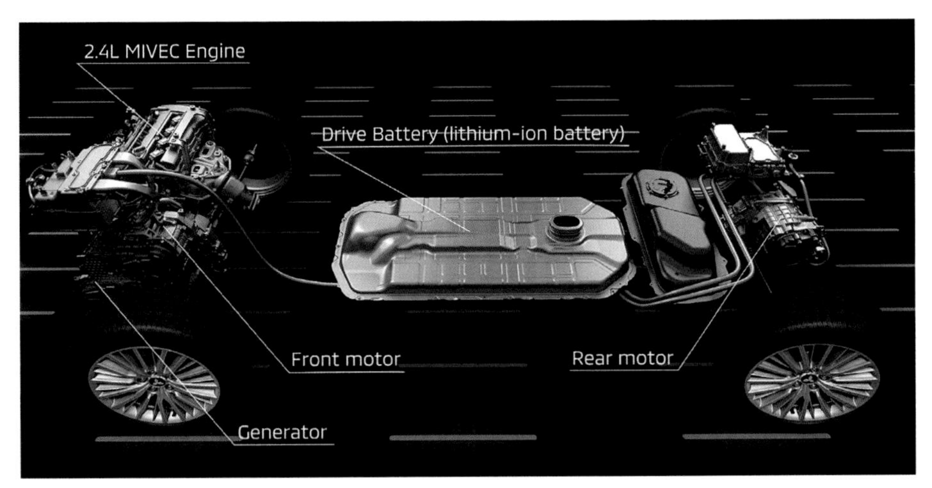

2018년 제네바 모터쇼에서 발표된 2019년형 아웃랜더 PHEV의 파워트레인. 애트킨슨 사이클을 채택한 2.4ℓ 4기통 MIVEC 엔진을 탑재. 레이아웃 등과 같은 기본적 부분은 그대로이지만 PHEV 시스템과 관련된 부분에서 변경되지 않은 것은 연료탱크분이다.

배기량이 확대된 엔진과 더불어서 눈에 띄는 것은 13.8kWh로 대용량화가 진행된 주행용 배터리. 전방 모터의 출력은 60kWh로 그대로이지만, 후방 모터의 최고출력은 70kWh로 향상될 예정. 제어 로직도 크게 변경되면서 PHEV 시스템의 움직임이 크게 바뀔 것이라고 한다.

그래서 더 높은 단계로까지 끌어올리기 위해 엔진을 비롯해 한 번 손을 댔더니, 지금까지 절묘하게 균형을 이루면서 결합했던 것들로 인해 결국 모든 것을 바꾸게 되었다는 것이다. 그렇게 만들어진 것이 제네바 모터쇼에서 발표된 2018년형이다. PHEV 시스템과 관련된 부분에서 기존에 사용했든 것은 연료탱크분이다. 반대로 말하면 그만큼 현재 모델이 잘 만들어졌다는 것이다.

2.4ℓ 4기통 MIVEC 엔진은 애트킨슨 사이클을 적용해 고효율 영역을 현재 모델보다 저회전 쪽으로 돌렸다. 목적은 시리즈로 운전할 때의 정숙성. 더 낮은 회전영역에서 제너레이터에서 발전(發電)이 일어나게 함으로써 엔진이 걸렸을 때의 위화감을 낮추겠다는 의도이다.

그리고 용량이 확대된다고 하는 2019년형의 주행용 배터리가 화제를 모으면서 현재 모델과 이어지는 흥미로운 전개가 펼쳐졌다.

그것은 다름 아닌 주행용 배터리. 물론 주요 목적은 EV주행 거리와 빈도를 늘리는 것이지만, 사실은 대용량화를 통한 여유를 의외의 부분으로 활용하려고 한다는 점이다. 그것은 제진(制振)제어이다.

물론 현재의 아웃랜더 하이브리드에도 제진제어는 들어가 있다. 그러나 진동이 발생했을 때 역위상의 가진력(可振力)을 주어 진동을 해소하는 제진제어는 에너지, 즉 전력을 소비한다. 현재 모델은 이 부분까지 대비할 여지가 있다는 것이다.

물론 통상적이라면 운전자가 느낄 만한 수준은 아니어서, 반대로 말하면 그 정도까지는 (제진제어로) 억제하고 있다는 것이다.

2019년형에서 배터리가 확대되어 전력을 여유 있게 확보한 시점에서 결국은 손을 보기로 한 것인데, 이것이야말로 효율은 양보할 수 없다는 미쓰비시의 진지한 모습을 엿볼 수 있는 대목이 아닐까 한다. 이런 사정을 듣고서야 모두에서도 언급한 회생 효율의 "비결"이 눈에 들어온 느낌이다. 역시나 거기에는 "이유"가 존재했던 것이다.

자칫하면 이 제진제어 이야기가 사소하게 들릴지도 모르지만, 이런 자세야말로 마법같이 생각되는 회생효율을 만들고 있었다는 사실만은 틀림없는 것 같다. 예전에 항공기를 경량화하기 위해서 심혈을 기울였던 미쓰비시의 DNA가 느껴지는 것 같다.

「하이브리드 자동차는 배기량을 확대하면 효율이 좋아지면서 출력도 향상됩니다. 이 점이 전동기술과 궁합이 잘 맞는 부분입니다. 이번에는 (2019년형에서는) 회전속도 억제를 통해 정숙성이 더 향상될 것으로 기대하고 있습니다」라는 한다씨.

어쨌든 고품질을 지향했다는 2019년형 아웃랜더 PHEV. 필자가 이 차를 타고 가보고 싶은 곳은 먼저 산길을 내려가 보는 것이다. 비결을 음미하면서 달려보고 싶은 기분이다.

개발본부 C&D-seg
상품개발 프로젝트 주임
가미히라 마코토

EV·파워트레인 기술개발본부
EV·파워트레인 개발관리부
매니저(EV선행개발 담당)
한다 가즈노리

COLUMN 1

철도기술 100여 년 이상의 발자취로부터 전동차량의 미래를 엿보다.

레일 위의 EV 기술

전차의 전원, 제어, 모터의 변천

시대는 완전히 EV로 넘어가고 있다. 전동화야말로 선(善)이고 내연기관에 미래는 없다고까지 이야기할 정도이다. 그러나 HEV나 EV가 특별하지 않게 되고 난 뒤로부터 아직 10년도 되지 않았다. 내연기관 자동차가 도로를 독점하던 시대에도 철로 위에서는 이미 전동차가 달리고 있었다.

본문&그림 : 미우라 쇼지 참고자료 : 철도종합기술연구소「Railway Research Review」/히다치평론

많이 알려진 바와 같이 처음에 철도는 증기기관을 원동력으로 했다. 그런데 증기기관이라는 장치는 차 위에서 석탄을 태우는 관계상 많은 연기와 검댕이를 뿜어낸다. 그뿐만이 아니다. 불티까지 철도 밖으로 방출한다. 도시 사이에 철도가 깔릴 때 이런 사실들이 문제가 되었다. 배출가스뿐만 아니고 화재 위험성이 있는 것을 도시 내에서 사용하는 것을 염려한 때문이다. 그렇다고 해서 가솔린 엔진이나 디젤 엔진이 이제 막 실용화 단계 초입에 들어간 19세기 후반 때는「클린에너지」라고 해야 전기와 모터밖에 선택지가 없었다. 이런 배경으로 구동용 모터가 먼저 도시의 노면전차에 사용된 것이다. 「노면전차」란 것이 하나의 키워드이다. 전차를 달리게 하려면 전원이 필요하다. 당시에는 배터리 등을 사용할 수 없던 시절이라 전원은 당연히 전선 줄(架線)로부터 공급받는다. 철도와 자동차 두 가지 전동차량의 특질에 결정적인 차이가 있는 것은, 철도의

전기철도의 역사

1879	지멘스(Siemens)가 베를린박람회에 전기기관차를 출품
1880	미국 스프레그(F.J Sprague) 트롤리 폴 집전(集電)을 고안
1881	지멘스&할스케(Simens Halske)가 세계최초의 전기철도를 베를린에서 영업개시
1887	미국 리치몬드에서 스프레그가 개발한 오늘날의 전기철도 영업개시
1895	교토전기철도(훗날의 교토시전)가 일본 최초의 전차영업 운전
1898	스위스 고르너그라트, 융프라후 철도가 삼상교류 송전+유도모터 차량을 채택
1904	독일 바이에른에서 단상교류전화(電化) 실시
1912	피츠버그사, 웨스팅하우스사 제품의 자체 통풍냉각 직류 모터를 채택
1933	헝가리에서 상용 교류전화(1.5kV·50Hz)
1955	국철 센잔선이 사용교류전화(2.0kV·50Hz) 일본 최초의 교류전원 기관차·ED44(히다치 제품)/ED45(미쓰비시전기 제품)가 등장
1958	GE가 전력용 반도체·사이리스터를 개발
1963	지멘스가 사이리스터 초퍼 제어의 축전지 기관차를 개발
1964	도카이도 신칸센이 상용교류전화(2.5kV·60Hz)로 개업, 모터는 직류형
1970	한신철도 7001·7101형에 일본 최초의 사이리스터 전기자 초퍼 제어를 채택
1971	헨셀(Henshel) 브라운 보베리(Brown Boveri)가 유도모터 전기식 디젤 기관차를 개발
1972	미국 클리블랜드에서 직류전원·농형 유도모터 차량이 영업운전
1975	지멘스, 인버터 제어 유도모터 차량을 개발
1979	프랑스 부하전류형 동기모터 시험에 성공
1982	구마모토시전, 일본 최초의 VVVF 인버터 제어유도모터 차량(전장품은 미쓰비시 전기 제품)을 채택
1993	에이단지하철(현 도쿄 메트로) 06계에 IGBT소자를 이용한 인버터 제어(도시바 제품)를 채택
2006	JR동일본 E331계에 교류 영구자석형 동기모터를 채택
2014	오다와라 1000형에 세계 최초의 SiC(탄화규소) 소자를 사용한 인버터를 채택

포뮬러 E와 신칸센 N700계. 모두 모터를 이용해 고속을 지향하는 이동체로서, 투입된 기술의 본질은 똑같다. 그러나 총출력은 포뮬러가 200kW인데 반해 신칸센은 1만 7080kW(!)나 된다.

1879년의 베를린박람회에 출품된 전기기관차와 1881년의 지멘스에 의한 베를린시 전동차. 포르쉐가 세계 최초의 EV를 만들기 20년 전이다.

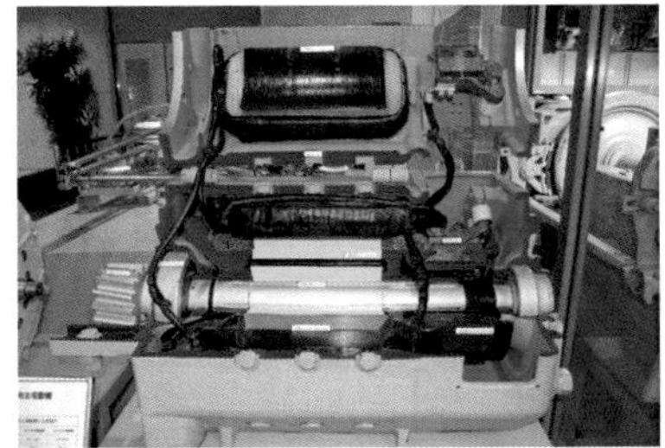

철도용 직류직권 모터(왼쪽 중앙)와 교류유도 모터(우). 직류모터는 브러시와 정류자가 필요로 하고, 고정자와 회전자 양쪽에 코일이 있어서 전기가 흐르기 때문에 큰 전류를 흘리기 위한 절연대책이 눈에 띈다. 이에 반해 교류모터는 부품 개수도 적고 상당히 간소한 구조이다.

국철시대의 대표적 전차인 103계(좌)와 제어기(우). 중앙에 있는 검은 회전체와 상하의 접점이 저항기이다. 회전체는 캠으로 되어 있어서 속도와 전류값에 맞춰 캠이 돌아가면서 저항에서의 접점을 이동시킴으로써 저항량이 바뀐다. 이어지는 저항값이 줄수록 모터 회전속도가 올라간다. 접점은 접촉할 때 아크가 생기기 때문에 여기도 보수정비가 필요한 부위이다.

경우 급전방법이 발전소와 연결된 전선 줄을 이용한다는 점이다. 적어도 전선 줄만 뻗어 있으면 전력은 사실상 무한정으로 공급된다. 그런데 전선 줄은 바로 인프라이기

그림 1 모터의 질량당 출력 변화

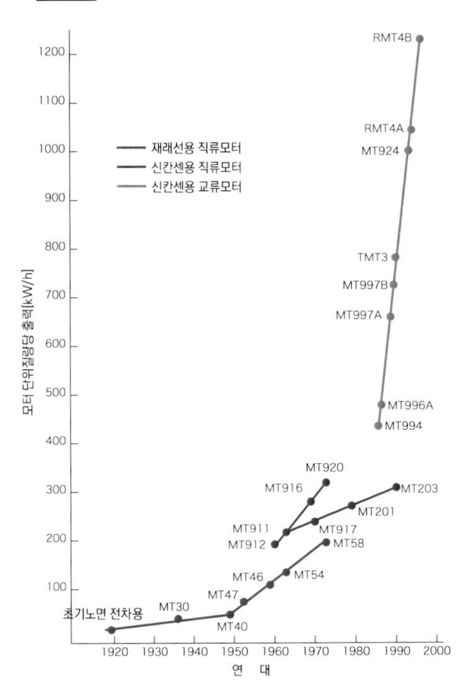

등장 이후 100년 이상 주류였던 직류모터는 출력향상과 더불어 코일 권선과 철심 질량의 증대, 대전류에 의한 정류(스파크 발생이나 절연) 불량으로 인해 회전속도를 높이지 못함으로써 출력 향상에 한계가 있었다. 교류 브러시리스 모터와 인버터 제어의 등장으로 출력이 극적으로 향상되면서 300km/h 초과가 가능해졌다.

때문에 시설을 깔기까지는 막대한 비용이 들어간다. 그래서 처음에는 행정이나 전력을 보급하는 전력회사가 필연적으로 철도 경영에 관여하게 되었다. 당연히 비용투입에는 한계가 있으므로 전화(電化)는 도시 내의 노면전차로 한정되고, 장거리를 달리는 도시간 철도는 변함없이 증기기관과 디젤기관이 그 임무를 맡게 되었다. 지금 상황과 별 차이가 없는 것이다.

배출물이 없고 저속 토크가 좋아서 대량수송에 적합한 전기모터는 특히 도시 인구밀도가 높은 일본에서 급속히 확대되었다. 열차 한 량당 많은 승객을 태운다고 했을 때 모터는 증기기관보다 훨씬 깨끗할 뿐만 아니라 고출력·소형이어서 사용하기가 편리했다. 내연기관을 사용하는 방법도 있지만 여러 차량의 엔진과 변속기를 일괄적으로 제어하는 방법이 당시에는 없었다(당시의 디젤차는 운전사가 클러치를 조작하는 MT였다!). 전차의 가장 큰 이점은 많은 모터를 일괄적으로 제어하는 것에 있다고 해도 무방하다. 복수로 편성해서 모터를 얹으면 가속에도 유리하다. 일본을 대표하는 증기기관차 D51이 정격에서 1280ps인데 반해, 10량 편성 중 4량에 차량당 2대의 85kW 모터를 장착한 전차라면 1800ps 이상을 발휘하므로 그 기동 토크 차이는 확연히 구별된다. 이렇게 일본의 철도(특히 여객수송)는 기관차로 객차를 견인하는 것이 아니라 각 차량에 모터를 장착한 「동력분산형」 수송이 주류가 되어 갔다.

여명기부터 20세기 후반까지 철도용 모터는 「직류직권 정류자 모터」를 지향했다. 고정자·회전자 각각에 코일을 감은 전자석을 직렬로 통전하는 이 모터는, 시동 시 토크가 크다는 특징에다가 속도제어가 쉬웠기 때문이다. 결점도 있다. 전원이 직류인 관계로 발전소에서 만들어지는 교류의 상용계통 전원을 직류로 변환하기 위한 변전소가 필요한 것이다. 직류는 이상 시 회로를 차단해도 공중으로 방전되어 전기가 계속해서 흐르기 때문에 안전성을 위해서 너무

■ 전원·제어방식·모터 차이에 따른 특성 비교

전원

	이점	결점	일본의 적용 사례
직류	제어가 쉽고, 직류모터에 그대로 사용할 수 있다.	전압을 높일 수 없고, 변전소가 많이 필요하다.	대다수의 도시권 전동화 구간
단상교류	변압이 쉽고, 상용계통 전원을 그대로 사용할 수 있다.	제어를 위해 직류 또는 삼상교류로 변환해야 한다.	JR의 지방노선
3상교류	삼상교류 모터가 전제라면 변환할 필요가 없다.	전선 줄 설치가 복잡하다(3선이 필요).	없음(유럽의 산악철도에서만 사용)

제어방식

	이점	결점	일본의 적용 사례
직류저항제어	기계적인 회로설계로 제어가 가능하다.	저항을 사용할 때 열이 되어 손실이 발행한다.	1980년대까지 거의 모든 직류차량
교류탭 제어	변압기의 권선 길이를 바꾸기만 해도 쉽고 광범위하게 전압변경이 가능하다.	탭 전환 시 전류값이 바뀌면서 토크 변동이 발생한다.	초기(1950~70년대)의 국철교류차량
교류 사이리스터위상제어	완전전자접점·전력회생이 쉽고, 정류자 없이 직류변환이 가능하다.	교류의 위상을 차단함으로써 유도장해를 일으킨다.	70년대 이후의 교류전기기관차·100계 신칸센
직류 초퍼제어	완전전자접점·전력회생이 쉽고 손실이 낮다.	직류에서는 회로를 OFF로 하기 위한 대용량(고가) 반도체가 필요	80~2000년대의 직류전차
교류가변전압 가변주파수 제어	소형·대출력 교류모터를 사용할 수 있다.	고주파의 변조 노이즈	00년대 이후의 모든 전동차량

모터

	이점	결점	일본의 적용 사례
직류직권모터	시동 때 토크가 크고, 저비용 제어가 가능하다.	브러시 보수가 필요하고 위험성, 제어할 때의 전력 손실, 원칙적으로 회생이 안 된다.	직류·교류를 불문하고 80년대까지의 모든 차량
단상교류모터	브러시리스, 구조가 간편하다.	단순한 ON&OFF밖에 안 된다(속도제어 불가).	일본에서는 사용 사례 없음
3상교류 유도모터	브러시리스, 구조가 간편하다.	회전자의 전자석에 여자(勵磁)하기 위한 전력이 필요하다.	현재의 대다수 전동차량
3상교류 동기모터	브러시리스, 구조가 간편하고 소비전력이 낮다.	자석에 희토류를 사용하기 때문에 비싸고, 모터 제어가 특수하다.	사철, 지하철의 일부차량

높은 전압으로 송전할 수 없다. 일본 철도의 교류전원이 25~20kV인데 반해, 직류전원이 1.5kV인 것은 이런 이유 때문이다. 전압을 높이 책정할 수 없다는 것은, 같은 전력이 필요할 때 전류가 커지게 되고 커진 전류는 전선의 저항으로 인해 송전 손실이 발생한다는 뜻이기도 하다. 따라서 직류는 교류와 비교해 변전소 수를 늘려서 송전 손실을 낮출 필요가 있다. 즉 초기투자가 큰 것이다. 일본 철도는 수송밀도가 높아서 그나마 수지는 맞는 편이지만.

직권 모터에도 결점은 있다. 직류 모터는 전자석 수에 맞춰 그때마다 자성(磁性)을 바꾸기 때문에 회전 부분에 브러시라고 하는 접촉부품을 사용할 필요가 있다. 고속으로 접촉해서 회전하는 브러시는 사용하는 동안에 마모되기 때문에 정기적인 교환이 필요하다. 또한 분리·접촉할 때 아크가 발생하면서 모터 파괴나 화재 위험이 따른다.

속도제어에도 문제가 있다. 모터 회전속도를 높이기 위해서는 전류값을 높인다. 그때 갑자기 대전류가 흐르면 공전하기 때문에 서서히 전류(전압도)를 높이는 것이 중요하다. 교류는 코일 탭 방식의 변압기에서 전압을

1. 국철 485계. 교류와 직류 겸용이지만, 교류는 정류기로 직류로 변환해 직류모터를 사용. 2. 저압 탭 교류로 제어하는 국철 EF70 기관차. 교류전용기는 대부분 기관차이다. 3. 신칸센 100계. 이후 신칸센은 교류가 되면서 비약적으로 고속화되었다. 4. 사이리스터 초퍼 제어 차의 대표격인 에이단 6000계. 지하의 온도제어에 크게 공헌했다. 5. 초기 실용 VVVF차·구마모토시전 8200형. 효율과 성능으로 직류모터의 자리를 빼앗았다.

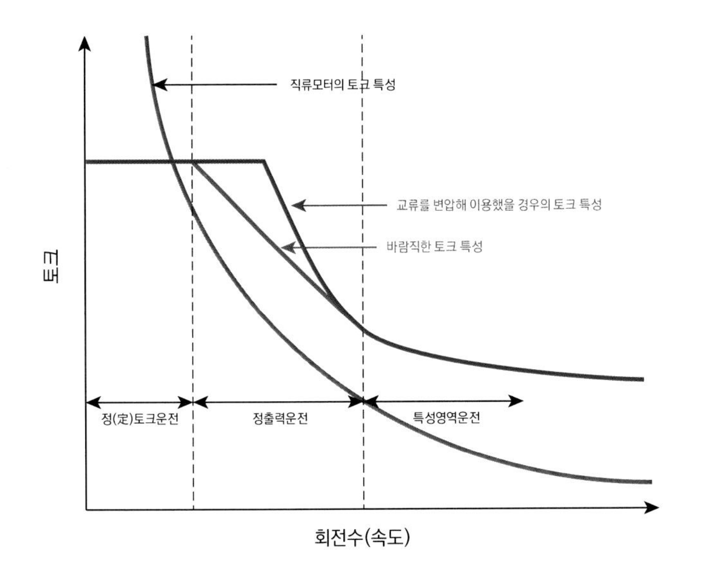

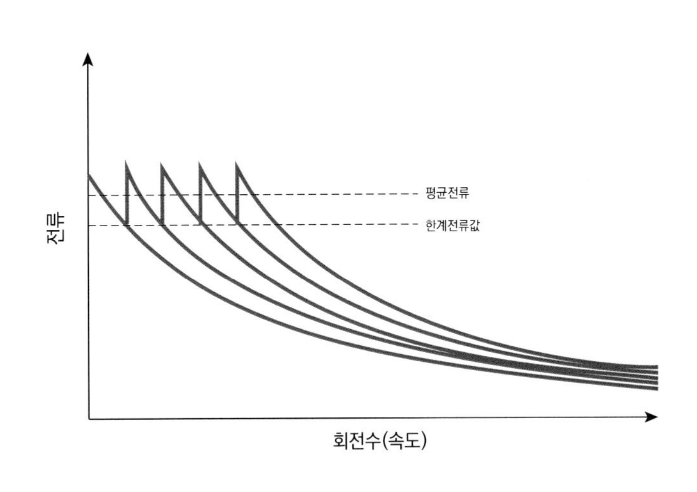

그림 2 직류모터의 특성

기동 시 최대토크를 발생하는 직류모터는 회전속도 상승에 따라 모터가 발전기로서 작용하는데, 이것이 원인이 되어 발생하는 「역기전력」의 저항으로 토크가 떨어진다. 출발할 때는 공전을 줄이는 한편 토크를 억제하고, 속도 상승함에 따라서 토크 저하를 막아 출력을 확보할 필요가 있다. 그 때문에 자계(≒고정자)로 흐르는 전류를 바이패스시키는 「약계자 제어」를 통해 정출력 운전을 한다. 전원에 교류를 이용하면 더 광범위하고 치밀한 전압제어가 가능해져 큰 토크가 발생하는 범위가 넓어진다.

그림 3 저항제어와 전류

회전속도가 상승함에 따라 전류값(≒토크량)이 감소한다. 그대로 놔두면 출력이 떨어져 속도를 높일 수 없으므로 전원과 모터 사이에 들어가는 복수의 저항을 순차적으로 줄임으로써 다시 전류를 높이는 것이 저항제어이다. 저항에 의한 손실을 피할 수 없는 데다가, 저항단(段)의 변화로 토크가 급격하게 변화함으로써 공전 유발, 승차감 악화를 야기한다.

쉽게 바꿀 수 있지만, 숙명적으로 직류는 그렇게 하지 못한다. 그래서 사용하는 것이 저항. 몇 단계의 저항을 서서히 줄여서 속도를 올리는 식의 AV기기 볼륨(가변저항)과 똑같은 구조이다. 하지만 저항을 개입시킨다고 하는 것은 전원의 전력을 열로 버리는 셈이기 때문에 에너지의 낭비적 요소도 있다. 또한 저항을 전부 빼고 가선(架線)전압을 모두 인가하는 단계에서 모터가 고회전화함에 따라 모터가 발전기로 작용하는 역기전력으로 인해 출력이 떨어진다. 그것을 억제하기 위해 자계(고정자)로 흐르는 전력을 낮출 목적으로 「약계자(弱界磁)제어」를 하게 되는데, 이로 인해 회로가 복잡해지면서 약간이지만 손실이 발생한다.

그래서 변전소 비용을 낮추고 전력효율을 높이기 위해 전원을 교류 그대로 사용하려는 시도가 이루어졌다. 차 안에 변압기를 탑재한 뒤 전압을 바꿈으로써 저항기가 필요 없게 되었다. 모터는 직류 그대로였지만 도카이도 신칸센은 교류를 전원으로 사용함으로써 전력을 최대한으로 사용할 수 있는 고속철도가 된 것이다.

회로를 저항을 통해 기계적으로 제어하는 원시적인 방법은 1960년대부터 반도체를 전력제어에 사용하는 시험이 진전되면서 대용량 사이리스터(다이오드의 일종)가 실용화되자 급속한 변화를 맞는다. 일본에서는 먼저 교류차량을 제어하는데 이용되어 변압과 동시에 정류(직류변환)가 가능해져 치밀한 (토크변동이 적은) 제어할 수 있게 되었다. 그러면서 드디어는 직류차량에도 사용하게 되었다. 이 은혜를 특히 받은 것이 지하철로서, 저항기를 없앰으로써 터널과 역 구내의 발열에 의한 온도상승을 낮추게 되었다. 이로써 승객들은 쾌적한 환경을 누리게 된 것이다. 동시에 저항제어에서는 어려웠던 가선으로의 전력회생이 쉬워지면서 전차의 소비전력이 해마다 감소했다. 그런데 사이리스터가 전자접점이기는 해도 ON은 되지만 OFF가 안 된다. 교류 같으면 주파로 일정한 시간에 반드시 OFF로 할 수 있지만, 직류는 따로 OFF용 GTO(Gate Turn Off)라고 하는 고가의 반도체 부품이 필요하기도 해서 초퍼 제어가 완전한 주류를 차지하지는 못 했다.

GTO가 개발되자 같은 시기에 교류 제어용으로 PWM(Pulse Width Modulation) 컨버터라는 것이 등장했다. 전기의 ON & OFF와 동시에 주파수 제어(+와 – 가 전환되는 시간)를 가능하게 하는 반도체가 출현함으로써 교류 모터 이용이 단번에 현실감을 갖기 시작한다. 원리적으로 브러시가 필요 없는 교류 모터는 브러시의 정기적 교환이 필요 없을 뿐만 아니라 정류 불량으로 인해 회전속도를 올리지 못하는 일은 없다. 또한 고정자에 여자(勵磁)하지 않아도 회전자의 전자석이 일으키는 과전류로 돌기 때문에 고정자는 단순한 금속 통이 되면서 소형경량화를 도모할 수 있다. 1982년에 처음 등장한 VVVF(가변전압 가변주파수) 제어와 삼상교류 모터의 조합은 1992년 300계 신칸센의 등장으로 꽃을 피운다.

이후 전동차량은 전부 다 VVVF+교류모터로 바뀌면서 100년 이상에 걸쳐 사용해 왔던 저항제어와 직류모터의 자리는 완전히 바뀌게 되는 것이다.

현재는 주류파가 유도모터로 바뀌어 영구자석 동기모터를 사용하려는 움직임이 나타났다. 자동차용에서는 압도적 다수이지만 철도에서는 아직 채택한 사례가 드물다. 강력한 희토류 자석이 적어서 고가인 이유도 있지만, 그 이전에 철도 특유의 제어 시스템이 걸림돌로 작용하고 있다. 철도에서는 4개 또는 8개의 모터를 인버터 한 개로 일괄 제어하는 것이 통례이지만 노선의 마찰계수나 하중 변화로 인해 미묘한 슬립 때문에 모터 상호 간 회전속도차가 발생한다. 동기모터는 문자 그대로 전원주파수와 차속이 완전히 동기되어야 비로소 움직이기 때문에 모터 간 속도 차이는 금기이다. 그 때문에 모터 1개에 인버터 1개를 맞춰야 해서 제어 진화와 가격 인하라는 과제를 안고 있다.

인버터용 반도체가 초기의 GOT에서 IGBT로, 나아가 고온에 강하고 고주파 스위칭이 가능한 SiC(탄화규소)로 전환되고 있는 것은 자동차용과 똑같은 흐름이다.

1980년대에 본격화한 파워 트랜지스터를 통한 전기적 제어 혁명과 교류모터의 두각은 배터리의 한정적 전력이 유효하게 사용되어야 하는 전기자동차에 직접적인 발전과 혜택을 가져다주었다. 1세대 프리우스를 개발할 때 도요타 기술자가 일본 철도기술의 총본산인 옛 철도 종합연구소에 머물면서 공부했다는 일화가 있을 만큼, 현재의 HEV나 EV의 융성을 거슬러 올라가면 기술적 원류가 거의 모두 철도에 있다고 해도 과언이 아니다. 변속기의 미성숙에서 태어난 전기식 디젤차는 어코드나 노트 e-POWER에 사용되는 시리즈 하이브리드의 원형이기도 하다. 한편으로 배터리를 이용해 내연기관과 모터를 적절하게 나누어서 사용하는 하이브리드는, 반대로 철도로 기술을 전수하게 되었다. 배터리 기술이 전기자동차 발전으로 인해 급격히 향상되었기 때문이다.

어떤 동력을 사용해 차체를 달리게 하느냐는 철도나 자동차 모두 똑같다. 전기를 사용할지, 화석연료를 사용할지, 가선을 깔지, 배터리를 사용할지는 어느 쪽이든 때에 따라 다르고, 적재적소의 문제이다. 자동차 업계에서는 전동화가 화두이기는 하지만 일본을 제외하고는 아직도 많은 노선에서 디젤 기관차가 주류로서, 인프라 비용 문제 때문에 전동화는 거의 진척되지 않고 있다. 하지만 유럽에서는 LRT로 불리는 노면전차를 활용함으로써 CO_2 저감과 동시에 도심지 정체를 줄이려는 움직임이 활발하다. 우리는 동력과 동력원 문제를 자동차 쪽으로만 좁게 보고 있지만, 철도기술로 눈을 돌려보면 시야와 전망이 더 넓어질지도 모른다. 여하튼 자동차보다는 철도가 선배이기 때문에.

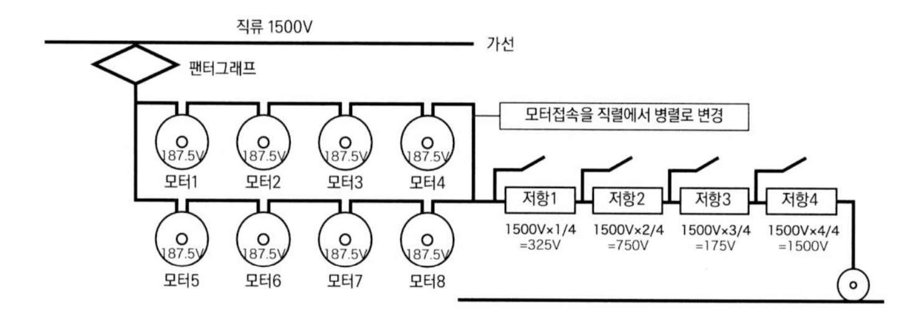

그림 4 실제 저항제어

저항의 증감만으로는 광범위한 속도제어가 어렵다. 모터의 역기전력을 억제하는 약계자 제어나 복수의 모터를 직렬에서 병렬로 바꾸는(모터로의 전압이 상승) 등을 조합하는 것이 통상적이다.

그림 5 반도체를 사용한 전압제어

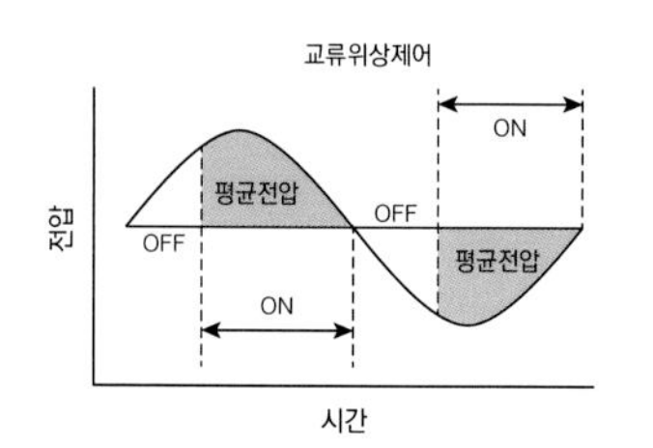

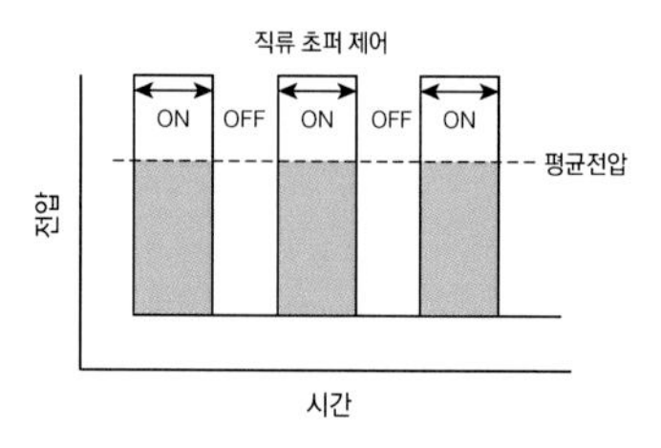

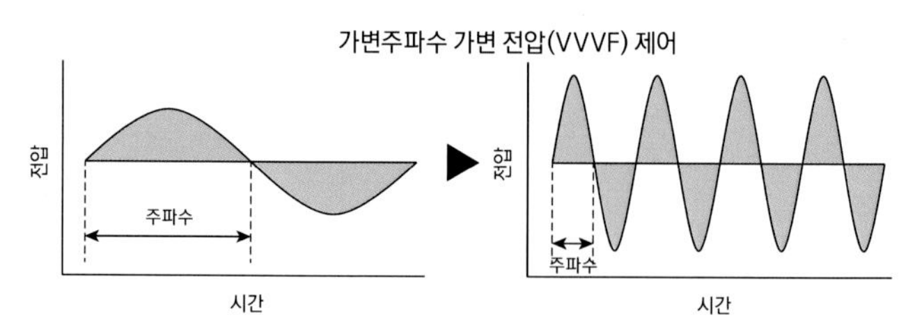

대전류를 다룰 수 있는 스위칭 반도체(사이리스터)가 등장하자, 일정한 시간 축 안에서 전류를 인가하는 시간을 제어함으로써 전원전압 일부를 평균화하는 전압제어가 가능해졌다. 이 때문에 저항에 의한 전기저항 손실 없이 연속해서 가변제어를 할 수 있게 되었다. 위상제어에서는 마이너스 전압의 위상을 역전함으로써 전압제어와 동시에 교류에서 직류로의 정류도 가능, 외부 정류기 없이 직류모터를 구동할 수 있다. VVVF는 전압뿐만 아니라 교류 주파수도 동시에 제어해 교류모터로 흐르는 전력을 안배한다. 전기를 조절하는 것은 다르지만 직류모터의 저항제어+약계자와 똑같은 저회전 때의 대(大)토크와 고회전 때의 정출력 특성을 만들어낸다.

MOTOR PERFECT GUIDE CHAPTER 2

전기모터로 자동차를 바꾸다.

구동용 이외에도 전기모터의 제어기술을 살려 차량의 운동성능을 높일 수 있다.
그것은 지금까지 내연기관에서 상식이었던 것을 과거의 것으로 돌릴 가능성을 내포하고 있다.
이 가능성의 비밀은 앞으로의 기술 수준 이야기가 아니라 이미 눈앞까지 다가와 있다.

CASE 01

Electric Motor ▸ NEXT

차세대 S-AWC의 모습

미쓰비시자동차가 생각하는 「모터」와 「운동성능」

3모터가 과거의 상식을 바꾼다.

작년 도쿄 모터쇼에 미쓰비시자동차가 참고출품한 e-EVOLUTION CONCEPT는 앞축에 하나, 뒤축에 2대 합해서 모터 3대로 구성된 시스템으로, 실용화를 위한 개발이 진행 중이다. 목적은 「어떤 속도영역에서도 부드러운 주행」이다.

본문&사진 : 마키노 시게오 그림 : MMC

마키노(=이하 M) : 미쓰비시자동차는 차량 운동성을 높이는 수단으로 AWD(All Wheel Drive)를 일관되게 개발해 왔습니다. 그 가운데 최적의 방법 하나가 사와세 박사님이 담당한 한쪽 바퀴에 증속 기능을 갖춘 토크 벡터링 기구라도 생각합니다.

사와세 : 하지만 지금 돌이켜보면 「당시의 운동성 이론 속에서 최첨단」이었다고 말할 수밖에 없네요. 엔진 가로배치 베이스의 센터 디퍼렌셜 장착 AWD치고는 상당한 수준이었다고는 생각하지만 하나의 엔진으로 모든 바퀴를 구동하는 이상, 전후 구동력이 항상 이상적으로 배분되지는 않습니다. 운동성능상 구동력의 이상적인 전후 배분에 대해 예전부터 어느 정도 알고는 있었습니다. 더불어서 하나의 동력원으로 이상적 배분을 하는 것이 어렵다는 사실도 알게 되었고요.

M : 뒷바퀴에 독립된 모터가 장착된 아웃랜더 PHEV는 이상적인 배분에 근접했을까요?

사와세 : 과도 영역은 아직 완전히 이론대로 가지 못하고 있지만 정상 영역에서는 이상적 배분에 접근하고 있습니다. 전후 독립 모터 구동이기 때문에 나타나는 빠른 응답성도 가미되었죠.

M : 그것은 「SPORTS」 모드가 추가된 새로운 사양을 말씀하시는 겁니까?

사와세 : 그렇습니다. 액셀러레이터 페달을 조작하면 모터 토크의 반응이 빨라서 앞바퀴 응답만 아주 약간 늦게 나오게 제어하고 있습니다. 예를 들면 코너링 도중에 액셀러레이터 페달에서 발을 떼었을 때,

내연기관의 구동력 제어

아웃랜더와 이클립스 크로스가 휠 베이스는 똑같지만, 요 관성 모멘트는 이클립스 크로스 쪽이 작다. 태생적으로 자동차가 쉽게 움직이는 것이다. 필요에 따라 한쪽 바퀴의 브레이크를 잡아 앞바퀴 주변에 요 모멘트를 발생시키는 브레이크 AYC만으로도 다양한 노면에 대처한다. 아웃랜더의 가솔린 차는 앞바퀴에 액티브 디퍼렌셜을 넣어 토크 벡터링(토크 이송)을 한다. 제어 폭은 브레이크 AYC만 일 때와 비교해서 훨씬 넓어서 대응할 수 있는 노면도 많다.

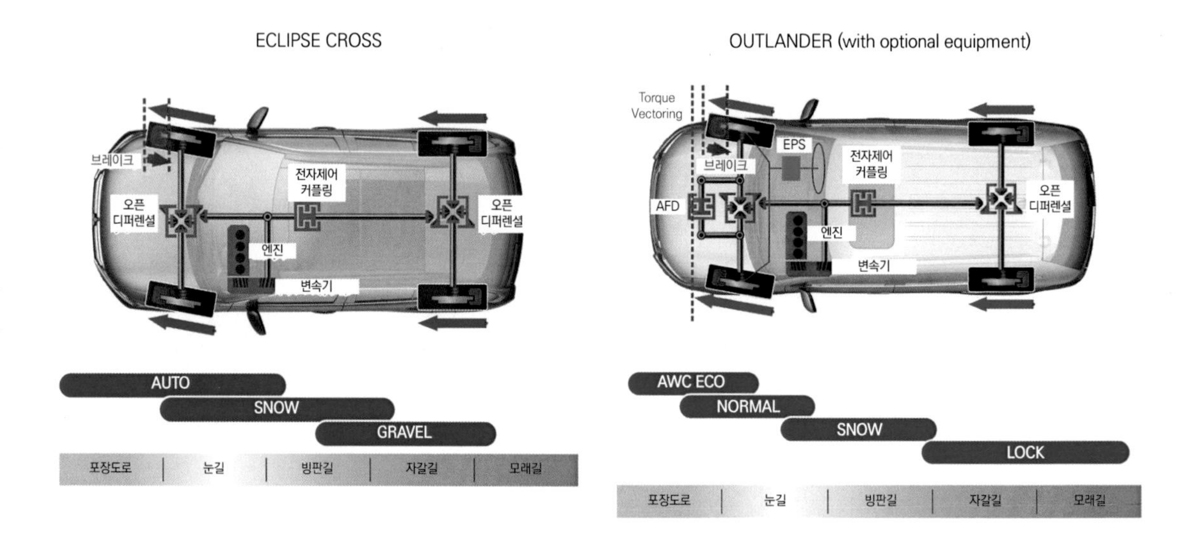

전후구동력 배분 시스템	전자제어 커플링	전자제어 커플링
좌우구동력 배분 시스템	브레이크 제어 AYC	AFD(Active Front Differential)/브레이크 제어 AYC/EPS
4륜제어 브레이크 시스템	ASC / ABS	ASC/ABS
드라이브 모드	AUTO / GRAVEL / SNOW	AWC ECO / NORMAL / SNOW / LOCK

AYC : Active Yaw Control

그 시점에서 앞뒤 축 하중에 맞는 전후 토크 배분을 횡G까지 고려하면서 균형을 잡게 하는 제어입니다. 마찰계수(μ)가 높은 도로를 타이어의 마찰한계 부근에서 달릴 때, 코너 출구를 향해 액셀러레이터 페달을 더 밟으면 앞바퀴 토크가 너무 빨리 나오면서 전후G가 발생하기 전에 앞바퀴가 바깥쪽으로 나가버리게 됩니다. 엔진자동차의 AWD에서는 전후G가 나오고 나서 뒷바퀴로 토크가 배분되지만, 전기모터는 운전자가 기대하는 이상으로 반응이 빠르기 때문에 이 상황에서는 전륜 토크를 늘리는 시점을 약간 뒤로 늦춥니다.

M : 기존의 엔진자동차는 정적인 전후 토크배분이나 전후 하중배분 등과 같은 차량 제원에서 벗어날 수 없었는데 그런 것은 완전히 잊어도 된다, 이런 말씀이군요.

사와세 : 전후 축 사이의 회전구속이 없어서 각각을 자유롭게 제어할 수 있는 전후 독립구동이라면 기존의 엔진자동차 로직은 리셋할 수 있습니다. 물론 우리가 알고 있는 제어는 엔진자동차에 관한 것이라 그것을 참고하면서 전후 독립 전기모터 EV로서의 로직을 짜 넣으려고 합니다. 다만 제어방식을 상황별로 바꾸면 기분 좋은 자동차라고 할 수 없으므로, 지금까지 기계적 AWD에서 얻은 제어 노하우와 지금까지는 하지 못했던 전기모터다운 제어가 양립하는, 한 가지로 묶어 낸 제어를 하고 싶다는 생각입니다.

M : 이클립스 크로스를 탔을 때 들었던 생각은, 전방 한쪽 바퀴를 브레이크로 잡는 제어와 커플링 방식의 온디맨드 AWD인데 상당히 잘 마무리되었다는 것이었습니다. 엔진자동차는 아직도 진화하고 있다는 인상입니다.

사와세 : 커플링 자체도 개량되고 있고, 반 클러치 상태에서 지그시 전

후 축을 연결함으로써 덜걱거리는 것을 없애는 제어도 잘 되고 있습니다. 일관되고 연속적으로 요 컨트롤을 작동시키는 아웃랜더의 로직을 이클립스 크로스에도 적용하고 있기 때문이라고 할까요.

M : 아웃랜더 PHEV는 앞뒤 축에 모터가 각각 1개인데, 미쓰비시는 작년 도쿄 모터쇼에서 뒤축을 2모터 방식으로 발표했더군요. 앞뒤 축을 각각 독립적인 모터로 구동하는 시판 차량은 현재 시점에서 아웃랜더 PHEV뿐입니다. 미쓰비시자동차는 그 다음으로 후륜 좌우독립 모터 방식의 미래를 그리고 있는 것 같은데, 그 이유는요?

사와세 : 전륜 모터뿐인 FF에서도 구동 쪽뿐만 아니라 제동 쪽의 마이너스 토크까지 연속적으로 제어할 수 있습니다. 게다가 토크 지시 신호에 따라 실제로 나오는 토크의 응답성이 상당히 빠르기 때문에 제어 폭이 넓어집니다. 앞뒤로 모터가 장착된 AWD에서는 앞뒤를 따로따로 제어할 수 있습니다. 엔진 동력만 앞뒤로 배분하는 FF 베이스 AWD의 습성 또는 FR 베이스 AWD의 습성에서 해방되는 것이죠. 이런 해방은 아웃랜더 PHEV 개발에서도 실감했습니다. 그리고 뒷바퀴를 좌우독립 모터로 하면 차원이 또 달라지겠죠.

M : 엔진자동차의 FR 베이스·온디맨드 AWD라고 하면 1990년대의 R32형 스카이라인 GT-R을 바로 떠올리게 되는데요. 필요할 때 앞바퀴로 토크를 배분하는 기구였습니다만, 뒤쪽이 선회하는 바깥쪽으로 쏠리고 나서 토크가 앞바퀴로 흐르면서 선회하는 느낌이었던 것

전기모터 vs 내연기관

랜서 에볼루션 X는 뒷바퀴에 임의로 증속이 가능한 기구를 장착해 토크가 최대일 때라도 좌우가 동등한 토크라는 차량 제원상의 제약을 없앴다. 이로 인해 한쪽 바퀴의 구동력이 빠지기 쉬운 자갈길(Gravel)에서의 주행이 달라졌다. 아웃랜더 PHEV는 뒷바퀴가 앞바퀴로부터 완전히 독립되어 앞뒤 축의 회전구속이라고 하는 AWD의 약점을 극복했다. 뒷바퀴 좌우 독립적인 모터를 장착하면, 랜서 에볼루션 X의 주행방식을 아마도 10배는 더 치밀하게 제어할 수 있을 것이다.「할 수 있는 것」은 당연히 싹 바꾼다.

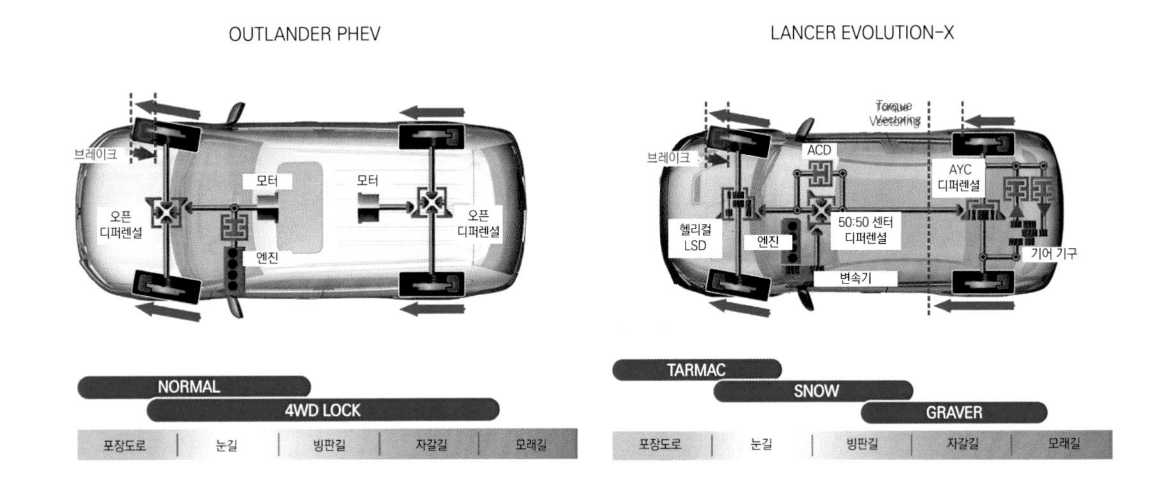

전후구동력 배분 시스템	트윈 모터	ACD(Active Center Differential)
좌우구동력 배분 시스템	브레이크 제어 AYC	AYC 디퍼렌셜/브레이크 제어 AYC
4륜제어 브레이크 시스템	ASC / ABS	ASC/ABS
드라이브 모드	NORMAL / 4WD LOCK	TARMAC / GRAVEL / SNOW

AYC : Active Yaw Control

으로 기억합니다.

사와세 : 차체의 슬립 앵글(횡슬립 각도)이 헤드 인에서 헤드 아웃으로 바뀌는 속도가 일반도로에서는 50km/h 전후입니다. 즉 마찰계수(μ)가 낮은 도로에서 트랙션을 그다지 걸지 않고 정상적으로 주행할 때는 헤드인 자세를 취하죠. 뒷바퀴 회전속도가 앞바퀴보다 느리기 때문에 FR 베이스의 온디맨드 AWD에서는 토크가 후방을 중시하고 전방은 끌고 가는 정도입니다.

M : 뒷바퀴가 선회하는 바깥쪽으로 흘렀을 때 적극적으로 앞바퀴에 토크를 전달하려고 해도 어느 정도 자세가 잡힐 때까지는 앞바퀴로 흐르지 않습니다. 그래서 자동차는 옆으로 향하는 것이죠. 그것을 좋아하는 사람한테는 별문제 아니겠지만 일반적이지는 않은 것 같습니다.

사와세 : 전기모터 구동은 타는 사람을 구분하지 않고 제어할 수 있습니다. 그 점이 엔진 차와 크게 다른 부분이죠.

M : 실제 도로 위에서 전후륜 독립 모터의 혜택을 받을 수 있습니까?

사와세 : 예를 들면 앞이 안 보이는 코너 앞에서 노면이 얼어 있다고 했을 때, 아웃랜더 PHEV는 전후 구동력 배분과 브레이크 AYC로 자세를 제어하게 되는데 그것은 어디까지나「앞바퀴의 그립력이 남아 있는 범위에서」그렇다는 겁니다. 뒷바퀴 좌우의 모터를 독립해서 제어하면 어쨌든 자동차 방향을 바꿀 수는 있겠죠. 요 모멘트를 일으켜 앞바퀴가 횡으로 버티려고 하는 힘을 유지하면서 그립력을 회복시킬 수 있습니다. 이 제어를 반복하면 μ=0.1에서도 슬라럼 같은 움직임이 가능합니다.

M : 그렇군요. 선회하는 바깥쪽 뒷바퀴에 정(正) 토크를 걸고 안쪽 뒷바퀴에 마이너스 토크를 걸면 뒤쪽이 약간 밀리면서 앞바퀴 그립이

돌아온다! 시시각각 미묘하게 바뀌는 요 레이트를 감시하면서 1000분의 1초 수준에서 모터 3개의 구동 토크를 제어하면 10분의 1초 사에이는 적어도 50번은 수정할 수 있다! 미끄러지기 시작했을 때의 속도가 시속 60km/h라면 SUV의 대구경 타이어에서는 바퀴가 1회전도 하지 않기 때문에 짧은 주행궤적 사이에 자세를 바로 잡을 수 있다는 것이군요. 그렇다면 예를 들면 좌우바퀴가 극단적으로 마찰계수(μ)가 다른 노면에 있는 상태에서도 자세를 안정시킬 수 있을까요?

사와세 : 상당한 범위에서 가능합니다. 모터의 효율 향상 이야기로만 따지면 이론상으로는 손실이 없습니다. 랜서 에볼루션에서는 한 가지 리어 디퍼렌셜 입력을 기계적으로 나누기 위해서 마찰 클러치에 대한 제약이 있었지만, 좌우독립 모터라면 제약이 없습니다. 실제로 해보았을 때 좋으냐 나쁘냐는 별도로 치고 선회하는 바깥쪽을 정회전, 안쪽을 역회전하는 것도 가능합니다. 역회전까지 가지 않더라도 정회전으로 마이너스 토크 상태를 만들 수 있으므로 엔진 차와는 전혀 다른 자세제어 로직을 만들 수 있는 것이죠.

M : 좌우 모터는 기계적으로 연결되는 편이 좋은가요?

사와세 : 자세 안정화 제어라는 측면에서는 좌우가 완전히 독립되어도 좋다고 생각합니다. 모터는 토크 제어로 사용하므로 좌우가 독립해도 디퍼렌셜의 시뮬레이션이 가능합니다. 실제 디퍼렌셜이 반으로 나누는 것보다는 늦지만, 전기모터는 엔진보다 응답성이 한 차원 빨라서 통상적인 디퍼렌셜과 똑같이 할 수 있습니다.

M : 모의 디퍼렌셜 제어 같은 것이군요.

사와세 : 한쪽 바퀴가 공전했을 때 순간적으로 반대쪽 바퀴의 구동력을 같은 값으로 할 수 있습니다. 노면의 마찰계수(μ)가 어지럽게 바뀌는 경우라도 항상 좌우를 비교해 토크가 낮은 쪽에 맞추는 것이죠.

M : 한쪽 바퀴만 타이어 원주 길이보다 긴 물웅덩이 들어갔을 때라도 반대쪽 바퀴가 순식간에 보완할 수 있을까요?

사와세 : 순식간의 상황이네요. 1mm/초 이하입니다. 모터 자신이 해결자로서 회전을 보고 있고, 그 분해능력은 바퀴속도 센서와는 완전 다릅니다. 감지만 하면 제어는 바로라고 할 수 있습니다. 이 대목은 모터와 인버터 사이의 로컬 루프 제어입니다.

M : 모두 중앙제어가 아니라 로컬로 이루어지는 부분은 로컬로 이루어진다는 말씀인가요.

사와세 : 그렇습니다. 좌우독립 후륜구동의 모터, 인버터, 컨트롤러가 가령 2세트가 하나의 케이스 안에 들어가 있고 각 바퀴의 토크와 좌우가 동등한 토크 제어를 그 안에서 한다면 기계식 디퍼렌셜과 등가의 제어가 가능합니다. 거기에 파워 일렉트로닉스 시스템에서 전기적인 디퍼렌셜을 만들어 놓고 액티브 제어를 바깥에서 넣어주면 더 이상적이겠죠. 현재 상태의 아웃랜더 PHEV는 자동차로서의 완성도는 상당히 만족스러운 편이지만 이상적인 면에서는 아직 더 가야 합니다. 전기자동차로서의 이론을 확립해 보려고 합니다.

내연기관이 갖는 응답 지체는, 가령 랠리 같은 환경에서는 운전자에게 피드 포워드 제어를 요구했다.
이 「베테랑이 타면 빠르다」는 이미지가 전기모터의 채택으로 인해 확 바뀐다. 「누가 타도 안전하고 빠르다」가 가능해질 것이다.

↑ 눈길을 달리는 아웃랜더 PHEV. 새로운 제어방식을 탑재해 눈길에서도 「핸들을 돌리면 돌아가는」 자동차로 바뀌었다. 거기에 안정성까지 확보되었다. 전기모터의 제어가 한 단계 높아지면 이런 성능이 가능해진다.

랜서 에볼루션 X의 토크 벡터링과 종합제어 AYC를 이론적으로 짜넣은 것이 사와세 박사이다. 현재는 후륜 2모터 방식을 개발 중이다. 「누가 타도 부자연스러움을 느끼지 않는, 운전을 잘 하는 것처럼 느껴지는 자동차」「자동차 무게를 잊을 수 있는 제어」를 지향하고 있다.

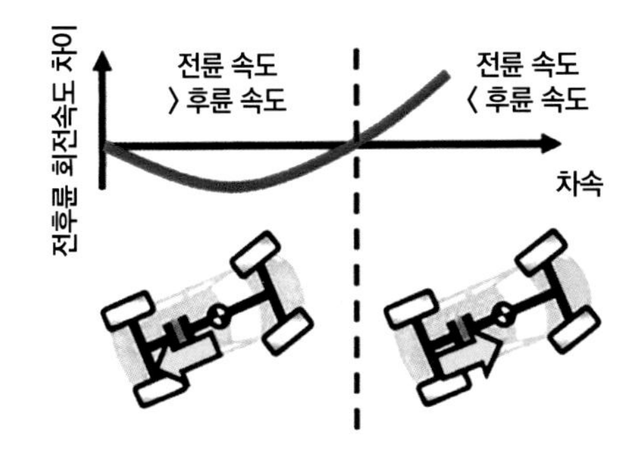

← 사와세 박사가 말하는 「헤드 인과 헤드 아웃」의 차속 의존성. 점선 위치가 대략 50km/h로서, 그 이하의 차속에서는 앞바퀴 회전 쪽이 빨라서 헤드 인이 된다. 커플링 AWD 튜닝의 기본이다.

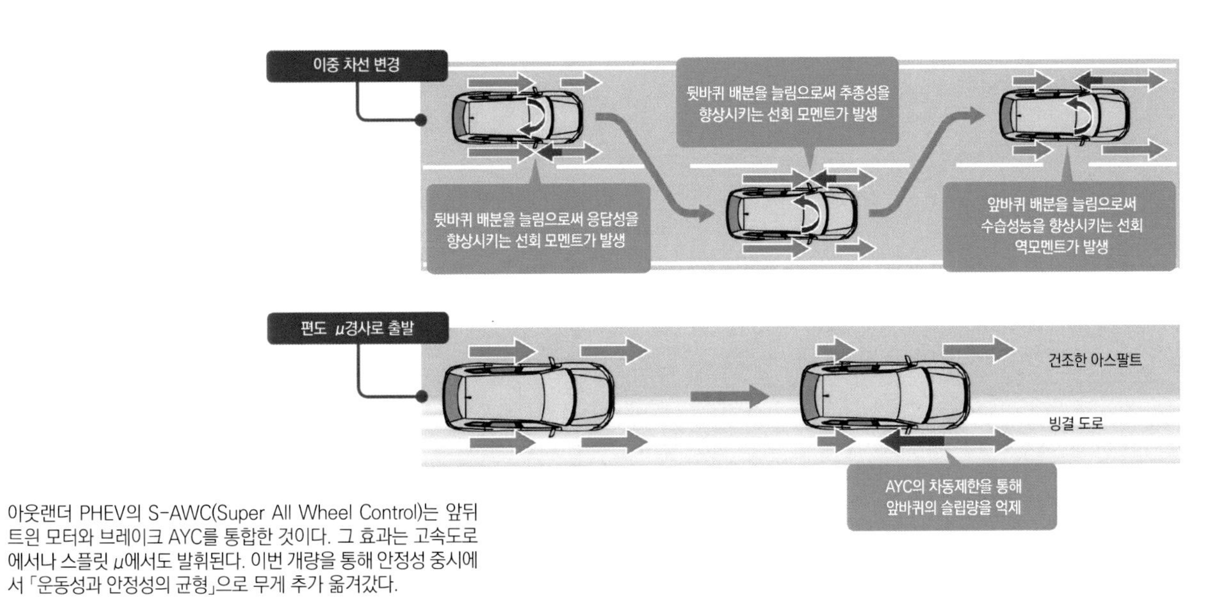

아웃랜더 PHEV의 S-AWC(Super All Wheel Control)는 앞뒤트윈 모터와 브레이크 AYC를 통합한 것이다. 그 효과는 고속도로에서나 스플릿 μ에서도 발휘된다. 이번 개량을 통해 안정성 중시에서 「운동성과 안정성의 균형」으로 무게 추가 옮겨갔다.

NTN이 인휠 모터(In Wheel Motor, 이하 IWM)를 사업화한 것은 2001년이었다. 일본에서는 아직 사업을 벌이고 있지 않지만, 실용화를 향한 개발은 착착 진행 중이다. 중국시장에 가장 힘을 쏟고 있다. 중국에서 개최되는 모터쇼나 전시회에는 거의 참가한다. 중국 자동차 회사의 여러 엔지니어한테도 NTN 이름을 자주 들을 정도이다. 올해 중국은 NEV(New Electric Vehicle=중국표기로는 新能源車)를 도입했다. BEV(Battery Electric Vehicle, 배터리 전기차), PHEV(Plug-in Hybrid Electric Vehicle, 플러그인 하이브리드 전기차), FCEV(Fuel Cell Electric Vehicle, 연료전지차)를 NEV로 규정하고 자동차 회사에 대해 일정 비율만큼 양산하도록 의무화했다. 첫해인 올해는 벌칙규정을 적용하지 않지만 내년부터는 NEV 판매대수가 기본 이하이면 벌금이 부과된다. NTN은 중국의 양산 BEV 수요에 대응하는 전기 모터계 시스템을 제안하는 가운데, 하나의 선택지로서 소형차용 IWM을 준비하고 있다.

제원을 보면 최대출력 30kW(이것을 앞바퀴 좌우에 1개씩 장착), 최대 토크 515Nm, 최대회전속도 1135rpm이다. 방식은 영구자석을 로터에 매립하는 IPM 동기모터로서, 여기에 감속비 13.22의 기어를 조합해 하나의 케이스에 넣는다. 입력전압은 2차전지 사정 등에 맞춰 250~400V(볼트) 범위에서 대응하며, 냉각 시스템은 모터가 공랭식이고 인버터가 수랭식이다.

CASE 02

Electric Motor ▸ NEXT

[NTN] 인휠 모터

이제는 「미래 기술」이 아니라 시판 차량탑재를 상정한 개발이 시작되었다.

차량 바퀴 안에 전기모터를 장착해 드라이브 샤프트를 없애는 이 방식은 이미 개별 차종에는 적용 단계로 접어들었다. NTN은 NEV(신에너지 차) 규제가 시작된 중국시장을 타깃으로 적극적인 제안을 하고 있다.

본문&사진 : 마키노 시게오 그림 : NTN

댐퍼와 간격을 유지하면서 휠 안쪽에 모터 장치 전체가 들어간다. 당연히 최대한 가벼워야 좋다.

기존 기계식 브레이크와 공존하는 가운데 제동이 걸릴 때는 모터 쪽에서 에너지 회생을 한다. 협조제어가 필수이다.

「30kW×2 시스템 정도는 이제 꿈은 아닙니다. 중국의 NEV 규제 때문에 자동차 회사마다 일정한 대수의 BEV가 필요할 것이라고 우리는 생각합니다. 대수를 만들 필요가 있다면 소형차일 것이라는 예측 하에 먼저 30kW를 타깃으로 하고 있지만, 어떤 크기라도 양산할 준비는 하고 있습니다. 전압이 너무 낮지만 않으면 상관없습니다. 나머지는 고객의 요구에 맞추는 것이죠. 어느 정도의 와트 수를 사용하고 어느 정도의 주행성능으로 마무리할 것인가에 대한 부분은요」

예전에 IWM을 탑재했다고 하면 도쿄전력이 시작(試作)했던 「IZA」 같이 고급 스포츠카 같은 것을 떠올릴지도 모른다. 앞바퀴에 IWM을 넣어 0~100km/h에 걸리는 시간이 불과 2초대라고 하는 성능을 전면에 내세웠다. 시작차라는 조건이야 예외로 하더라도, 양산까지 이르러도 1대당 1억 원 이상이나 나가는 자동차분이었다. NTN은 여기에 초점을 두고 IWM의 대중화(Democratization)를 지향하고 있다. 그것이 IWM을 전방에 장착하는 FF차이다.

「스포츠카에 사용할 수 있는 고급 IWM은 아직 더 시간이 필요하다고 생각합니다. 그 방면은 오히려 차체 쪽에 탑재하는 온보드 모터 쪽이 유리하지 않을까 싶은데요. 폐사에서는 당장은 30kW×2의 FF소형차용 IMW을 사업의 주축으로 삼고 있습니다. 계획상으로는 1기당 출력을 높인 IWM보다도 30kW×4짜리의 4륜 IWM이라고 할 수 있죠」

이것이 현시점에서 NTN이 계획하는 대답이다. 온보드 방식의 모터는 좌우가 독립적인 2모터 방식으로 30kW×2, 50kW×2, 70kW×2 3가지 타입이 있다. FF, RR(리어 엔진·리어 드라이브)에 대응하고 앞뒤로 장착하면 AWD(총륜구동)가 된다. 좌우를 합친 최대 토크는 각각 1360Nm, 2220Nm, 3020Nm으로서, 뒤쪽에 3020Nm 시스템을 얹고 앞쪽에 1360Nm 시스템을 얹으면 훌륭한 고성능 AWD 스포츠카가 된다.

BEV 스포츠카에 대해서는 「타이어의 마찰계수(μ)와 하중의 관계가 있어서 그다지 강력한 모터는 필요 없습니다. 오히려 제어가 중요하죠」라고 한다. NTN은 경량 미드십 카 「로터스 엘리제」에 온보드 모터를 장착한 후륜구동 시작차를 만들었다.

그래서 현재 시점에서의 IWM에 대해 들어보았다.

「이전 세대 IWM과 비교해 감속비는 13.22로 내려갔습니다. 감속은 평행 축의 헬리컬 기어로 하는데요, 이 부분에서 아주 약간의 지체가 있긴 합니다만 무시할 수준입니다. 장치로서의 최대 토크는 한쪽 바퀴당 700Nm, 좌우를 합치면 1400Nm이기 때문에 어지간한 무게의 FF차는 달리게 할 수 있죠」

온보드 모터같이 마운트가 약간이라도 움직이는 일이 없어서 주파수

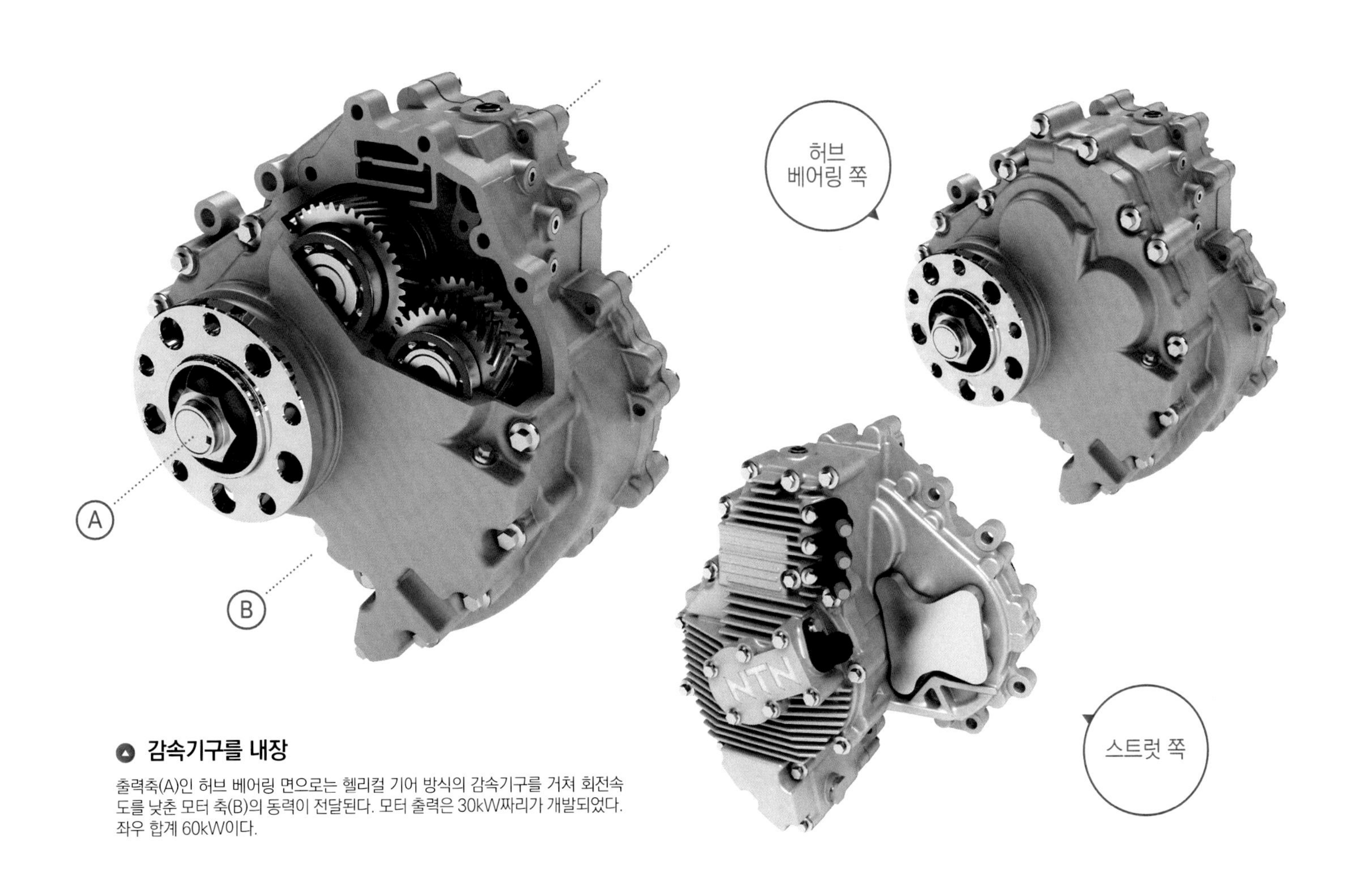

감속기구를 내장

출력축(A)인 허브 베어링 면으로는 헬리컬 기어 방식의 감속기구를 거쳐 회전속도를 낮춘 모터 축(B)의 동력이 전달된다. 모터 출력은 30kW짜리가 개발되었다. 좌우 합계 60kW이다.

응답성은 온보드 보다도 양호하다고 한다.

「그리고 부드럽게 움직입니다. 구동 쪽뿐만 아니라 제동 쪽도 부드러워서 현재의 ABS보다 훨씬 부드러운 제동이 가능합니다. 유압 브레이크인 ABS는 아무래도 작동할 때 충격이 발생할 수밖에 없지만, IWM로 ABS를 제어하면 충격은 거의 발생하지 않습니다」

「IWM을 적용한 서스펜션을 제대로 만들면 잭업(Jack up) 힘(力)을 사용해 피치와 롤을 제어할 수 있습니다. 앞으로 나가는 제어뿐만 아니라 GVC제어와 조합하면 멋진 대각선 롤(Diagonal Roll)을 만들 수 있습니다. 사람이 기분 좋게 느껴질 만한 코너링할 때의 자세제어를 IWM으로 해보려고 생각하고 있습니다」

「할지 어떨지는 차치하고라도 극단적인 예로 IWM을 사용하면 감속을 해도 『앞이 올라가는』 자세를 취할 수 있습니다. 전방 서스펜션의 로어 암의 순간 회전중심을 들어올리는 겁니다. 또 공력의 영향을 해소할 수도 있습니다. 4륜에 하중 센서를 장착하지 않아도 IWM 자체가 각 바퀴의 하중을 측정하고 그것을 자세를 제어하는데 살리는 작동이 가능합니다. 회전속도와 실제 토크를 보고 있으면 바퀴별 마찰계수(μ)를 측정할 수 있으니까요」

이런 방향으로 개발 영역을 넓힌 이유 가운데 하나는 IWM의 상품력을 향상하기 위해서이다. 앞으로 나아가는 것은 당연하다. 제동 쪽까지 사용해 차량 자세를 제어함으로써 IWM이어서 가질 수 있는 상품성을 높이겠다는 것이다. 구동 시스템과 섀시 시스템을 통합하는 시스템이다.

양산 소형차에 IWM 탑재

NTN이 상정하고 있는 것은 차량 중량 1.2톤 정도의 소형 FF차이다. 중국의 NEV 규제대응에서도 이 정도가 잘 팔리는 가격대로 보고 있다. 30kW×2라는 출력은 그런 차종에 초점을 맞춘 결과이다. 스트럿 타워 주변부터 벌크 헤드에 걸친 보디는 강성이 요구되기는 하겠지만, 엔진과 변속기가 없어지는 장점도 크다.

모터 장치 치수 : 폭320×두께245×높이351mm
모터 장치 무게 : 30kg
최고출력 : 30kW
최대토크 : 515Nm
회전속도 상한 : 1135rpm

그렇다면 많이 언급되는 방수성이나 내구성은 어떨까.

「실용 수준까지 올라왔습니다. 휠 쪽에서 보디 쪽으로 나가는 전선은 굴곡 내구성을 충분히 높였고, 양산단계에서는 커넥터 부분의 방수성도 더 신경을 쓸 부분이기는 하지만, 양산으로 넘어가는 단계에서는 생산라인 상의 관리까지 포함해서 대응할 계획입니다. 기술적 측면보다는 비용과 조립성 문제가 더 크죠」

그럼 가격은? IWM은 고가라는 인상이 있어서 자동차 회사가 채택하지 못하는 이유는 신뢰성보다도 가격 때문이 아닌가 싶어서이다.

「현재 상태에서는 엔진+변속기보다 20~30% 높은 정도로만 잡고 있습니다. 무엇보다 이 대목에서는 양산 수량과 관계가 있죠. 월 생산 1,000대로는 어렵겠지만, 월 3,000대라면 채산이 그나마 맞는다고 생각합니다. 이 양을 확보하는데는 역시나 NEV규제가 도입된 중국

밖에 없겠죠」
그렇다면 당분간은 1바퀴당 30kW 타입을 만든다고 치고, 기종은 어떻게 넓혀나갈 계획일까. 온보드도 모터에 30kW, 50kW, 70kW 3가지 타입이 있다.
「그 점은 어려운 부분입니다. IWM은 탑재공간이 제한적이라 단순히 깊숙한 방향으로 모터를 늘려서 출력을 늘리겠다는 방법은 채택할 수가 없죠. 토크를 높일 때는 외경과 적층 두께를 처음부터 다시 설계하지 않으면 안 됩니다. 자석과 전자강판의 도움도 필요하고요」아마도 이런 이유로 30kW에 개발자원을 집중해서 투입했을 것이다.
「30kW 기종도 시작차에서는 보디 강성이 엄격하게 반영됩니다. 보디를 제대로 만들지 않으면 IWM의 이점을 살리지 못할 테니까요. 구동이나 제동 모두 직접적이고, 드라이프 샤프트가 없으니까 이 부분의 비틀림 공진 주파수의 영향을 받지는 않습니다. 그런 만큼 보디 강성이 더 유효한 것이죠」
이것은 유럽의 서플라이어로부터도 자주 듣는 이야기이다. IWM을 사용해 어느 정도는 조향까지도 하려는 개발이 진행 중인데 반드시 보디 강성의 향상, 특히 동강성 향상이 필수라는 것이다. IWM을 사용해 정확한 조향동작이 가능해진다면 다음은 당연히 자율주행이 들어온다. 자동조향이 되면 컴퓨터(또는 AI)가 계산한 조향각을 액추에이터에 입력하고, 그 결과로 차량거동·차량자세가 어떻게 바뀌는지를 모니터링하면서 필요한 수정을 순식간에 하는 식의 제어가 필수이다. 어느 독일의 서플라이어가 일본 차를 사용해 자율주행 시작차를 만든

▲ 가나가와 공과대학과의 공동개발

NTN은 가나가와 공과대학과 협력해 4륜 IWM차를 공동개발하고 있다. 사진 속 차량이 테스트 모델로서, 모터는 출력축 방향으로 긴 타입을 쓰고 있다. 4륜 독립의 조향기구까지 있어서 차량 전체적으로는 8자유도의 운동성능을 갖고 있으나 주행 때는 피치, 요, 롤 3자유도밖에 사용하지 않기 때문에 나머지 5자유도를 어떻게 활용할지를 고민하고 있다.

온보드냐 IMW 이냐

온보드 모터와 IWM의 탑재상태를 비교한 것. NTN은 양쪽 다 대응할 수 있다. 정면에서 봤을 때 IWM을 장착한 바퀴가 외관적으로 투박해 보이지만, 허브 쪽 전체에서 보면 브레이크 기구와 같이 위치할 위 방향의 치수가 351mm이기 때문에 16인치 휠 안에 들어간다. 인버터를 설치했다 하더라도 엔진 룸 안에서는 소음이 발생한다.

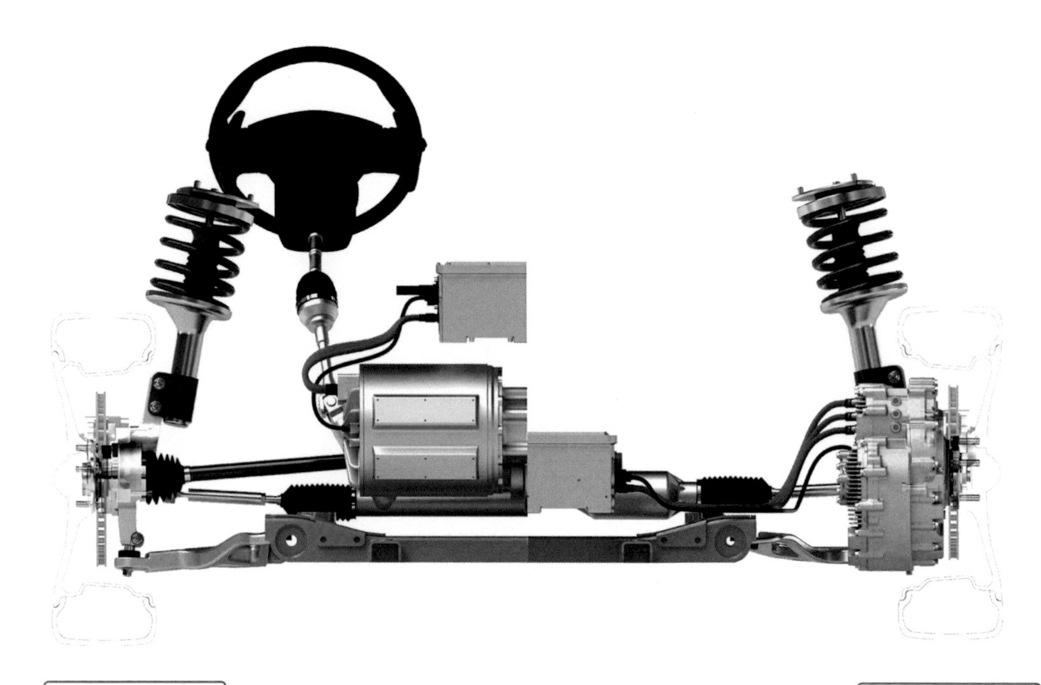

온보드 모터 ←→ 인휠 모터

이 사진은 중국의 독립적(비국영) 체리자동차(奇瑞汽車)가 만든 시작 EV이다. 초소형 로터리 엔진을 발전용으로 사용한 레인지 익스텐더로서, 설계가 상당히 현실적이었다. 이 차량이 시판되었는지 어쨌는지는 모르겠지만 중국에서는 NEV 분야에서 해외의 벤처기업을 불러모으고 있다. 물건이 될지 아닐지는 차치하고라도 연구자 수가 급격히 증가했다. 사업 기회를 엿보는 기업이 상당히 많다.

적이 있었는데 그 차를 시승했을 때 「보디 강성을 제일 먼저 손봤다」는 말을 듣고는 보디 여기저기에 인접판이나 레이저 용접이 추가된 것을 눈으로 보았다. 「애초의 자동차 제조에 대한 기초를 재확인하지 않으면 IWM의 이점을 살릴 수 없다」는 독일 기술자의 말을 듣고는 충격을 받은 적이 있는데, 완전히 그 말 그대로이다.

NTN은 「IWM 장착 차량 개발은 이미 개별 상품을 개발하는 단계로서, 우리는 언제라도 자동차 회사의 주문을 받을 수 있는 체제에 돌입했다」고 한다. 7년 전 취재 때 들은 이야기와는 큰 차이가 있다.

한 가지를 질문해 보았다. IWM에 2단 변속이라는 선택지가 있을까. 모터에만 부담을 주지 않고 플래니터리 기어 같이 복수단의 변속기구를 연결해 모터를 보완하는 방법이다.

「모터 쪽에서 보면 2단 변속은 고마운 일이죠. 변속기구 공간을 확보할 수 있고 기구가 그다지 복잡해지지 않는다면 사용될 여지는 큽니다」

이것은 개인적인 생각이지만 IWM을 장착해서 스프링 아래 중량이 무거워지면 그만큼 댐퍼 내의 오리피스를 통과하는 시간당 오일량을 늘리거나, 댐퍼 자체를 개량하거나 하면 나름대로 극복할 수 있을 것 같다. 그리고 서스펜션 제조와 보디의 진동 모드 균일화에 관한 것이다. 아무것도 하지 않고 부정할 것이 아니라 일이 되도록 생각해야 하지 않을까. 이 부분에서는 외자계 엔지니어링 회사에 의존하고 있는 중국 자동차 회사 쪽의 사고방식이 유연한 것 같다.

NTN주식회사
EV모듈 사업부
부사업부장 겸 섀시시스템 기술부 부장
겸 제어시스템 기술부 부장

스즈키 노부유키

NTN주식회사
EV모듈 사업부
사업추진부 부장

아사노 에이치

NTN주식회사
EV모듈 사업부
제어시스템 기술부 주사

우치야마 나오유키

NTN주식회사
EV모듈 사업부
구동시스템 기술부 주사

스즈키 미노루

eHUB 목표사양
외경 : 160mm 이하
최대출력 : 10kW
최대토크 : 60Nm
정격토크 : 20Nm
최대동작 회전속도 : 2600rpm
최대연비 개선율 : 25%

장치를 브레이크 디스크의 내경보다 작게 만들어 기계식 브레이크와 공존시키는 시스템을 계획. 차량 쪽 설계변경 없이 추가하면 되도록 소형화를 진행하고 있다.

CASE 03

Electric Motor ▶ NEXT

[NTN] eHUB

48V 마일드 HEV에 대한 추가물 추종 바퀴로 「실제 연비」를 절약

인휠 모터까지는 가지 않더라도 바퀴의 비어 있는 공간을 이용해 연비를 보조한다. NTN은 허브 베어링+의 치수와 무게에서의 전동 어시스트를 계획 중.

본문&사진 : 마키노 시게오 그림 : NTN

모터 제너레이터 기능을 허브에 넣기 위한 연구개발은 NTN의 상품개발 연구소에서 이루어지고 있다. 베어링이나 등속 조인트 이외의 신제품을 메카트로닉스나 제어까지 포함해서 개발하겠다는 콘셉트이다.

「십몇 년 전에 『앞으로는 전기구동 자동차가 많이 나올지도 모른다』는 베어링 메이커로서의 위기감을 느끼면서 IWM 개발에 착수했습니다. 파워트레인과 드라이브 트레인을 결합한 것이 IWM입니다. 그리고 이 eHUB 모듈은 NTN이 세계 최대의 점유율을 자랑하는 허브 베어링에 기능을 부가해 고부가가치화하려는 제안 가운데 한 가지입니다」

목적은 유럽에서 실용화되고 있는 48V 마일드 HEV(Hybrid Eelctric Vehicle)에 있다. 기존의 허브 베어링과 바꾸면 기능이 플러스되는 「허브의 진화판」이다.

「간단하고 조그만 48V 대응 장치입니다. 말하자면 소형 IWM이라고 할까요. 2024년에는 풀 HEV 및 PHEV보다 48V 마일드 HEV 쪽이 많아질 것으로 예상하고 있습니다. BEV보다 현실적인 것이 48V 마일드 HEV이거든요. 유럽에서는 서플라이어나 엔지니어링 회사가 다양한 48V 시스템을 제안하고 있는데, 개중에는 아이들링 스톱이 가능한 모터 제너레이터를 이미 갖추고 있으니까 비어 있는 뒤쪽의 추종 바퀴에 이 eHUB를 넣겠다는 구상도 있습니다. 그를 통해 48V계 모터 제너

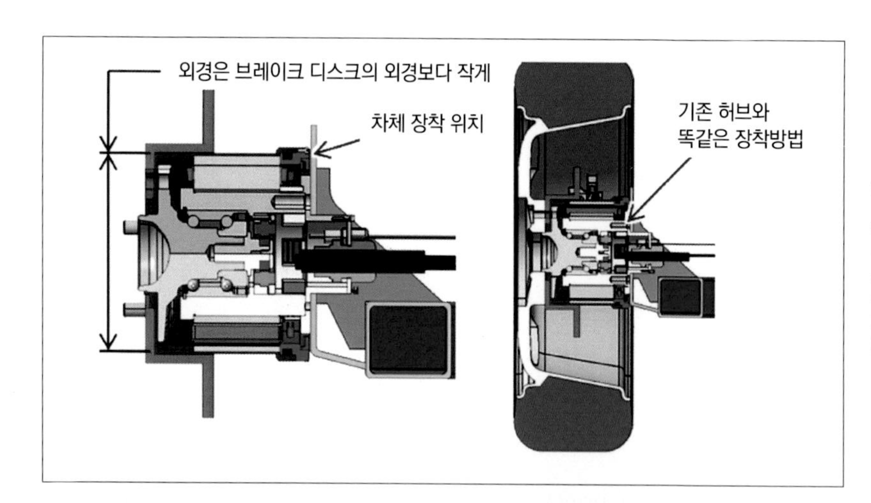

eHUB 탑재방법

eHUB 구성도. 현재 상태에서는 아직 크기가 커서 소형화를 진행 중이다. 모터 케이스 외경을 허브 지름에 거의 맞추고, 회전 바퀴와 고정 바퀴 사이에 섀시 쪽과 닿는 중간 부자재를 놓은 다음 그 외경에 모터의 스테이터가 들어가는 구조이다. 회전 바퀴에 알루미늄 케이스를 매개로 모터의 아우터 로터(DD)가 붙고 이걸로 일체화시킨다. 허브 주변의 비어 있는 공간을 이용해 장착한다. 현재 상태에서는 WLTC 모드에서 3.2%의 연비개선 효과가 있다고 한다.

리지드 서스펜션이나 좌우독립도 장착 가능

현재 유럽의 각 자동차 회사에서는 P0~P4의 마일드 HEV가 거의 표준 사양이 되고 있다. NTN은 뒷바퀴의 「비어 있는 공간」에 주목했다. 거기에 들어갈 수 있는 시스템으로 P5로 명명했다. 보르그워너는 IWM을 포함해 리어 액슬 드라이브 시스템을 모두 P4라고 하지만, NTN은 리어 eHUB를 P5라고 명명했다. 이 호칭이 정착될지는….

HEV 시스템 탑재 위치에 따른 차량특성

항 목	P0	P1	P2	P3	P4	P5
회생충전	○	○	○	○	○	○
아이들링 스톱	○	○	○	×	×	×
발진토크 어시스트	○	○	○	○	○	○
가속토크 어시스트	○	○	○	○	○	○
EV발진+크리프(Creep)	×	×	○	○	○	○
EV코스팅(Coasting)	×	×	○	○	○	○
총륜구동	×	×	×	×	○	○
토크 벡터링	×	×	×	×	○	○

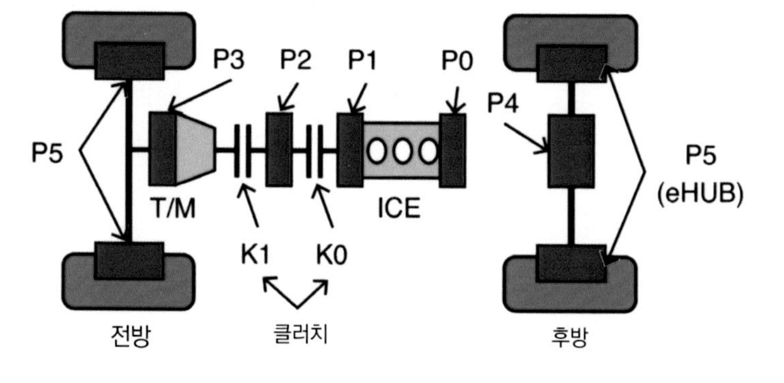

레이터의 기능을 방해하지 않고도 추가적으로 전동 어시스트를 할 수 있다고 생각하는 것이죠」

개발팀은 이 시스템을 「P5」라고 부르는데, 유럽에서는 P0~P4라는 호칭이 정착되어 있다. 그 가운데 주력은 P0로 불리는 스타터 제너레이터이다. NTN은 eHUB에 10kW의 출력을 주어 P0차량의 상품 가치를 높이겠다는 생각이다.

「모드 대응뿐만 아니라 실제 주행까지 감안하면 완만하게 감속할 경우, 평소라면 액셀러레이터를 밟으면서 속도가 떨어지려고 할 때는 엔진 대신에 eHUB로 높이는 것도 가능합니다. 기본은 장착만 하면 되게끔 하는 것입니다. 리지드 타입의 너클에도 장착할 수 있도록 할 생각입니다. 통상적인 허브 베어링과 같은 장소에 장착할 수 있게 일반적인 디스크 안에 들어가는 크기입니다. 섀시 쪽 변경을 절대로 강요하지 않아야 한다는 점을 기본 방침으로 두고, 기껏해야 휠 옵셋 조절이나 브레이크 디스크 조정 정도만 하면 되는 시스템이 목표입니다」

NTN주식회사 상품개발 연구소
상무집행임원
연구부문담당
상품개발 연구소장

에가미 마사키

NTN주식회사 상품개발 연구소
주임연구원

니시카와 겐타로

NTN주식회사 상품개발 연구소
주사

오바 히로카즈

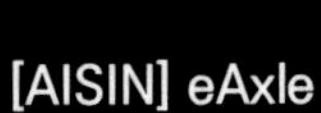

[AISIN] eAxle

전동 4WD의 가능성을 크게 넓힌 차세대형 전동 액슬

근래 FF를 베이스로 뒤 차축을 모터로 구동하는 4WD가 많아지고 있다.
이런 차들의 출력은 높으면 60kW 정도가 현재의 모습인데,
아이신 정밀기기가 개발하고 있는 제품은 100kW 초과로 EV 수준의 출력을 발휘한다.
전동 특유의 응답성에 이 정도의 출력이 가미되면 현재와는 다른 세계가 열릴 것이다.

본문 : 다카하시 잇페이 사진 : MFi 그림 : 아이신 정밀기기

04

eAxle의 구성과 구조

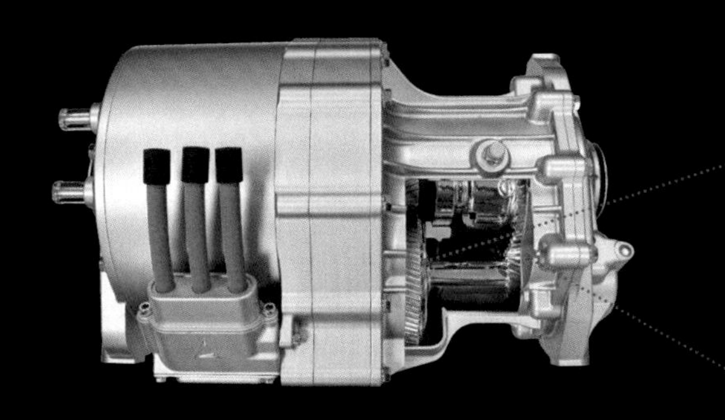

리덕션 기어나 디퍼렌셜 기구까지가 하나로 모아진, eAxle의 본체인 모터 장치. "중복 2축"으로 불리는 구조를 채택, 카운터 샤프트를 매개로 감속된 구동력은 디퍼렌셜 기구에서 다시 모터와 동일 축 상으로 돌아온다. 인버터는 독립된 방식이다.

안쪽으로 보이는 기어는 모터의 출력축에 직결, 앞쪽의 카운터 샤프트에 장착된 기어 안쪽에는 비틀림 진동을 흡수하기 위한 댐퍼 기구가 들어가 있다.

위 사진의 하류에 해당하는, 카운터 샤프트에서 디퍼렌셜로 향하는 리덕션 기구의 2단째 기어. 디퍼렌셜에서 사진 좌측 방향으로 나가는 출력은 중공 구조의 모터를 관통하는 형태로 유도된다.

모터를 차량 구동에 이용하는 전동 파워트레인 기술은 4WD의 존재 방식에도 변화를 가져왔다. 프로펠러 샤프트를 없앤 전동 4WD의 등장이다. 애초에는 거의 눈길 등과 같이 마찰계수(μ)가 낮은 조건에서 발진을 목적으로 만든 보조 장치 성격이어서 출력도 크지 않았지만, 근래에는 PHEV용도를 중심으로 모터만으로 주행까지 가능한 고출력 시스템도 선보이고 있다.

그런 배경에 있는 것은 전동 파워트레인 기술의 발전과 보급이지만, 또 다른 바탕은 엄격한 환경규제가 뒷바람으로 작용했다는 점이다. 대전력의 세밀한 제어를 가능하게 하는 제어기술과 차량 구동용으로 연마되어 온 모터 기술을 바탕으로 시스템이 작아지면서 FF모델의 리어 액슬을 전동화하는 전동 4WD는, 기존 모델을 HEV 또는 PHEV로 바꾸는 방법으로서도 주목받고 있다. 베이스 모델인 FF 파워트레인을 거의 그대로 사용하면서 말하자면 "추가물(Add-on) 감각"으로 HEV와 PHEV로 바꿀 수 있는 이 방법은, 자동차 회사가 판매하는 모든 모델의 환경성능 평균치를 대상으로 하는 CAFE(Corporate Average Fuel Economy) 규제에 대응하는데도 궁합이 잘 맞기 때문이다.

여기서 소개할 아이신 정밀기기의 eAxle도 이런 전동 4WD 용도를

출력을 높여 상시 4WD화에 대응

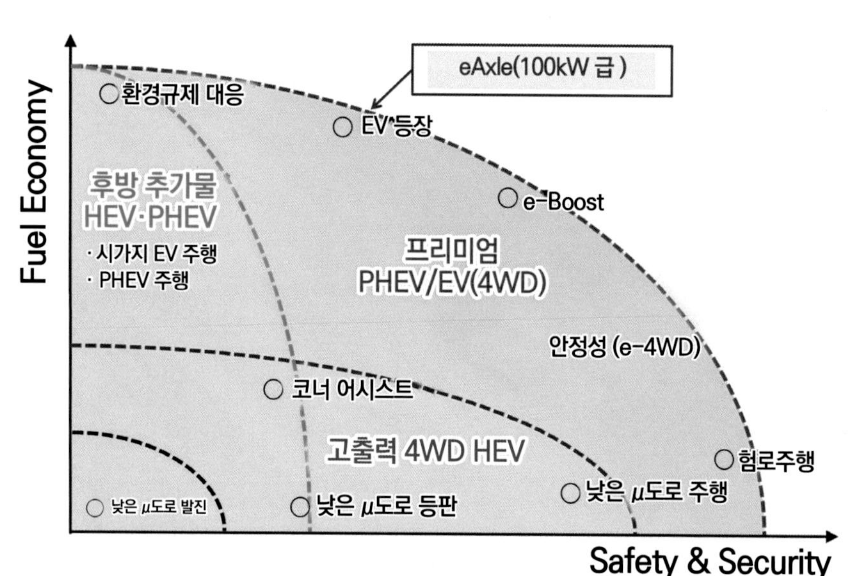

eAxle을 통한 전동 4WD의 가능성

넉넉한 전력을 쉽게 확보하는 PHEV나 EV 시스템과 조합해 100kW를 넘는 고출력 능력을 최대한으로 끌어냄으로써 환경규제 대응부터 성능이나 안정성 향상까지 폭넓은 이점을 기대할 수 있다. 또한 소형이라는 특징을 살리면 전통적인 FF 배치의 내연 엔진차의 추종 바퀴 쪽(후방 쪽) 차축에 탑재함으로써 전동 파워트레인으로서의 기능을 부여해 애드온 감각으로 HEV·PHEV로 탈바꿈시키는 사용법도 가능하다.

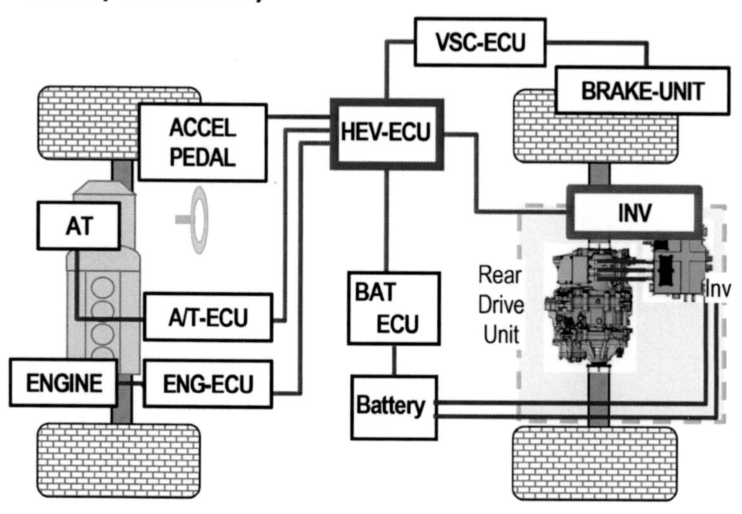

추가하는 것만으로 HEV·PHEV화가 가능

FF배치를 가진 내연 엔진차의 뒤 차축에 eAxle을 장착해 HEV·PHEV로 바꾸었을 때의 시스템 요소 구성도. 녹색 부분이 베이스 차량에 추가되는 요소이다. 적색 점선으로 둘러쌓인 eAxle 외에 구동용 배터리와 배터리 ECU, HEV ECU(그림 속 Autobox는 개발용 ECU)가 필요하다. 앞쪽은 거의 바뀐 것이 없다.

경량 소형 설계를 통해 베이스 차에 애드온이 가능

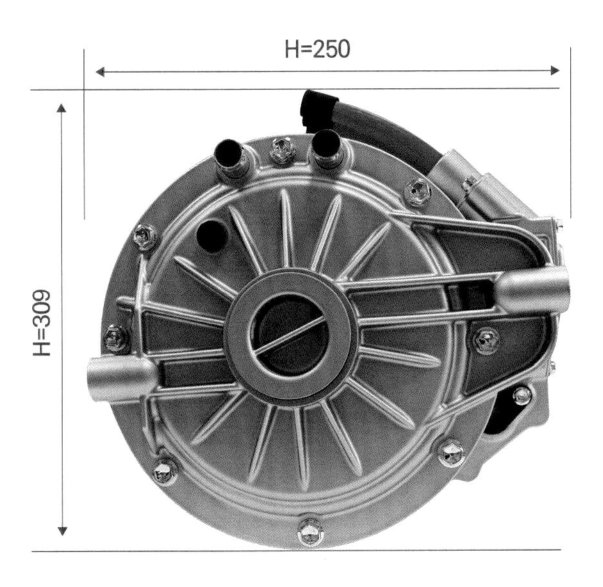

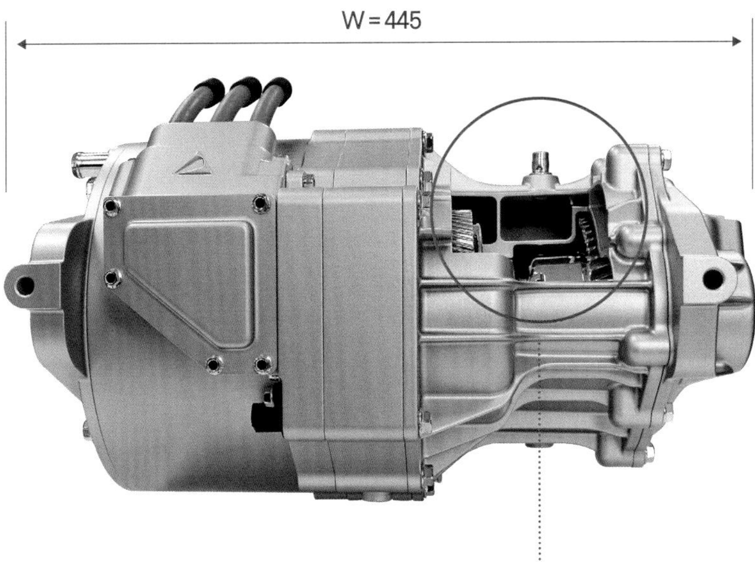

범용성을 높이기 위해 인버터를 별도로 배치

좌측 사진은 차량에 탑재한 상태에서 eAxle의 우측면 모습이다. 오른쪽 드라이브 샤프트용 플랜지는 중앙 부분에 장착되는 형태로 되어 있다(사진은 전시용 덮개). 그 위쪽으로 냉각용 수로가 보인다. 우측 사진은 eAxle 장치를 차량 정면에서 본 모습이다. 3상 고압 케이블로도 판단할 수 있듯이 인버터가 따로 위치한다.

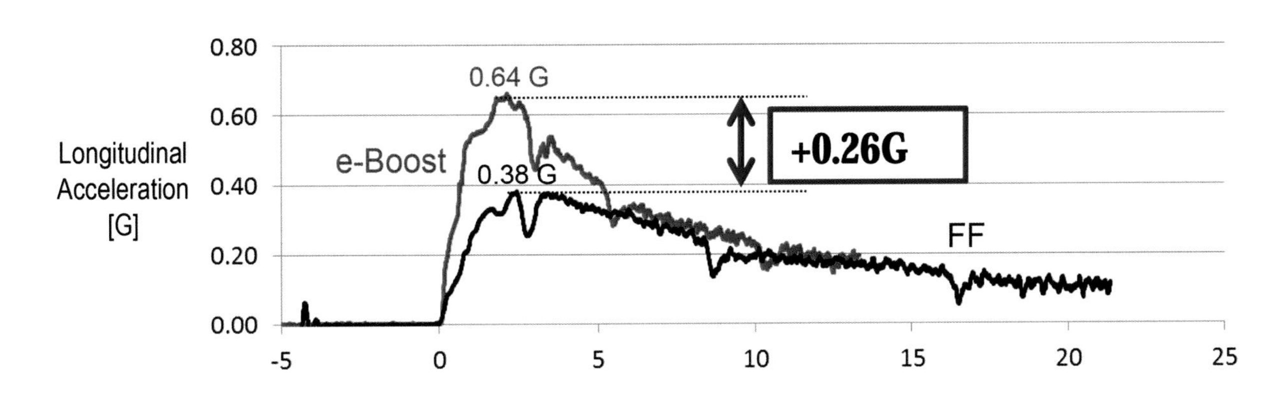

e- 부스트를 통한 가속 성능

FF 내연 엔진차와 리어 액슬에 eAxle을 추가한 차량의 최대가속을 비교한 그래프(흑선=FF차량, 적선=eAxle장착 차량). 뒷바퀴의 모터 구동력이 가해지면 출발 직후의 가속도가 크게 상승되는 것을 알 수 있다.

목적으로 한 전동 파워트레인이다. 2020년대 초에 시장에 투입할 계획으로 현재 개발이 진행되고 있는 차세대형 제품으로서, 성능은 지금까지의 제품보다 훨씬 뛰어나다. 물론 기존 모델의 리어 액슬 부분에 들어가는 것이 주요 목적인 만큼 크기는 기계식 4WD의 디퍼렌셜 장치+ 정도로 상당히 작다.

구체적 치수는 다음 페이지에서 소개하겠지만, eAxle의 최고출력은 106kW로 이것은(엔진을 탑재하지 않고 배터리로만 구동하는 타입의) EV용 파워트레인으로도 충분히 통용될만한 스펙이다. 현재의 EV가 보닛 아래에 그다지 여유를 남기지 않는다(물론 거기에는 모터 이외에 인버터 등도 들어가 있기 때문이다)는 점을 감안하면 eAxle의 소형화가 얼마나 현재 수준을 뛰어넘는지를 감각적으로 이해할 수 있을 것이다.

HEV차를 4WD로 바꾸어 높은 운전성능을 실현

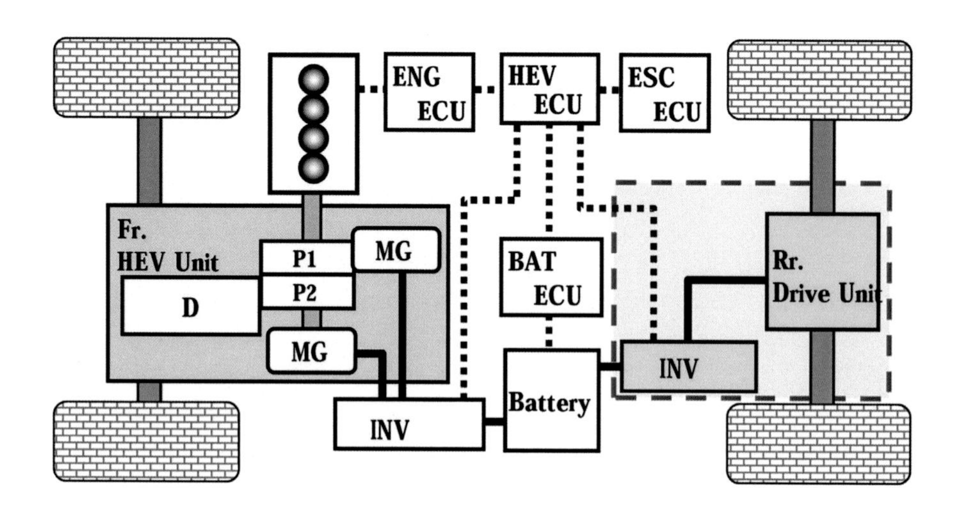

HEV·PHEV 와의 조합

2WD HEV·PHEV 파워트레인에 eAxle을 추가함으로써 전동 4WD화했을 때의 시스템 구성도. 기본적으로 기존의 주행용 배터리에서 eAxle(적색 점선 안)의 전원을 확보해 제어를 위한 신호선을 HEV ECU와 접속하기만 하면 된다. 물론 4WD로 만드는 이점을 최대한으로 끌어내기 위해서는 각 ECU의 소프트웨어를 변경할 필요도 있지만, HEV·PHEV의 여유 있는 전력을 이용해 자유도 높은 제어가 가능하다.

↓ eAxle의 100kW를 초과하는 고출력과 전동 특유의 고응답성을 차량 운동 제어에 이용한 사례(적색이 제어 상황). 앞뒤 바퀴의 구동력 배분을 항상 최적의 상태로 만듦으로써 FF의 언더 스티어를 억제. 조향각과 요 레이트가 더 비례에 가까운 관계가 되고 있다는 것을 알 수 있다.

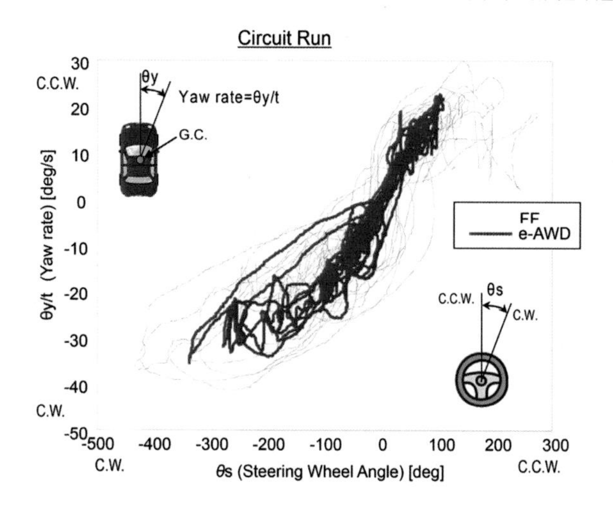

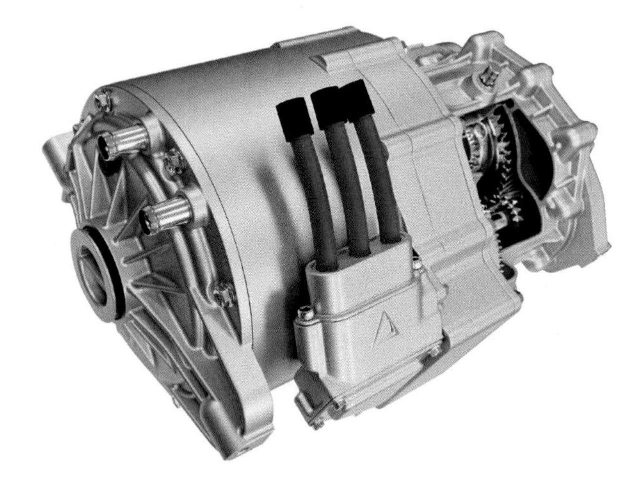

	Spec. α)	Spec. β)
목적(사양)	Continues Use	Base Spec's
배터리전압(출력계산 조건)	350V	←
모터 타입	IPM	←
단절 분리 기구	\ None	←
냉각시스템(리어 드라이브 유닛)	Water cooling	Air cooling
냉각시스템(인버터)	Water cooling	←
최대 드라이브 샤프트 토크	2400Nm	1800Nm
최대출력(10 sec.)	106kW(86kW at 280V)	100kW(80 kW at 280V)
연속사용 출력(at 80kph)	65kW	Approx. 8kW(depending on wind)
최대모터 전류(Arms)	440 Arms	←
연속 인버터 전력	190 Arms	←
IGBT 출력전류 용량	700A	←
모터 케이블(3-phase)	40sq	20sq
감속기어비(Motor/Drive-shaft)	10.5	8
모터 최고회전속도	15650rpm	←
최고 차량속도(Tire R=0.38m)	210kph	180kph
리어 유닛 크기	W=445, L=300, H=250	←
리어 드라이브 유닛 질량(추정)	54kg	←
인버터 질량(추정)	6.5kg	←
인버터 용량(추정)	6.9litter	←

→ eAxle에서는 모터의 특징을 살리는 형태로 다양한 사양으로 연구·개발 중이다. 우측 제원은 Spec α가 여기서 소개하는 수랭이고, Spec β는 공랭 버전이다.

실제로 현재의 PHEV 등에 이용되는 전동 4WD 시스템의 후륜구동용 모터 장치의 최고출력은 60kW 정도로, 이것들과 비교해도 eAxle의 출력이 70%나 높다. "중복 2축"으로 불리는 감속 기구나 중공으로 된 모터의 로터 축 안을 디퍼렌셜 출력을 드라이브 샤프트용 플랜지까지 전달하는 샤프트가 관통하는 등의 구성은 현재의 전동 4WD 시스템 구성과 똑같지만, 약간이기는 하나 소형화되고 있다는 점까지 고려하면 체적당 출력값 즉, 출력 밀도는 2배나 될 것으로 여겨진다. 게다가 옆에서 봤을 때 모터 부분보다 바깥쪽으로 나온 돌기 부분을 최대한 없앴기 때문에 소형화 효과는 수치 이상이라 할 수 있다.

덧붙이자면 아이신에서는 프리우스의 리어 액슬용 전동 시스템을 만들고 있는데, 최대출력이 5.3kW이다. eAxle의 출력이 20배나 높지만, 흥미로운 것은 거기에 존재하는 양쪽 전동 시스템의 차이이다. 예를 들면 프리우스의 전동 시스템은 모터 본체의 직경이라고도 할 수 있는 코어지름(스테이터 코어의 외경)이 150mm인데 반해 eAxle은 210mm이다. 관련해서 최대 토크로 비교해도 프리우스가 50Nm이고 eAxle이 250Nm(둘 다 감속 전의 모터 단독 출력)으로, 5배의 차이가 난다.

모터 크기에서 지배적 요소 가운데 하나라고 할 수 있는 이 코어지름에 출력만큼의 차이가 나지 않는다는 점이 흥미로운 부분으로, 여기에는 모터의 직경 치수와 토크의 관계가 있다.

「지름은 (토크에 대해) 2제곱의 효과가 있습니다」(스기야마 엔지니어) 그러나 토크에 직접 관계하는 것은 정확하게 말하자면 코어지름이 아니라 로터 지름이다. 그래도 코어지름 150mm와 210mm 차이가 5배의 토크 차이로 이어지는 것은 eAxle이 차세대형이라는 요소를 고려해도 쉽게 납득하기가 어렵다. 물론 거기에는 또 하나의 요소가 있었다.

사실은 프리우스용 시스템에 이용되는 모터는 유도모터라는 형식을 채택하고 있다. 이에 반해 eAxle은 로터에 영구자석이 있는 IPM, 즉 영구자석형 동기모터인 것이다. 일반적으로 같은 출력(토크)에서 비교했을 경우, 후자와 비교하면 전자는 크기가 커지는 경향이 있다. 영구자석으로 인해 강력한 자계를 얻을 수 있는 IPM 쪽이 소형화에 유리하다는 것이다. 하지만 유도모터는 영구자석을 갖고 있지 않기 때문에 전원을 끌 때는 드래그 토크(Drag Torque)가 발생하지 않는다는 이점이 있다. 마찰계수(μ)가 낮은 조건 상태에서 출발 등과 같이 필요할 때 말고는 불필요한 손실을 억제해 연비를 절약하려고 하는 프리우스에는 안성맞춤이라고 할 수 있지만, 그것을 반대로 보면 IPM을 채택하는 eAxle의 목적도 엿볼 수 있다.

eAxle이 지향하는 것은 주행할 때의 구동 주역으로, 짬짬이 하는 것이 아니라 항상 사용하는 것이다. IPM을 짧게 짧게 사용하면 필요가 없을 때 영구자석에 의한 드래그 토크(코깅 토크)가 발생하고, 그것을 없애기 위해 전력을 사용해야 하는데 그런 사용방법은 원래부터 염두에 두고 있지 않기 때문이다. 그리고 아이신 정밀기기에서는 강력한 출력을 살리는 형태로써 차량 운동 제어를 통한 핸들링이나 안전성 향상 같은 사용법도 시야에 넣고 있다. 모터 특유의 응답성이라는 이점을 최대한으로 끌어내면 앞뒤 구동력 제어에서 상당한 효과를 기대할 수 있을 것이다.

여기서 소개하고 있는 사진은 수랭식 시스템이지만, 이밖에도 공랭식 사양도 있다. 또한 탑재 자유도를 확보하기 위해 인버터를 일부러 별도로 하는 등, 범용성을 의식하고 있다는 점 등도 주목할만한 대목이다. 이 크기에서 이 정도 출력이 가능하다면 전동 파워트레인은 새로운 단계에 발을 들여놓고 있다고 하겠다.

아이신 정밀기기 주식회사
파워트레인 상품본부
파워트레인 선행개발부
그룹 매니저

야마나카 도시히코

아이신 정밀기기 주식회사
파워트레인 상품본부
파워트레인 선행개발부
제2개발그룹 1팀 / 팀 리더

스기야마 도시야

체인이나 기어, 샤프트 등을 사용하지 않고 바퀴를 직접 구동하기 때문에 전달 손실이 거의 없을 뿐만 아니라, 각 바퀴의 구동력을 개별적으로 제어할 수 있어서 「달리고·돌고·서는」 것을 자유자재로 할 수 있으므로 인휠 방식의 DD(Direct Drive) 모터를 이용하는 것은 EV의 가장 진화된 모습으로 여겨지고 있다.

사견이라는 점을 전제로, 미츠바에서 솔라 카 에코런 경기용 모터를 개발·판매하는, 「SCR+프로젝트」를 지휘하는 우치야마 에이와씨는 「시판 차량에 사용하는 일은 없을 겁니다. 스프링 아래 중량이 무겁고 가격도 비싼데다가, 0~MAX까지 모든 회전영역을 사용하므로 같은 회전속도에서도 부하 변동폭이 큰 시판 차량에 사용하기에는 운전성능이 나쁘다는 점도 있고 안전·신뢰성 측면의 과제도 적지 않으니까요」라고 강조한다.

「먼저 타이어와 배선이 모터의 열을 견디지 못합니다. 또 바퀴 하나가 잠겼을 때 모터가 역회전하면 자동차가 엉뚱한 방향으로 갈 가능성이 있습니다. 모터가 망가졌을 때 타이어 가까운 위치에서 고전압이 발생할 위험성도 문제입니다. 그리고 마찰 브레이크를 탑재하지 못합니다. 회생 브레이크만으로는 배터리를 최대로 충전했을 때 감속을 하지 못하게 되죠」라며 안전측면의 과제를 지적했다.

「다만 저부하 상태의 평지 주행이 주체인 솔라 카나 에커런 경기용 차량이라면 이야기가 다릅니다. 차량도 가벼워서 큰 토크가 필요 없고 사용회전속도·출력도 한정되기 때문에 기계전달효율이 높은 DD모터의 장점을 살릴 수 있으니까요」라고 한다.

실제로 미츠바 SCR+프로젝트가 현재 판매하는 모터는 모두 DD이다. 오스트레일리아 북부의 다윈부터 남부 애들레이드까지 약 3000km 코스를 달리는 「월드 솔라 챌린지(WSC)」의 강호인 도카이대학의 역대 「Tokai Challenger」를 비롯해 솔라 카 또한 2002년 이후에는 미츠바 제품의 브러시리스 DC·DD모터를 탑재하고 있다.

그런 솔라 카용 DD모터에 요구되는 성능이란 것은 대체 어떤것일까?

COLUMN 2

솔라 카의 모터 설계는
효율보다 극한까지 손실을 낮추는 싸움

도카이대학 솔라 카 팀 「Tokai Challenger」

태양광을 자원 삼아 발전한 전기로만 달리는 솔라 카, 그 정점을 다투는 「월드 솔라 챌린지(WSC)」의 모터에는 시판 차량과는 전혀 다른 설계가 요구된다. 강호 도카이대학 외에 많은 팀에 DD모터를 오랫동안 제공해 온 미츠바의 설계철학은 무엇일까.

본문 : 엔도 마사카츠 사진 : 미야카도 히데유키 / 도카이대학

「어쨌든 가볍게! 그것이 첫 번째입니다」(우치야마씨)

도카이대학의 최신 머신 「'17 Tokai Challenger」는 보디에 개섬(開纖) 프리프레그를 많이 사용하는 한편 휠도 CFRP 제품을 사용했고, 태양전지에도 연구개발 중인 실리콘 이면전극형 모듈을 채택해 변환효율을 높이는 등, 철저히 경량·고효율화를 추구했다.

그리고 「모터는 무부하에 가까운 영역에서는 도선에서의 동손(銅損)보다도 코어에서의 철손 쪽이 지배적이기 때문에」(우치야마씨), 철손을 최소한으로 억제할 수 있는 철 계통의 무정형(Amorphous) 합금을 코어에 사용한다. 「이것은 WSC 같이 평지 레이스에서는 압도적으로 유리」하기 때문에 도카이대학에서는 2003년 이후의 머신에 계속해서 사용하고 있다.

나아가 「'17 Tokai Challenger」에서는 평각선 코일에 분할수지로 코팅된 네오듐 마그넷과 제이텍 제품의 세라믹 베어링 등을 모터에 조합하고, 이것을 상보(相補) 펄스폭 변조제어나 진각제어, 통전각 부스트 등을 적용한 고기능 컨트롤러로 사용함으로써 종합 최대 효율 98.5%를 달성하기도 했다.

■ 2017 Tokai Challenger 제원표

전장	4980mm
전폭	1200mm
전고	1000mm
트레드	610mm
휠베이스	1700mm
차량무게	140kg(추정)
태양광으로 달릴 때의 순항속도	90km/h
최고속도	150km/h
태양전지	파나소닉 태양전지 HIT 변환효율 24.1%, 출력 0.962kW
MPPT	미시마키전자 승압형 변환효율 98.5% 12계통
모터	미츠바 브러시리스 DC 다이렉트 드라이브 모터 종합변환효율 98% 이상
배터리	파나소닉 리튬이온전지 20kg 5.1kWh
타이어	브리지스톤 ECOPIA 95/80R16×4
브레이크	유압 디스크&회생 브레이크

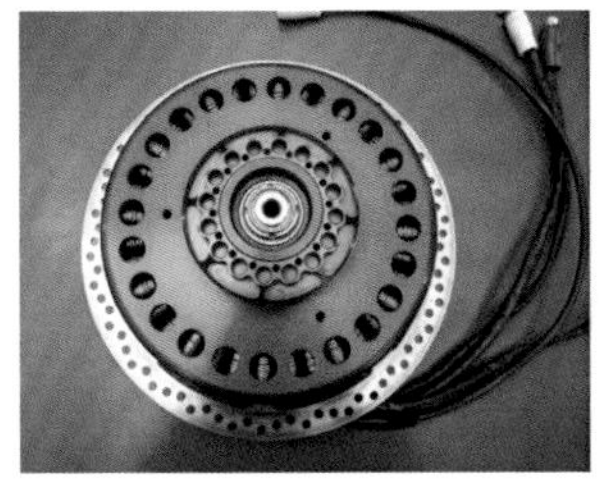

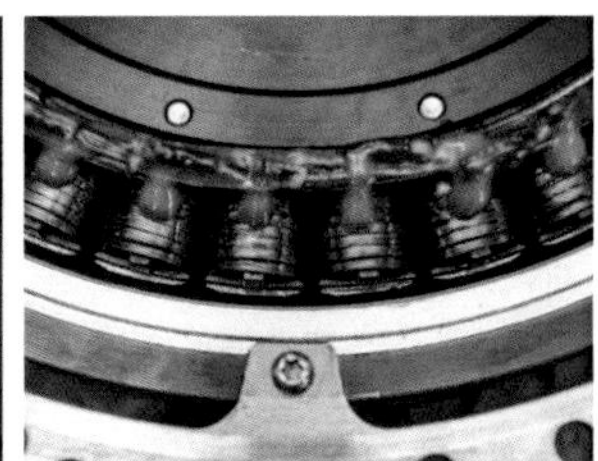

최신 「'17 Tokai Challenger」에 사용된 미츠바 제품의 DD모터. 일본 케미콘 제품인 철 계통의 무정형(Amorphous) 합금을 코어에 사용해 솔라 카 레이스에서 많이 사용하는 저부하 영역에서 지배적인 철손의 발생을 최소한으로 낮추었다. 종합 최대 효율은 98.5%이다.

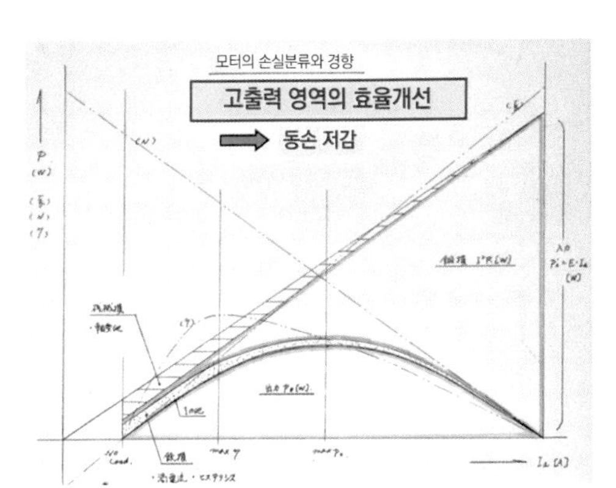

모터의 전류량[A]과 출력[W]의 증가에 따른 기계적 손실과 철손, 동손의 상관도. 무부하부터 모든 부하까지 폭넓게 사용하는 시판 차량에서는 고부하 때의 동손 저감이 큰 과제이지만, 무부하부터 저부하 영역으로 한정되는 솔라 카에서는 기계적 손실과 철손이 지배적이기 때문에 철 계통의 무정형(Amorphous) 코어를 이용한 DD모터가 주류이다.

규정 변경에 따라 기존의 양 동체형에서 단일 동체형으로 바뀐 「'17 Tokai Challenger」. 보디에는 도레이의 탄소섬유 「도레이카 T800」을 개섬한 프리프레그, 태양전지에는 파나소닉 제품의 이면전극형 모듈을 채택.

앞 : 더블 위시본 방식, 리어 : 더블 트레일링 암방식의 서스펜션에는 KYB 제품의 별도 오일탱크가 딸린 이륜차용 댐퍼&스프링을 사용. 타이어는 브리지스톤의 에코피아.

소형 모터의 현재와 미래

20세기 기술을 21세기에 접목하는
전장부품용 DC 브러시 내장 모터의 명가. 마부치의 노하우

일본에서 우리가 타고 있는 자동차의 전동 미러나 파워 윈도우, 도어 록도 거의가 마부치의 모터로 움직인다. EV 구동용 모터는 아니지만 전동화가 진행 중인 가운데 마부치의 모터 없이는 지금의 자동차는 이야기하기 어렵다. 외관적인 단순함 뒤에는 생각지도 않은 소형 모터의 진수가 담겨 있다. 그에 대해 들어보았다.

본문&그림 : 미우라 쇼지 사진 : 후리하타 도시아키/마부치모터

중년 이상의 남자라면 프라모델에 사용하는 모터를 이야기했을 때 바로 「마부치」를 떠올리게 될 것이다. 실제로 1980년대에 들어오기 전까지 마부치모터(이하 마부치)의 거래처는 거의가 모형·완구 회사였다. 변화가 찾아온 것은 80년대. 카세트테이프나 그 후 보급된 CD 같은 AV 기기용 수요가 많아지면서 연간 8억 개의 오디오 기기용 모터를 생산하게 된다. 그러면서 자동차용 모터까지 공급하게 되지만, 당시 자동차에 사용되던 모터라고 해야 와이퍼 정도로서 파워 윈도우는 일부 고급차에나 적용되던 시기였다. 전동 조정 미러도 겨우 보급이 시작되는 무렵이기 때문에 모터의 사용범위도 아직은 많지 않았던 것이다. 그러다가 버블시기에 고급차 지향이 강해지면서 자동차, 특히 실내 부품에 전동화의 파도가 밀어닥친다. 이때 마부치의 주요 거래처 비율이 메이커나 티어1 서플라이어로 점

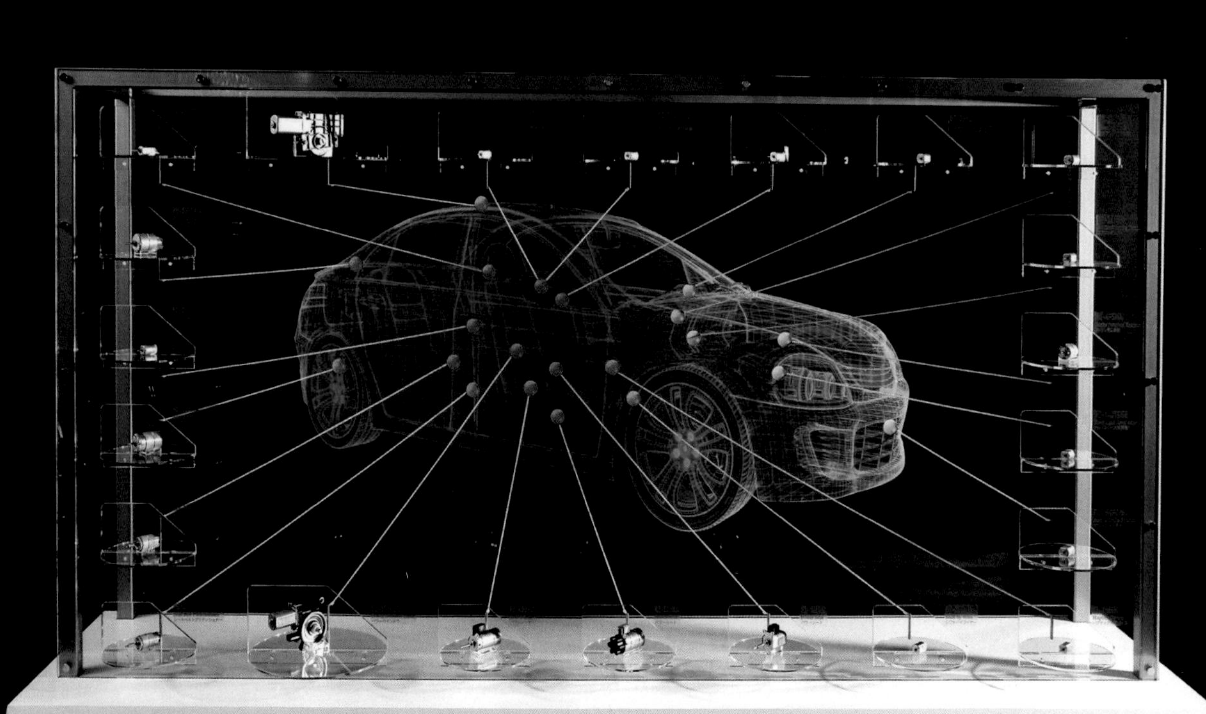

DC 브러시 내장 모터의 구조와 구성

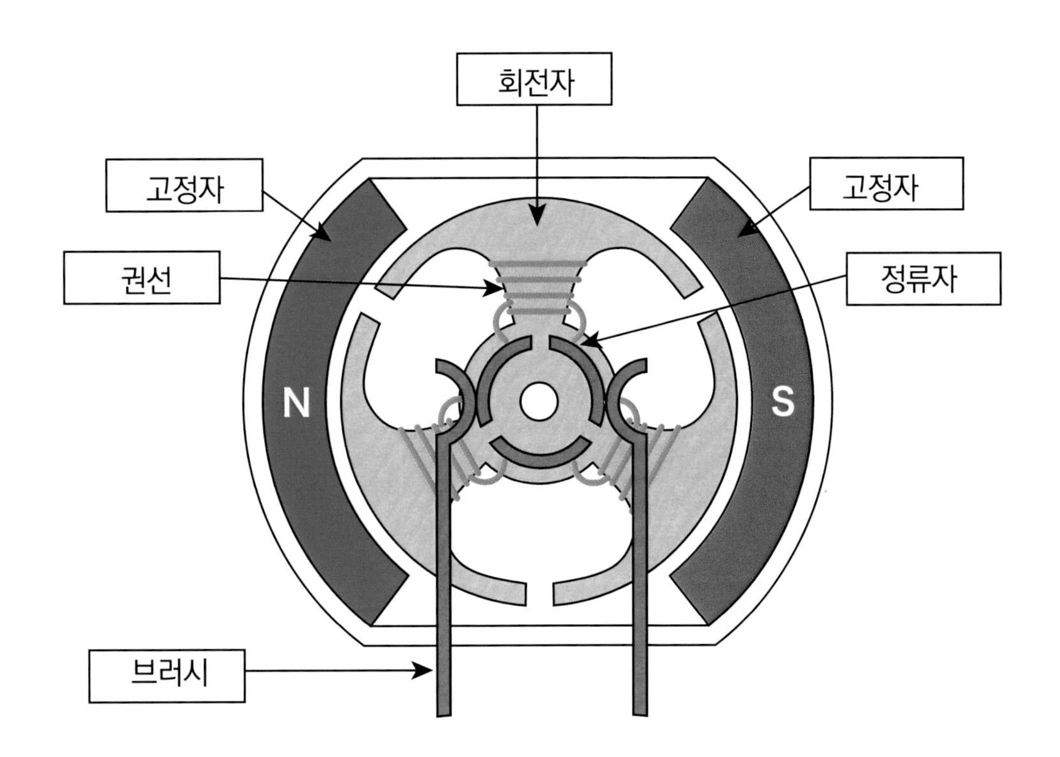

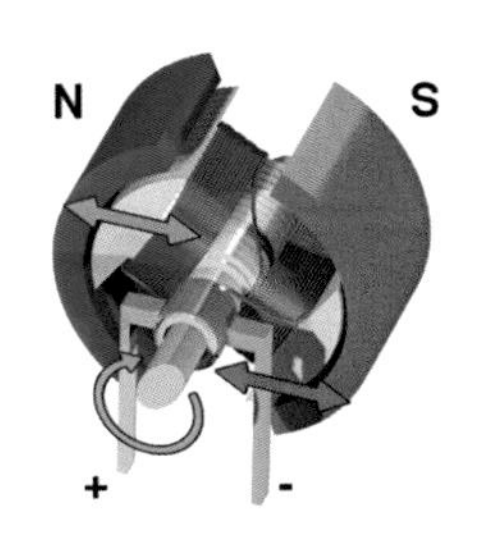

1. 전류가 회전자의 권선(코일)을 따라 흐르면 회전자와 코일 사이에 자계(磁界)가 발생. 자계와 90도 방향(N극에서는 위쪽, S극에서는 아래쪽)으로 힘이 발생(자계의 흡인과 반발을 이용)해 모터를 시계방향으로 회전시킨다.

→

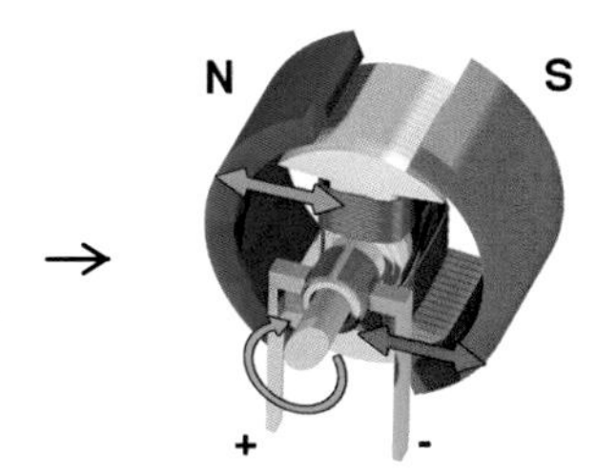

2. 회전자가 일정한 각도(그림에서는 2극이기 때문에 180도)로 회전하면 회전자의 동일 축상에 있는 정류자의 홈으로 인해 전기가 통하는 ON과 OFF를 반복한다.

→

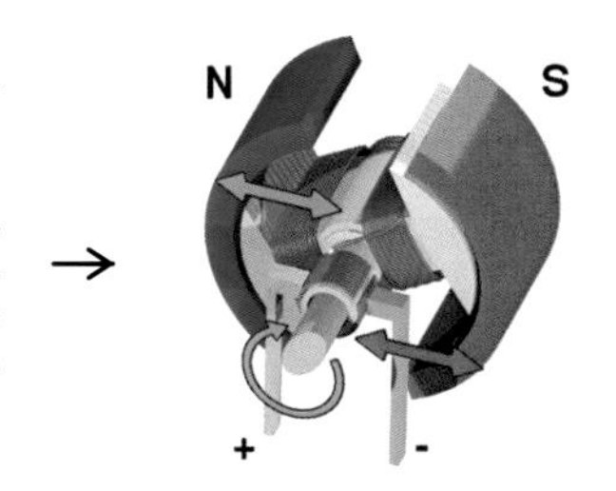

3. 브러시와 접촉된 정류자는 계속해서 전류가 흐르는 방향을 역전시킨다. 그러면 자계의 방향도 힘의 방향과 역전된다. 이와 같은 방법으로 모터는 계속해서 회전하게 되는 것이다.

(出典 : https://commons.wikimedia.org/wiki/File:Electric_motor_150px.gif)

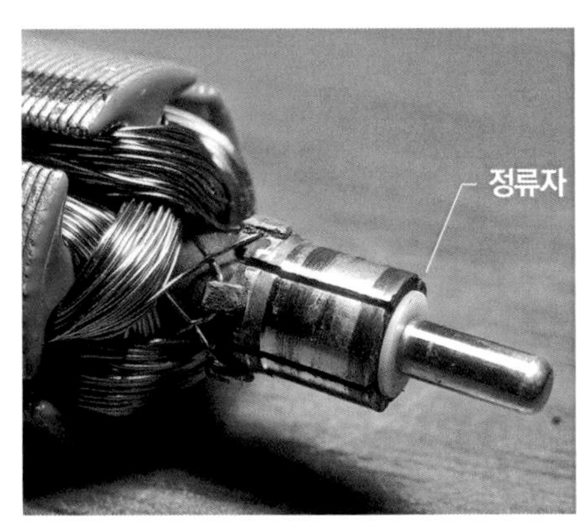

정류자 부분을 확대한 모습. 회전축 상으로 감긴 도체(導體)에 홈이 나 있는 것을 알 수 있다. 정류자와 브러시가 접촉하면서 회전하기 때문에 정류자 표면에서 닳은 흔적을 볼 수 있듯이 계속 사용하면 마모된다. 또한 전류 차단과 전기가 통할 때 아크방전으로 인해 불티가 발생해 전류가 클 때는 화재 위험성이 있을 뿐만 아니라, 정류 불량으로 고장의 원인이 되기도 한다. 출력 100kW·전류값이 몇백 A나 되는 철도용 모터는 정기적 보수유지가 필수이지만, 자동차에 사용되는 10W 정도의 모터는 별문제 없어서 보수유지가 필요 없다. 간소하고 신뢰성이 높아서 아직도 대부분의 소형 모터는 소박한 DC 브러시 내장 모터를 사용한다.

점 바뀌게 되고, 오늘날까지 매출의 70% 이상이 자동차 전장기기용에서 나온다고 한다. AV 기기는 카세트에서 CD, DVD로 바뀌고 자동차도 ICE(Internal Combustion Engine, 내연기관 엔진) 100%였던 것이 HEV와 EV가 급속히 시장에 나왔지만 마부치가 만드는 모터는 납품처가 바뀌어도 내용물은 DC 브러시 내장 모터 그대로, 그 기본설계는 거의 아무것도 바뀌지 않았다. 이번 특집의 대부분을 차지하는 교류 브러시리스 모터와는 근본적으로 다른 DC 브러시 내장 모터는 어떤 모터일까, 먼저 그것부터 알아보도록 하겠다.

DC 브러시 내장모터의 기본동작은 도선에 전류를 흘렸을 때 90도 다른 방향으로 자계가 발생하고 거기서 다시 90도 방향으로 힘이 발생한다는, 플레밍의 왼손 법칙에 따라 회전운동을 만들어 내는 것이다. 중심축에 회전하는 회전자(로터)가 있고 바깥쪽 몸체에 장착되는 고정자(스테이터)가 있다. 양쪽은 자성을 가져야 하므로 복수의 회전자는 통상 철심에 코일을 감아 통전함으로써 여자(勵磁)되는 전자석, 고정자는 전자석인 경우도 있지만 마부치의 모터는 페라이트(Ferrite)를 주체로 한 자석(영구자석)을 기본으로 한다. 회전자에 전기가 통하면 플레밍의 왼손 법칙에 따라 전자력이 흡인과 반발로 인해 모터는 회전을 시작하지만, 상대되는 고정자의 N극에서 S극으로 향하는 자속방향은 일정한

파워 윈도우용 모터의 변천. 왼쪽 위부터 오른쪽 아래 방향으로 각각 6~7년 간격으로 5세대까지 바뀌었다. 돌출된 모터가 점점 작고 가벼워지고 있다. 외관상으로는 알기 어렵지만 소음도 줄어들고 있다.

상태이기 때문에 180도(회전자가 2극인 경우) 돌면 힘의 방향도 일정한 상태가 유지되면서 그 이상 모터는 돌려고 하지 않는다. 거기서 회전자의 동일 축 상으로 정류자(커뮤테이터)라고 하는, 전류 방향을 바꾸는(정류) 기구를 설치한다. 이 정류자에 접촉해 전류를 흘리는 것이 브러시이다. 모터가 180도 회전하면 정류자에 설치된 틈새로 인해 전기가 일시적으로 차단되고 이어서 전극을 역전시킴으로써 전자석의 방향이 바뀌면서 모터는 계속해서 회전하는 구조를 하고 있다.

정류자는 회전하는 동안에 몇 번이나 접점과 ON, OFF를 되풀이한다. 게다가 정류자와 브러시는 면 접촉을 하면서 회전하기 때문에 당연히 접촉면이 마모하게 되고 급격한 전류 변화로 잔류 유도 기전력이 원인인 아크방전으로 인해 불꽃이 발생한다. 마부치가 현시점에서는 손대지 않고 있는 영역이기는 하지만, 대형 대전류를 다루는 모터는 이것이 큰 문제이기 때문에 브러시리스 모터라는 것이 등장했다. 코일을 고정자 쪽에 감고 로터의 위치를 브러시가 아니라 위치검출용 전자소자를 사용해 전류를 전환하는 방식이다. 그런데 이렇게 하면 불티 문제는 없어지지만, 권선을

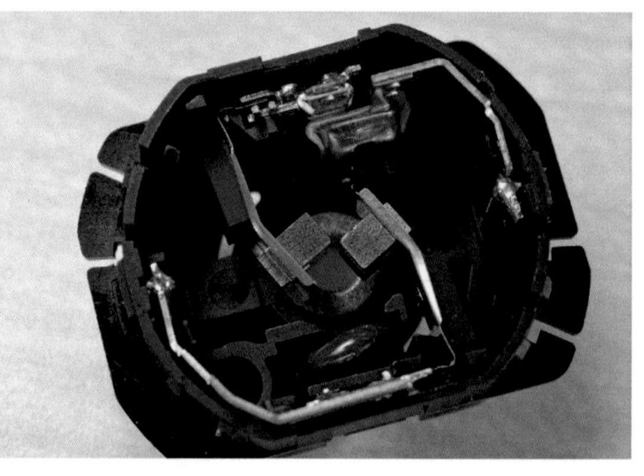

소음에 대한 대처는, 소음 자체의 발생에는 회전자 일부를 깎아 균형을 취한다거나 브러시 단차를 넘을 때의 충격완화를 위해 브러시 암의 배면에 진동흡수 효과가 있는 탄성체를 붙이는 식으로 이루어진다. 한편 스위칭 소음이나 전자파로 인한 주변 전자기기에 대한 영향에 대해서는 모터 내에 소음 대비용 소자를 넣는 식으로 대처. 왼쪽 사진의 좌우에 배치된 한 쌍의 코일이 초크 코일이라는 부품으로, 순수한 직류전류만 흐르게 하고 파형이 물결모양인 맥류(脈流)를 없애는 기능을 한다. 소음에 대한 대책을 모터에서 끝내려는 생각이 강한 메이커에게는 필수 부품이라고 한다.

바깥쪽으로 감아야 해서 크기를 줄이지 못하면서 회전위치 검출용 소자와 그 신호를 잡아내기 위한 배선이 증가한다. 교류모터는 3상 교류를 사용하면 자성이 통전으로 인해 멋대로 바뀌기 때문에 애초부터 브러시나 정류자를 설치할 필요가 없다.

그렇다 하더라도 자동차 전장기기의 DC 브러시 내장 모터는 앞으로도 수많은 용도로 사용될 것이다. 아직도 사용되는 이유는 작은 토크 용도에서는 이 정도로 충분하기 때문이고, 낮은 가격에 신뢰성도 높기 때문이다. 나아가 자동차 실내에 사용되는 모터, 예를 들면 도어 미러나 도어 록 같은 부품에는 속도 제어가 필요 없다는 점, 소형·경량에 낮은 소비전력이 요구되므로 다른 방식의 모터를 사용해도 이점이 없다는 이유도 있다. 자동차 전장부품은 직류 12V 배터리로 작동하기 때문에 애초에 교류모터는 사용할 수 없고, 사용한다 하더라도 인버터가 필요하다. 직류모터에서는 불필요한 것을 일부러 사용하려는 메이커는 없을 것이다.

이런 이유로 마부치가 창립 이래로 계속해서 만들어 온 DC 브러시 내장 모터는, 21세기인 지금까지도 거의 형태를 바꾸지 않고도 계속해서 사용되는 것이다.

프라모델에 사용하는 모터나 CD플레이어에 사용하는 모터, 도어 미러에 사용하는 모터 모두 기본적인 구조에는 차이가 없지만 자동차에 사용되는 모터는 요구되는 여러 가지가 전혀 다르다.

예를 들면 CD플레이어는 규격이 정해져 있어서 모터 회전속도나 출력이 메이커에 따라 달라지는 일은 없다. 그래서 표준품을 만들어 그것이 A메이커에서 승인받으면 B메이커나 C메이커에도 납품할 수 있다. 라인은 하나면 되기 때문에 생산효율도 올라간다.

그런데 자동차용 모터는 그렇지 않아서 도어 미러 납품용 모터 하나만 봐도 자동차 회사마다 제각각 형식이 다르다. 특별한 규격이 있는 것이 아니므로 빨리 움직이는 것을 선호하는 메이커가 있는가 하면 느린 쪽이 좋다는 메이커도 있다. 앞서 언급했듯이 이런 모터는 단순히 ON이나 OFF로만 사용되지 않는다. 배터리와의 사이에 컨트롤러 등이 없으므로 속도를 바꾸려고 하면 모터 자체를 바꾸지 않으면 안 된다. 그뿐만이 아니다. 도어 미러는 좌우에 있지만, 설치 각도는 양쪽이 다를 때도 있어서 같은 시간에 납품하기 위해서는 좌우가 다르게 모터를 바꾸지 않으면 안 되는 것이다.

신뢰성 요구도 상당한 차이가 있다. 하루에 4번을 문을 열고 닫는다고 가정하면 1년에 1400번회, 15년 보증이라면 2만 번의 작동

전동 도어 미러와 모터. 유리 몸체의 상하이동용과 좌우이동용, 접이수납용 3가지 모터가 사용된다. 좌우 미러는 장착 각도가 똑같지 않아서 스피드를 일정하게 맞추기 위해 격납용 모터는 다른 사양의 모터가 필요하다. 이 소형 모터에서는 컨트롤러로 속도를 바꾸는 일은 없다.

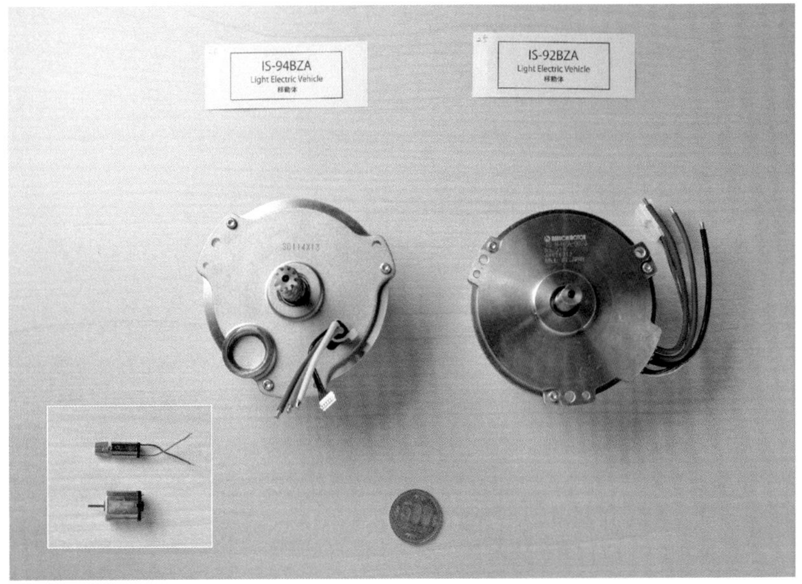

↑ 위 사진은 DC 브러시리스 모터. 권선을 고정자 쪽에 설치해 브러시가 필요 없다. 자계의 반전을 위한 회전자 위치를 검출하기 위해서는 별도의 센서를 설치하므로 센서용 배선이 필요하다. 왼쪽 아래의 브러시 모터는 선이 플러스와 마이너스 2개인데 반해, 통전 외에 검출용 결선이 하나 더 있다. 출력과 비례해 고정자 권선이 늘어나기 때문에 소형화가 어렵기는 하지만, 대출력 용도는 브러시 내장 모터보다 특성이 뛰어나다.

← 차선유지 어시스트 사용 시 차선을 이탈하면 스티어링을 진동시키는 진동 모터도 DC 브러시 내장 모터를 사용한다. 경고기능 부품에도 정숙성이 요구된다. 「급격한 경사길에서 축이 위아래로 움직여 소음이 나면 곤란하다」는 등의 요구 때문이란다.

을 보증해야 한다. 메이커가 2만 번을 요구하면 도어 미러를 어셈블리로 공급하는 티어1 서플라이어(마부치는 모터를 자동차 회사가 아니라 어셈블리 메이커에 판매하는 입장이므로 티어2에 해당한다)는 신중을 기하기 위해서 3만 번의 보증을 요구한다. 게다가 모터를 만드는 마부치는 안전율을 고려해 2~3배나 높은 성능으로 설계하게 된다.
당연하다고 해야 할까, 지금까지 브러시 마모로 인해 모터 수명이 다했다는 사례는 없는 것 같다. 철도차량에서는 브러시를 2~3년에 한 번 교환해야 하는 부품으로 다루고 있어서 이 때문에 교류 브러시리시 모터로 급속히 대체된 이유이기도 했지만, 흐르는 전류가 작고 부하도 낮은 소형 모터에서는 문제가 되지 않는다고 한다. 그래서 DC 브러시 내장 모터가 계속해서 사용되는 이유일 것이다.
자동차가 내구소비재인 이상 내구성이 충분히 확보해야 하는 사항인 것은 이해할 수 있다. 하지만 최근에 갑자기 요구 강도가 강해진 「소음」은 쉽게 대처하기가 어려운 것 같다. EV는 HEV가 보급되고, ICE(내연기관 엔진) 차에도 아이들링 스톱이 당연해지자 차량 실내의 소음에 운전자가 민감해졌다는 것이다. 도어 미러의 수납이나 파워 윈도우 개폐는 정차했을 때 하는 경우가 대부분이라 아무도 소음이 더 두드러진다. 고급차에서는 이런 요구 항목이 현저히 더 강하다.
모터 소음의 원인으로는 몇 가지가 있지만 가장 큰 것은 복수의 로터 권선에 따른 중량 불균형이라고 말하는 개발본부의 다니구치 신이치 부본부장. 철심 부분은 순수한 금속이라 상당히 정밀하게 중량을 조정할 수 있지만, 동선을 몇백 번이나 감는 일이 어렵다는 것이다. 실제로 어떻게 대책을 세우고 있느냐고 물었더니, 만들어진 제품을 전수 조사로 균형을 측정한 상태에서 부분적으로 깎아낼 거라고 한다! 마치 크랭크 샤프트의 균형을 잡는 식으로 말이다. 샤프트(축)의 비틀림으로 인한 불균형도 영향을 끼친다고 해서, 강성을 확보하기 위해 축 지름을 굵게 하면 권선의 권수를 줄여야 하는 문제가 있다. 그러면 요구하는 성능이 나오지 않기 때문에 기본은 측정을 통해 깎아냄으로써 균형을 잡는 방법이 현실적이라는 것이다.
자성이 전환될 때도 소음이 발생한다. 그래서 회전자의 홈을 비스듬하게 해서 자성이 한 번에 바뀌지 않게 하는 개량도 한다(평기어와 헬리컬 기어의 차이라고 생각하면 이해하기 편하다).
브러시도 소음의 원인이다. 내구성 측면에서 브러시의 재질은 거의 카본으로 되어 있지만, 사실 소음은 금속 브러시 쪽이 작다. 카본과 비교해 질량이 작기 때문에 접점 부분의 단차를 넘어갈 때 충격이 작기 때문이다. 소음에 가장 민감한 오디오용 모터의 브러시는 귀금속 합금이었다. 금속 브러시를 일부러 도어 미러용에 채택해 보았더니 소음이 크게 줄었다고 한다. 이전의 기술을 버리지 않고 현재에 맞춰서 사용할 수 있다는 점이 마부치의 강점이라고 우에니시 에이지 개발본부장이 말한다. 다만 금속 브러시는 대전류를 걸면 스파크로 인해 접점이 벗겨지기 때문에 저회전(1만rpm 이하)으로 한정된다.
이렇게 대책을 세우기는 했지만, 소음에 대한 지표가 메이커마다 달라서 개별적으로 대응해 나갈 수밖에 없다고 한다. 어떤 메이커는 주파수대별로 기준 방침을 정해 놓아 그것을 통과하지 못하면 받아주질 않는다. 반대로 가

자동차의 다양한 부위에 사용되는 마부치의 모터

흡기 통로 제어용

에어컨 액추에이터용

주차 브레이크(EPB)용

스티어링 틸트&텔레스코픽용

거울용

파워 윈도우용

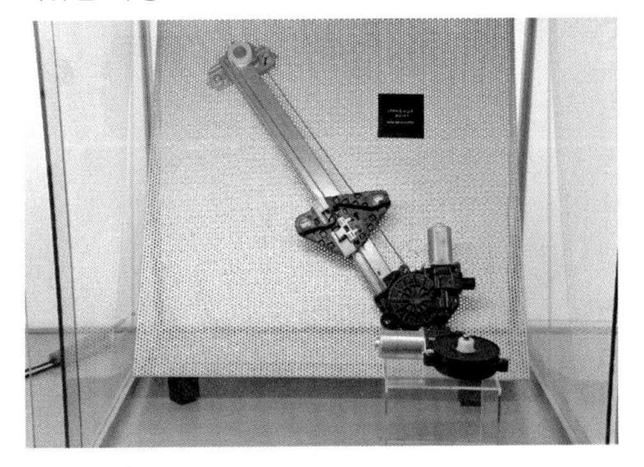

전동 시트용

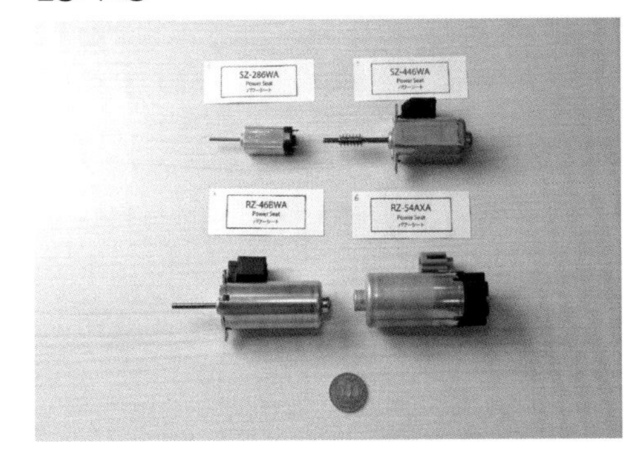

도어개폐 관련용

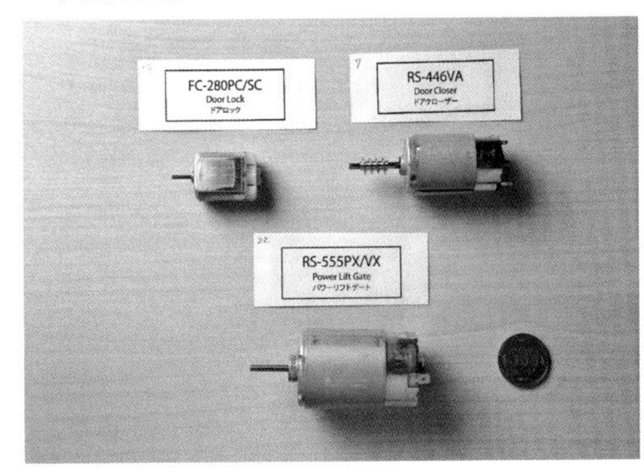

완구용 모터

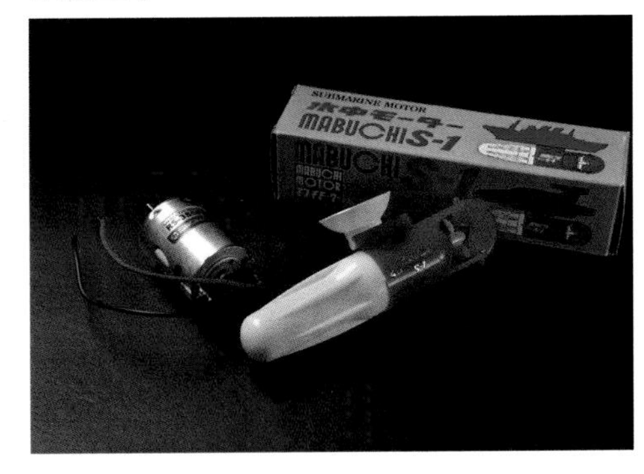

장 강한 요구값을 통과하면 이 메이커에서도 OK를 해주기는 하지만, 메이커에 따라서는 담당자마다 주관적 평가가 대부분이어서 기분이 상당히 애매할 때도 있다는 것이다. 파워 윈도우 등은 도어 전체, 한 발 더 들어가면 차체가 완성되고 난 다음에야 비로소 소음이 특정되기 때문에 많은 부품이 모인 집합체인 이상, 원인을 특정하지 못할 때가 많다. 대책을 세우기도 난감하고 메이커나 차종에 따라 모터 사양을 바꿀 필요도 있어서 어려운 점이 많다고 한다.

소음에 엄격한 메이커는 대개 모터를 저회전으로 돌리기를 요구한다. 속도가 느리면 소음 발생 원인도 줄어들기 때문이다. 그러나 그만큼 토크가 내려가므로 고정자 자석의 자력을 늘리는, 회전자의 권선을 늘리는 식의 대처가 필요해서 그때마다 공장과 절충해야 한다. 소음에 이어 중시되는 것이 무게이다. 특히 연비대책이 민감해지고 나서는 요구도 날로 엄격해지고 있다고 한다. 많이 사용하게 된 전동 시트의 슬라이더용 모터는 개당 550g 정도의 무게가 나간다. 이것이 리클라이너용 모터이든 앞뒤 조정 모터이든 간에 허리 보호 좌석용 모터에 하나하나 달려야 하므로 시트 전체로 보면 2kg 가까이 된다. 파워 윈도우용도 한 개에 500g 정도에 문짝 4개분이 들어간다. 적은 무게는 아니다. 마부치는 이런 모터의 무게를 300g대까지 경량화에 성공했는데, 자동차 전체적으로는 kg 단위로 가벼워진다. 메이커 요구가 심하다고 생각될 때도 있지만 거기에 대응하면서 마부치 모터 자신의 시장이 넓어지는 측면도 있어서 고생이 결코 헛된 것은 아니라는 우에니시 개발본부장은 말한다.
나라별로 보면 소리나 경량화 이전에 유럽과 일본에서는 모터 자체에 대한 요구가 다르다. 두드러진 차이는 전동 시트이다. 유럽과 미국 차는 운전자의 체격이 크기 때문에 일본 차량용 모터로는 속도나 토크가 부족할 때가 많다. 100kg이 넘는 사람의 몸무게를 견딜 수 있는, 예를 들면 시트를 40도 이상 눕혔다가 한 번에 일으키는 실험도 이루어진다고 한다. 그래서 일본형 전동 시트용 모터의 발생 토크가 450mN·m(밀리뉴튼 미터) 정도인데 반해, 유럽과 미국형 차는 600mN·m으로 1.3배 이상 토크가 높다. 파워 윈도우에서도 일본 차는 90mN·m, 유럽과 미국차는 110mN·m으로 유럽과 미국은 더 높은 토크를 요구한다. 당연한 말이지만 이런 모터는 비쌀 수밖에 없다. 메이커에 따라서는 같은 사양의 모터를 사용하더라도 불필요한 성능과 비용은 인정하지 않을 때도 있다고 한다. 또 유럽과 미국 차는 일반적으로 차체강성이 높은 편이기 때문에, 소음이나 진동 특성이 달라서 역시나 같은 사양으로는 대처하지 못한다고 한다.
여기까지는 실내에 사용되는 모터 이야기였다. 그런데 지금은 모터가 엔진 룸에도 많이 사용된다. 예를 들면 워터 펌프나 EGR전환 밸브, 터보나 흡기 액추에이터 등등. 사용하는 모터는 실내용과 차이가 없지만, 상황은 전혀 다르다. 실내용 모터를 그대로 사용하면 틀림없이 하우징이나 결선에 트러블이 발생한다고 한다. 문제는 열과 진동. 샤양 상으로 온도는 마이너스 40℃에서 160℃까지, 진동은 50G까지 견딜 수 있도록 요구받는다. 직렬3과 직렬4, V6 엔진은 각각 진동 특성이 다르므로 이런 것에도 대처할 필요가 있다.
최근 증가 추세인 전동 VVT에 사용하는 모터는? 하고 질문했더니 「그건 당사에서는 만들지 않지만, 상상만 해도 무섭네요(우에니시)」, 그런 세계라고 한다.

마지막으로 물은 것은 전원에 관해서이다. 구동용 모터는 별도이지만, 전장품을 움직이는 전원은 예나 지금이나 12V 납 배터리이다. 전에는 모터를 사용한다고 하면 와이퍼나 스타터뿐이었지만, 지금은 150여 개에 이르는 모터를 구동하는데 전기가 부족하진 않나? 하는 의문이다.
결론부터 말하자면 메이커에서는 어쨌든 소비전력을 낮춰달라고 요구하고 있다. 특히 높은 토크가 요구되는 파워 윈도우와 전동 시트가 그렇다. 파워 윈도우는 도어 전체에서 소비전류를 반드시 20A 이하로 맞춰야 한다. 이것이 30A가 되면 하니스 사양을 바꾸지 않으면 안 된다. 하니스를 바꾸면 무게도 올라간다. 지금까지 한결같이 모터의 소형·경량화를 추구해 온 것이 이 기술을 같은 크기에서 전류값을 억제하는 대응까지 가능하게 해주고 있다. 전기를 먹는 EPS나 내비게이션 보급이 여기저기로 파급되는 것이다.
그렇다면 48V가 되면? 언제 어떻게 될지는 모르기 때문에 마부치로서도 준비는 해놓고 있다고는 하지만, 사실은 만만치 않은 것 같다. 문제는 미러 조종용 등과 같이 작은 모터가 심각한 것 같다. 12V용에서는 0.6mm의 도선을 1000턴 감았던 것이 48V가 되면 0.3mm로 4000턴으로 바뀌어야 하기 때문이다. 반대로 PW용은 기존에도 굵은 권선을 소량의 턴 수로 감았기 때문에 영향은 적다고 한다.
만약 이대로 전동화가 진행되면 구동 모터용 고압전원을 인버터, 컨버터로 자유롭게 승압, 강압해 각 모터로 공급할 수 있을지도 모르는 것 아니겠냐고 물었다.
「당사로서는 그런 편이 고맙죠. 12V가 됐든 48V가 됐든 간에 전압에 구속될 수밖에 없으므로 거기에 맞춰서 모터를 설계하지 않으면 안 됩니다. 하지만 자유롭게 전압을 바꿀 수 있다면 모터 사양을 바꾸지 않고도 자동차 쪽에서 전압을 맞춰주는 셈이니까요」

「고령화 사회가 진행됨에 따라 간호 차량도 더 많이 필요해질 겁니다. 그렇게 되면 휠체어용 리프터 같은 경우, 반드시까지는 아니지만 구동하지 못할 수도 있죠. 모터 용도가 더 다양해지고 자동차 시대에 맞춰서 편리하고 쉽게 사용하기 위해서는 지금의 전원으로는 역시나 불안한 마음이 있습니다」(우에니시 개발본부장)

전동화, 전동화하고 말들은 하지만 화제는 오로지 구동을 위한 동력원 관련 이야기뿐이다. 하지만 자세히 들여다보면 자동차 전동화는 21세기에 들어오고 나서야 급속히 진행 중이다. 그리고 전동화의 키는 뭐니 뭐니해도 모터이다. EV나 HEV에 사용되는 AC모터는 1개에 불과하지만, 자동차 안에는 다종다양한 DC브러시 내장 모터라는 장치가 들어 있다. 마부치 모터는 보유한 기술을 시대에 맞추고 자유롭게 바꿔 가면서 진화시킬 수 있는 기술회사라는 느낌이다.

마부치 주식회사
이사집행임원 개발본부장
우에니시 데이지

마부치 주식회사
집행임원 개발본부 부본부장
다니구치 신이치

MOTOR
PERFECT GUIDE

Epilogue

본문 : 마키노 시게오
그림 : IAV/닛산/VW/마키노 시게오 /MFi

전기모터에 변속기는

「불필요한 존재」일까, 「있으면 편리한 존재」일까.

순수 EV(전기자동차)의 동력성능에 욕심을 내려면 전기모터가 커져야 한다.
주행거리에 욕심을 내려면 2차전지 탑재량이 증가한다.
차량 무게의 증가를 용인하지 않으면 이런 목적을 달성하기는 어렵다.
비용증가를 감수하고 경량소재를 사용하는 방법도 있으나 이것도 쉽지는 않다.
그렇지 않아도 2차전지 가격 때문에 압박받는 순수 EV 가격이 더 비싸지기 때문이다.
그럼 모터를 줄이고 변속기구를 장착하는 방법은 어떨까.
예를 들면 플래니터리 기어를 1세트 사용해 전진 2단을 갖추면 어떻게 될까.
기어는 철 덩어리라 나름대로 무게도 나가지만 전기모터는 편해질 것이다.
지금까지는 「EV에 변속기는 필요 없다」고 이야기되고 있지만, 앞으로는?

모터는 아직도 진화 중이다. 바꿔 말하면「진화하지 않으면 안 되는 상황」이다.
도카이대학의 기무라 히데키 교수에게 물어보았다.「땅 위를 달리는 탈 것 가운데 가장 효율은 좋은 것은 무엇일까요」
「100km/h 정도의 일정한 속도로 달리는 철도이겠죠. 철도라도 속도를 올리면 에너지 소비는 늘어날 수밖에 없습니다. 공기로 환산하면 2제곱이지만 전력으로 환산하면 3제곱이 됩니다. 다만 신칸센은 목적지에 빨리 도착할 수 있으므로 그런 것도 고려는 해야겠지만…」
밤중에 도카이도 노선을 일정한 속도로 달리는 화물열차에는 도요타의 로고가 많다. 건널목에서 속도를 재보면 80km/h 정도이다. 동부권에서 중부권까지 시간이 걸려도 80km/h의 경제속도로 달리는 철도편을 사용하면 물류비용은 줄일 수 있다. 요코하마의 정유소로부터 가솔린을 운반하는 열차도 출발할 때는 느릿느릿 가속한다. 천천히 가속한 다음 일정한 속도로 달리는 것이다. 철도차량의 전기모터는 이렇게 달리는 것이 가장 효율적이다.
「일반적인 산업용 모터는 일을 하는 회전속도가 거의 정해져 있죠. 대개는 3000rpm 정도로요. 자동차는 제로 회전부터, 시속으로 따지면 제로km/h에서 150km/h까지를 많이 쓰죠. 넓은 속도영역에서 모터는 전체 영역에 걸쳐 좋은 토크를 내지 않으면 안 됩니다. 그러기 위해 회전속도를 높이는 기술이 있는 겁니다. 하지만 고회전으로 설정하면 보통 때 사용하는 부분이 아주 좁아지게 되는데, 이것도 또 효율이 좋지는 않습니다. 가장 많이 사용하는 상용 영역을 중점적으로 설계하면서 필요할 때는 고회전까지 돌릴 수 있는, 그런 모터가 자동차에는 요구되는 것이죠」
모터 메이커인 마츠바의 우치야마씨는 이렇게 말한다. 또 어떤 자동차 회사의 기술자는 이렇게 말했다.
「모터 방식에 따라 잘하고 못하고 부분은 엄연히 존재합니다. 어떤 방식을 선택할지는 순수하게 기술론의 문제만은 아닙니다. 예를 들면 엔진과 모터를 직결해 놓으면 엔진회전속도가 어느 시점까지 상승했을 때 모터는 멋대로 회생모드로 바뀝니다. 그대로 놔두면 발전기가 되고 저항이 증가하면서 브레이크가 돼버립니다. 이것을 막기 위해서『약계자(弱界磁) 제어』로 소량의 전력을 투입하는 것인데 구동력이 되지 않는 전력을 사용하게 되는, 본말이 바뀐 것이죠」
우치야마씨는 이렇게도 말한다.
「전기모터로 출력을 내려면 회전속도를 올리면 됩니다. 소형이라도 출력은 나오죠. 출력은 토크와 회전속도를 곱한 것이지만, 토크라는 것은 크기에 의존하게 됩니다. 지름이 큰 모터를 사용하면 토크를 낼 수 있다는 것이죠. 한편으로 회전속도를 높이면 제어주파수도 높아지기 때문에 극수(極數)는 그렇게 늘리지 못합니다. 아우터 로터 같은 경우는 아

아이신의 AW 하이브리드 AT

아이신 에이 더블유는 16년도 도쿄 모터쇼에 모터를 내장한 스텝AT를 출품했다. 상세하게 발표하지는 않았지만, 모터만으로 출발할 수 있고 필요에 따라 엔진을 모터가 보좌한다는 변속기이다. 유럽 메이커에 대한 납품실적이 많은 아이신이「P2」하이브리드 시장에 편승하기 위한 수단이다. 시장에 대한 기대가 크다.

ZF 의 모터 내장 DCT

독일 ZF는 DCT(Dual Clutch Transmission)에 모터를 넣었다. 기본적으로 DCT는 MT라 동력전달 효율이 뛰어나다. 또한 싱글 클러치인 AMT(Automated MT)에 모터를 넣는 시도도 하고 있다. 이것도 P2 HEV로서, 어쩌면 유럽에서는 승용차의 반 이상이 HEV로 바뀔지도 모른다.

무래도 극수가 많아지면서 회전속도 상한이 낮아지기 때문에 이너 로터가 유리합니다. 또 극수가 많아지면 구동 주파수가 점점 늘어납니다. 어떤 모터를 선택할지의 결단에는 여러 가지 사정이 겹칠 수밖에 없는 겁니다」

한편 2차전지 쪽에서 모터를 보면 「지금은 이 정도의 전력밖에 없다. 그러니 이 범위에서 어떻게든 해봐라」고 명령한다. 차량 쪽은 「하다못해 이 정도의 속도영역까지는 힘써 달라」라고 명령한다. 이에 대해 모터는 「가장 효율이 좋은 것은 이 회전속도에서 이 토크이므로 여기를 상용 영역으로 사용해라. 속도가 높은 쪽은 무리이다」라고 되받아친다. 실제로 어떤 곳에서 이런 논의가 눈앞에서 펼쳐진 적이 있었다.

이런 이야기를 듣고 있다가 「전기모터는 효율이 굉장히 좋지 않나요…」하고 물었더니, 「아니요, 모터에도 효율의 중심이 있습니다. 다만 중심을 벗어나도 엔진만큼 효율이 떨어지지 않죠. 하지만 전지가 빈약하고 모터도 온도에 민감하니까요…」라고 대답해 주었다.

파란 선은 변속기를 사용해 엔진 토크를 「가공」했을 때의 구동력을 나타낸 것이다. 이 그래프는 7단 변속기이다. 스텝AT나 DCT, MT 모두 결국은 비슷한 특성을 보인다. 엔진 효율은 근 10년 동안 상당히 발전했다. 아직 주역의 자리를 내줄만한 시기가 아니다.

빨간 선은 전기모터가 만들어 내는 구동력. 변속기 없는 1단 감속이다. 속도만 욕심내지 않는다면 이 정도로 충분하다. 하지만 세상은 「비싸게 돈을 냈는데도 느린 차」는 환영받지 못하기 때문에 고회전 영역에서는 모터 효율이 떨어진다. 따라서 변속기가 필요해졌다.

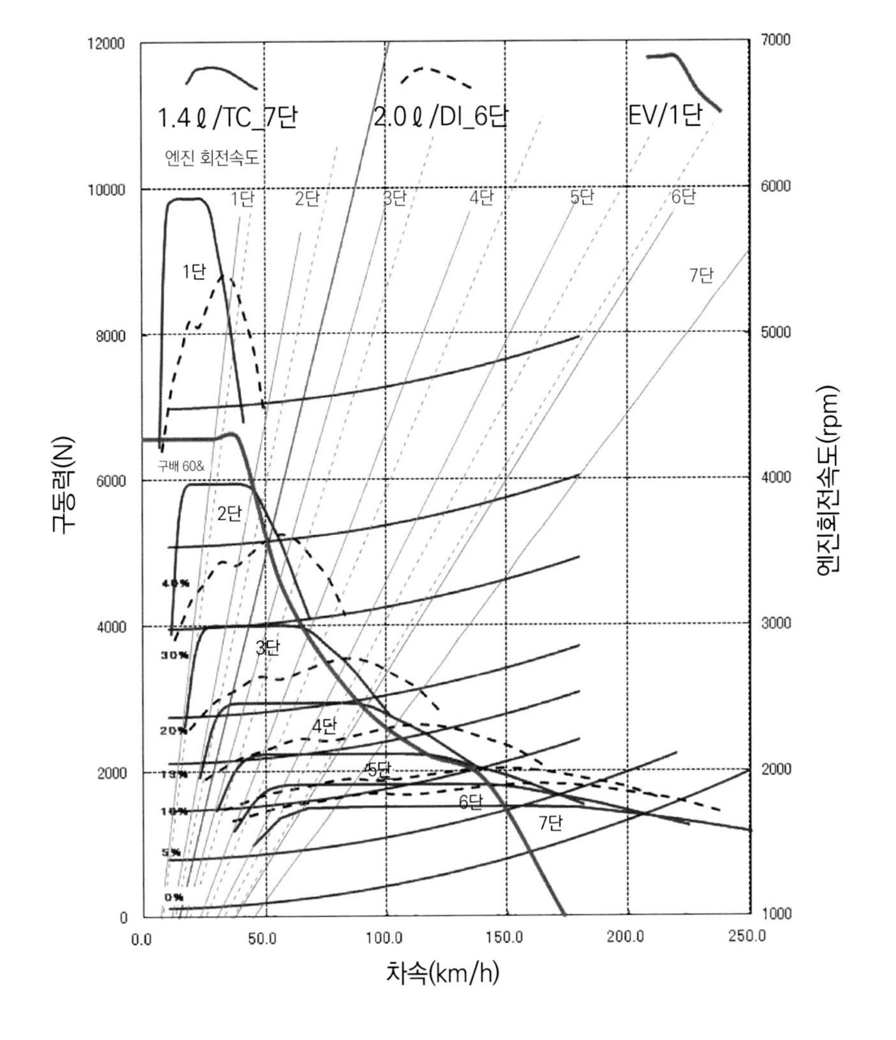

이 대목에서 아마추어는 이렇게 생각한다. 모터에 변속기를 조합하면 좋지 않을까, 라고. 이 질문을 미츠바의 우치야마씨에게 던져보았다. 「찬성입니다. EV에 변속기는 필요 없다는 의견도 있지만, 저는 다릅니다. 변속기를 사용하지 않고도 넓은 범위를 커버할 수 있는 큰 모터를 사용한다는 전제일 때의 이야기이죠. 원래는 출력이 나오면 더 좋죠. 출력을 내기 위해서는 모터 회전속도를 올리면 됩니다. 정말로 성능이 좋은 변속기가 있다면 지금의 모터는 더 작은 것을 사용해도 됩니다」

변속기 메이커의 기술자에게 이 문제에 관해 물었더니, 「이미 여러 가지로 제안하고 있습니다」라는 대답이 돌아왔다. 「변속기를 장착해 복수로 만드는 것보다 감속기만으로 끝내고, 나머지는 전기제어로 해결하자는 분위기였다가 최근에는 2단 감속 이야기도 나오고 있습니다」라는 이야기도 들려주었다. 앞으로 정말 그런 방향으로 나아가게 될까. 우치야마씨는 「2단이면 충분합니다」라고 한다. 취재에 응해준 NTN 측에서도 「변속기가 있으면 고마운 일이죠」라고 말했다. 과연 앞으로 전기모터+2단 변속기가 중심이 될까 궁금하다. 2단이라고 하면 유성기어(플래니터리 기어)

가 있다. 일본은 AT 대국이다. 유성기어는 쉽게 조달할 수 있지 않을까?

「유성기어는 크기만 정해지면 기어비는 거의 결정됩니다. 기어는 기성 제품이 있죠. 그런 것을 사용하면 손쉽지만 새로 만들려면 사실은 설계자유도가 낮다고 할 수 있죠」

이런 대답을 들었다. 거기에 자동차용 유성기어는 가격도 싸지 않다는 것과 일본 국내에서는 서플라이어도 정해져 있다는 것, 제조를 하려면 독자적인 노하우가 있어야 한다는 것 등을 듣게 되었다.

여기서 기본으로 돌아가 생각해 보자. 왜 엔진 차에는 변속기가 필요할까. 그것은 앞 페이지의 그래프가 말해주고 있다. 엔진이 아이들링 회전속도를 넘어서 돌기 시작했을 때는 아직 토크가 충분히 나오지 않는 상태이다. 그러나 무거운 자동차를 속도 제로에서 움직이려고 할 때야말로 큰 토크가 필요하다. 그래서 변속기를 매개로 엔진회전속도를 낮추어 엔진의 일을 토크가 떠맡는 것이다.

한편 전기모터의 토크 특성은 적선으로 나타나 있듯이, 「무거운 차체를 가속시키는」 일에 적합하다. 모터 회전속도가 올라가면 효율은 나빠지고 토크도 떨어지지만, 그래도 엔진+변속기만큼 효율이 나쁘지는 않다. 그러므로 「변속기는 필요 없다」고 주장한다.

그런데 날마다 모터 개선에 힘쓰고 있는 기술자들은 「그것은 거짓말이다. 거짓말이라고까지는 안 하더라도 검증되지 않는 주장이다」라고 반박한다. 한편 유럽의 엔지니어링 회사는 「이미 너무나 첨예한 안건이기 때문에…」라고 말한다. 즉 특정 자동차 회사는 나름대로 서플라이어와 구체적인 상품화 이야기를 진행하고 있다는 뜻인 것 같다.

「EV로 바뀌고 나서 모처럼 부품 개수가 줄었는데, 변속기를 달아야 한다고요? 부품 개수가 늘어나면 고장률도 증가할테니까, 자동차 회사는 감속기 정도로 충분하다고 생각할 겁니다」

다른 서플라이어에서는 이런 말도 들었다. 또 다른 서플라이어로부터는 「아, 이미 어딘가에서 전기모터용 CVT를 개발하고 있다고 합니다」라고도 했다. 어쩐지 체세대 BEV는 2단 변속기가 장착되어 나올 것 같은 분위기는 느껴졌다. 지금 개발 중이라면 시판은 5년 정도 뒤일 것이다. CVT일지 유성기어일지는 차치해 두고라도, 그런 움직임이 있는 것만은 확실하다.

「유성기어는 매우 어렵습니다. 더구나 최근에는 기계 관련학부가 현저히 줄어들어서 기어를 개발할 수 있는 엔지니어가 격감했습니다. 미래가 걱정되는 상황이죠. 실제 유성기어 같은 경우, 선 기어가 닿은 곳은 니들 롤러 베어링을 방사선 형태로 넣습니다. 어려운 것은 토크 용량보다도 회전속도입니다. 피니언의 회전속도는 자연스럽게 높아집니다. 엔진과 조합할 때도 기어비에 따라서는 1만rpm까지 올라갑니다. 입력 쪽이 6000rpm, 출력은 2000rpm이라도 1만rpm 이상이나 되는 겁니다. 피니언 기어와 피니언 샤프트 사이에도 니들 롤러 베어링을 넣는데, 여기에는 윤활유가 좀처럼 닿지 않아서 어렵습니다. 이런 것을 몸으로 체득하고 있는 기술자가 과연 얼마나 될까…」

	인덕션 모터 (IM)	브러시리스 모터 (BLM)	릴럭턴스 모터 (SRM)	릴럭턴스 모터 (SRM)
비용	○ ~ ◎	○	○	◎
수명	◎	◎	◎	×
로터회전강도	○ ~ ◎	○ ~ ◎	◎	×
작동음	◎	○ ~ ◎	×	× ~ △
효율	△	◎	○	×
모터질량 · 크기	△ ~ ○	◎	△ ~ ○	×
고회전화 대응	◎	○ (약계자 제어)	◎	×
종합평가	○	◎	△	×
비고	Nd 마그네트를 사용하지 않기 때문에 중국 등의 자원정책에 따라 가격이 좌우되기 힘들다 . 성숙한 기술이라 역사가 길다 .	소형 · 경량 · 고효율 . 현재의 주류 계자용 Nd 마그네트의 확보 , 가격이 문제 (중국의 대책 등)	구조가 가장 간단하고 가격이 낮다는 장점이 있지만 , 작동음을 줄이기가 어렵다 .	전동스쿠터나 골프 카트 레벨에는 적합 . EV 용으로는 부적합 .

미츠바의 모터방식 평가

모터 메이커가 자동차 동력원으로서의 모터를 어떻게 보고 있는가에 대해서는 이 표를 참고하기 바란다. 일본에는 지금 구동용 브러시 내장 모터가 거의 존재하지 않기 때문에 나머지 3개를 비교하는 것이 현실적이다. 모터 메이커는 각각의 특징을 살려 적재적소에 사용하는 방안을 제안하고 있다. 다만 세상은 순수한 기술론만으로 움직이지 않는다. 그보다는 오히려 「굴레」에 의해 좌우되는 경우도 많다.

화제를 바꿔 모터에 대해 평가해 보겠다. 이 페이지에 있는 표는 미츠바로부터 제공받은 것이다. 현재 상태에서 EV용 모터에 대해 평가하면 이 표와 같다고 한다. 물론 회사에 따라 또는 평가하는 사람의 입장에 따라 평가는 달라지겠지만, 미츠바의 우치야마씨의 해설에 따르면 일반론으로 간주해도 무리는 없다고 한다.

브러시리스 모터는 극히 보통으로 사용되는 영구자석식 3상교류 동기모터이다. 현재의 EV 및 HEV에서는 이 모터가 주류이다. 인덕션 모터는 테슬라가 처음 자동차용 구동용으로 제안했고, 독일 ZF가 이것을 사용한 시스템을 발표한 바 있다. 주목도가 급격히 높아진 모터이다.

릴럭턴스 모터는 동기모터의 일종으로, SRM은 Synchronous Reluctance Motor의 약자이다. 공작기계에서 많이 사용된다. 이 중간에 SPM(Surface Permanent Magnet=표면 영구자석 타입) 모터와 IPM(Internal Permanent Magnet=매립식 영구자석 타입) 모터가 있다. IPM의 구조는 본지 31~33페이지에서 소개한 3세대 프리우스의 모터가 대표적이다. 양쪽 모두 영구자석이 가진 「자력선은 자연스럽게 짧아지려고 스스로 신축시키는 성질」을 이용하고 있다.

모터 전문가인 미츠바의 우치야마씨, 도카이대학의 기무라 히데키 교수 및 사가와 고헤이 교수 3분으로부터 다양한 모터의 특징에 대해 들을 수 있었지만, 본인의 이해를 넘어선 어려운 부분이 있는 관계로 여기서는 생각하기로 하겠다. 어쨌든 전기모터는 엔진 만큼이나 (또는 엔진 이상으로) 어려워서 설계자들은 항상 미세한 부분까지 파고드는 노력과 연구를 거듭하고 있다. 이 글 모두에 「모터는 아직도 진화 중이다」라고 쓴 배경이 여기에 있다.

그런데 EV를 이야기할 때 반드시 모터를 능가할 정도로 등장하는 것이 2차전지에 관한 화제이다. 결국은 「전지가 이러니까…」라는 말로 옮겨간다. 그리고 유럽의 엔지니어링 회사는 「그래서 HEV이다」라고 하면서 전기모터를 적용한 변속기에 대해 계속해서 언급한다. 엔진에서 나온 토크의 흐름 속에서 반드시 4단 정도의 변속이 들어가 엔진 부담을 줄이는 하이브리드 변속기에 관한 것이다. 유럽에서는 이것을 「P2」 하이브리드라고 부른다. 아마도 이 방식은 3~4년 이내에 시판 차량에 탑재될 것 같다. 개발이 활발해졌다.

앞 페이지 그래프를 다시 보면, P2는 엔진의 토크 곡선을 따라가면서 지금까지 7단이 할당되었던 것을 4단 정도로 낮추고 모터 토크로 부족한 부분을 보완하는 것이다. 모터는 작아도 된다. 배출가스 제로까지는 아니더라도 적어도 20% 정도는 낮출 수 있다. 현실적인 대책이 아닐 수 없다. 이 그래프만 봐서는 결과는 무난하다고 할 수 있다.

전 세계 운전자가 친숙해져서 익숙해진, 바꿔 말하면 100년 이상을 거치면서 숙성된 「자동차의 감각」을 시대는 더 효율이 좋은 전기모터로 옮겨가고 싶어 한다. 그러나 적어도 전통적인 자동차의 맛을 아는 세대가 구매층의 중심에 있는 한은 엔진의 맛을 무시하지는 못할 것이다. 지금의 전기모터 세계는 그런 변화의 시대 한복판에 있는 것 같다.

Next Generation of **HEADLAMPS**

「비추는 장치」에서 「전달하는 장치」로 진화하는

최신

헤드램프 테크

「THE ART OF LIGHT」라는 글자는 독일의 헬라가 개발 중인 LCD 헤드램프(광원은 LED)가 비춘 모습이다. 헤드램프는 LED의 등장으로 인해 밝기가 확보됨에 따라 운전자나 주위에 메시지를 전달하는 기능으로 개발 축이 옮겨가고 있다.

본문 & 사진 : 세라 고타　　사진 : 고이토 / 스탠리 / 이치코 / 아우디 / 헬라 / 다이믈러 / 랜드로버 / 마쯔다 / 미야카도 히데유키

놀로지

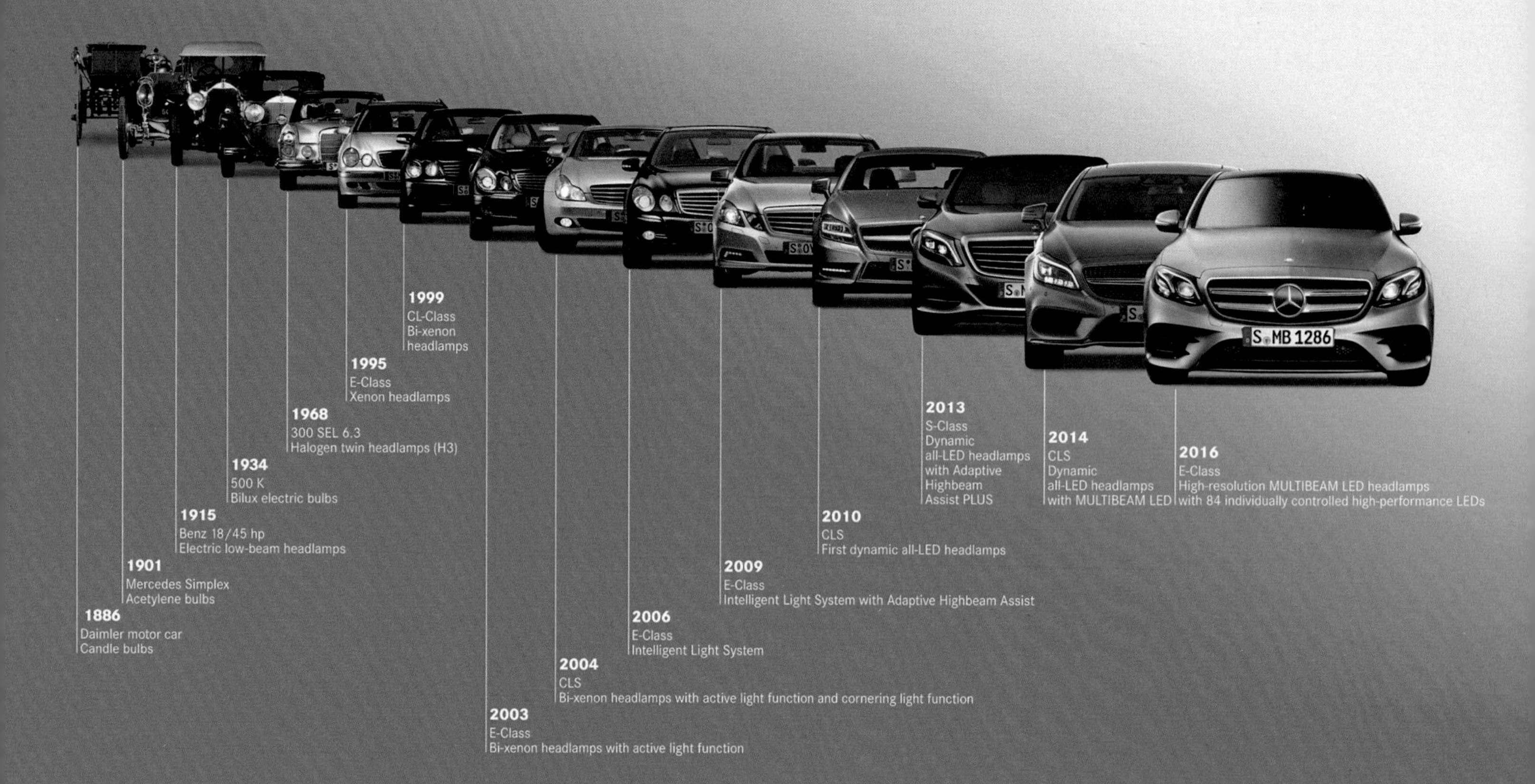

INTRODUCTION

할로겐에서 LED로 바뀌고 있는 광원

20세기 중반에 등장한 할로겐 전구는 오랫동안 자동차용 헤드램프의 주역을 맡아 왔다.
그러나 21세기에 들어오면서 LED가 등장하자 주역이 바뀐다. LED와 제어를 조합한 고도의 기능이 선보이고 있다.

사진 : 다이믈러

위 사진은 다이믈러 차량과 헤드램프의 광원(光源)에 관한 역사를 나열한 것이다. 1886년에 등장한 세계 최초의 4륜 자동차인 다이믈러 모터카의 헤드램프는 촛불의 밝기를 이용했다. 없는 것보다는 낫지만 현대적 감각에 비춰보면 크게 도움은 안 되었을 밝기였으리라 상상된다.

1901년의 메르세데스 심플렉스는 아세틸렌 벌브를 탑재했다. 탄화칼슘(칼슘 카바이드)에 물을 반응시켜 아세틸렌(C_2H_2)이 발생하게 한 다음 그것을 연소시키는 구조이다. 요컨대 광원은 불이었다. 메르세데스 벤츠 역사 속에서 처음으로 전기를 사용해 빛을 얻었던 것은 1915년도의 벤츠 18/45hp이다. 이 차에서 처음으로 백열전구가 이용되었고, 이후 반세기에 걸쳐서 자동차용 헤드램프의 광원으로 주역의 자리를 차지하게 된다.

헤드램프 세계에서 20세기 최대의 발명품은 할로겐 전구(Halogen Bulb)였다. 관 안에 할로겐 가스를 고압으로 봉입함으로써 필라멘트의 온도를 높일 수 있게 되었고, 그로 인해 백열전구나 실드 빔보다 밝게 할 수 있게 된 것이다. 필라멘트에서 발열하는 텅스텐이 할로겐 가스와 결합해 필라멘트로 돌아오는 할로겐 사이클을 반복함으로써 수명도 길어졌다. 밝기와 긴 수명이 가능해진 것이 할로겐 전구의 특징으로서, 그래서 헤드램프용 광원의 주역 자리를 실드 빔으로부터 가져오게 된 것이다.

다이믈러의 역사 속에서는 68년의 메르세데스 벤츠 300SEL 6.3에서 할로겐 전구가 사용되었다(한쪽 2개 등, 게다가 종렬 배치). 그로부터 37년 후인 95년. 1세대 E클래스에 새로운 광원인 크세논 전구(디스차지 벌브/HID와 동일)가 탑재되었다. 크세논 전구란 전구 안에 크세논(xenon/원소기호는 Xe)을 고압으로 봉입한 전구를 말한다. 전극 사이에 고전압을 인가(印加)함으로써 아크 방전을 이용하는 이다.

관이 따뜻해질 때까지 색이나 밝기에는 변함이 없지만, 안정되면 할로겐 헤드램프보다 하얗고 매우 밝게 빛난다. 색이 하얗다는 의미는, 색의 온도로 보았을 때 태양 빛에 가까워서 낮과 밤에 비치는 모습의 차이가 줄어들어 안전성 향상으로 이어진다는 것을 뜻한다.

앞 페이지 사진에서 처음으로 LED라는 문자가 등장한 것은 2010년의 CLS이지만, 세계 최초로 LED 헤드램프를 실용화한 곳은 07년의 일본 코이토(小糸)제작소이다. 탑재한 차량은 렉서스 LS였다. 20세기의 획기적 발명품이 할로겐 전구라면, 21세기를 대표하는 발명품은 헤드램프용 고휘도 LED이다. LED는 크세논 전구와 비교해 더 밝고(태양빛에 가깝다) 수명도 길다. 밝아질 때까지 시간이 짧다는 것도 특징이다. LED는 밝아서 보기가 쉽고 순식간에 점등하기 때문에 안전성 향상으로도 이어진다. 또 전력을 절약할 수 있을 뿐만 아니라 수명도 길다. 장치를 작고 가볍게 만들 수 있다는 점도 매력이다. 한편으로 할로겐 전구는 가격이 저렴하다는 점이 매력이라, 전 세계적으로 보면 현재도 생산량의 과반을 차지하고 있다. 그러나 LED 단가가 빠르게 내려가고 있고, 보급가격대의 자동차를 포함해 할로겐 전구가 LED로 바뀌어 나갈 것이라는 사실은 틀림없다. 각 헤드램프 회사는 그런 목적으로 LED 개발을 진행 중이다.

양초를 이용하던 시대를 생각하면, 아니 할로겐 전구와 비교해도 LED의 등장으로 인해 우리는 꿈 같은 빛을 손에 넣었다. 그러면서 빛을 잡으려는 경쟁은 막을 내리게 되고 기능을 부가하는 것이 현재의 흐름이다. 수동으로 전환했던 로 빔(Low Beam)과 하이 빔(Hi Beam) 전환이 하이 빔의 배광(配光)을 가변적으로 제어하면 되기 때문에 손댈 필요가 없어지고 있다. 배광제어는 제어할 세그먼트를 다분할로 하는 방식이다. 어떤 식으로든 로 빔과 하이 빔의 경계가 없어지는 것이다.

헤드램프의 기능이 더욱 고도화되고 세밀해지면 노면을 비추는 장치로 머물지 않고 운전자나 주변 자동차, 보행자에게 정보를 전달하는 장치로도 바뀔 것이다. 불과 몇 년 후의 일이다.

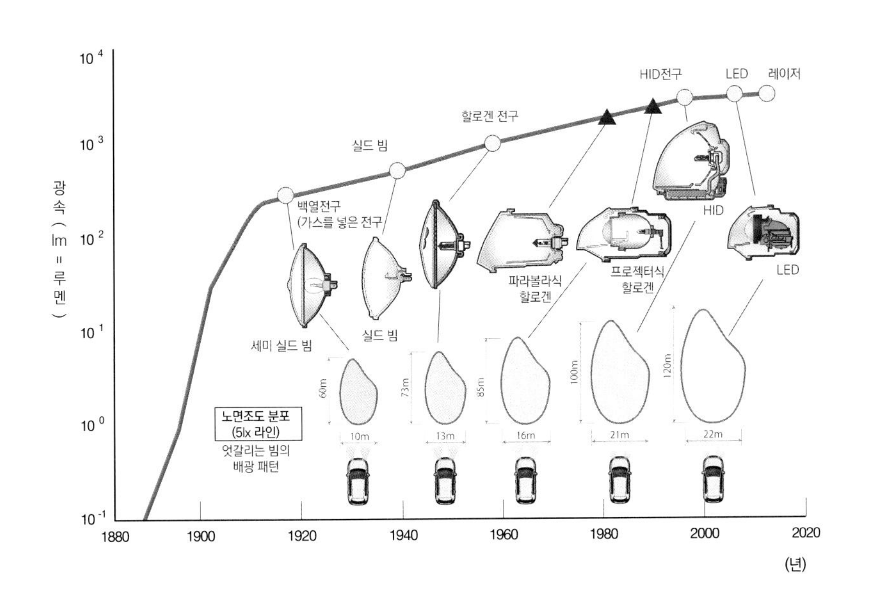

헤드램프 광원의 진화

자동차용 헤드램프는 할로겐 전구를 발명하면서부터 안정적 시대를 맞는다. HID로 전례가 없는 밝기와 긴 수명을 확보했지만, 더 성능이 뛰어나고 사용하기 편리한 LED가 등장하면서 서서히 역사 속으로 사라지고 있다. 할로겐 전구와 LED는 조사(照射) 범위나 색(밝기) 측면에서 큰 차이가 있다는 것을 알 수 있다.

헤드램프의 기능/디자인의 진화

실드 빔은 규격화를 통해 대량생산이 가능해지면서 단가 하락으로 이어졌다. 이후 할로겐 전구의 등장으로 인해 차종 고유의 디자인이 가능해졌다. 기능적 진화는 법제화와 연동하는 성질을 갖는다. 코이토제작소의 경우, ADB(하이 빔 가변제어)가 2011년에 법제화되자 다음 12년에 최초의 제품을 출시하게 된다.

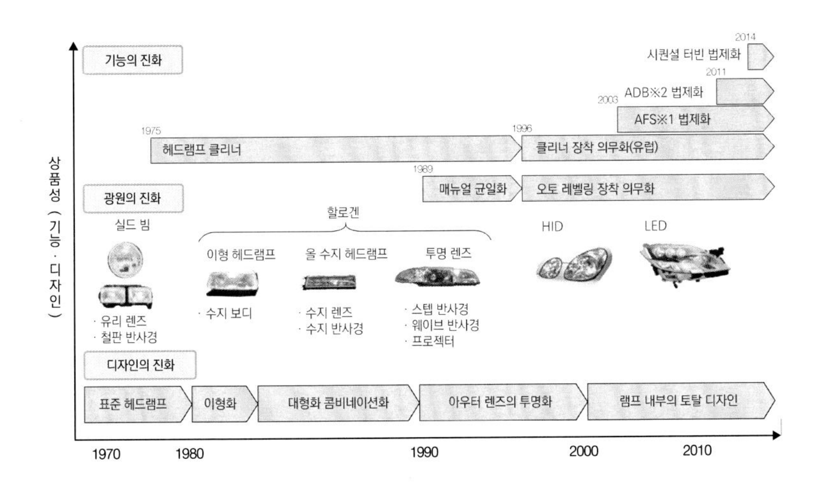

※1 AFS(Adaptive Front-Lighting System) ※2 ADB(Adaptive Driving Beam)

전조등 광원별 채택율의 추이

할로겐 전구와 비교해 훨씬 밝고 수명이 긴 크세논 전구는 고급 모델을 중심으로 계속해서 사용되었지만, LED의 등장과 함께 존재가치를 상실했기 때문에 서서히 사라지는 추세이다. LED 단가가 떨어지면서 저가를 장점으로 내세웠던 할로겐 전구도 바뀌어 가고 있다. 새로운 광원으로 레이저가 등장하고 있지만, 조금 더 진화해야 한다.

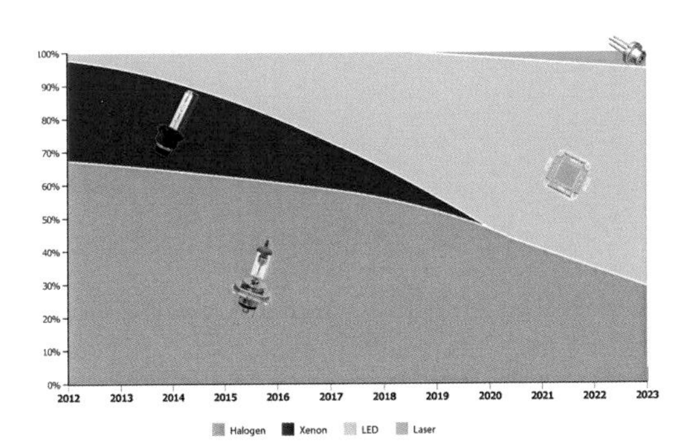

광원의 진화 : 밝아지고 수명이 길어짐

전기를 이용한 광원의 진화에 대해 살펴보겠다. 백열전구~실드 빔~할로겐 전구는 필라멘트를 사용한다. 방전등은 아크방전, LED는 반도체가 발광한다. 밝고 전력 소비는 적으며, 수명은 길다.

본문&사진 : 마키노 시게오

할로겐/방전등, LED의 색 비교

위에서부터 할로겐, 방전등, LED 빔을 비춘 모습이다. 할로겐 전구는 노랗게, 방전등과 LED는 흰색으로 보인다. 같은 흰색이라도 LDE 쪽이 더 하얗기 때문에 광량(光量)이 같을 때는 LED가 20% 정도 밝게 느껴진다.

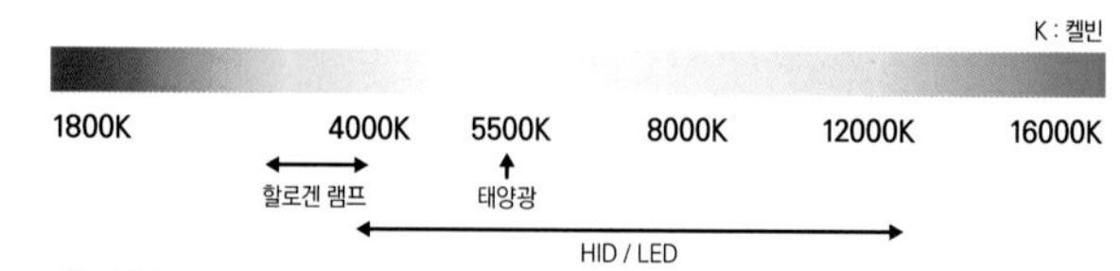

색온도

방전등이나 LED 빛은 하얘서 태양광 색온도에 가깝다. 황색 할로겐 전구와 비교해 시인성이 높을 뿐만 아니라 할로겐 전구보다 훨씬 밝기 때문에 안전성이 향상된다.

 백열전구 Incandescent Bulbs | 필라멘트의 열에 의한 복사(輻射)를 이용

1900년대 초기부터 80년 무렵까지 사용되었다. 수명이 길어서 유리관 안에 (불활성가스인) 아르곤 가스를 저압으로 봉입한다. 텅스텐 필라멘트에 전기를 흐르게 하면 필라멘트의 온도가 상승하면서 발광한다.

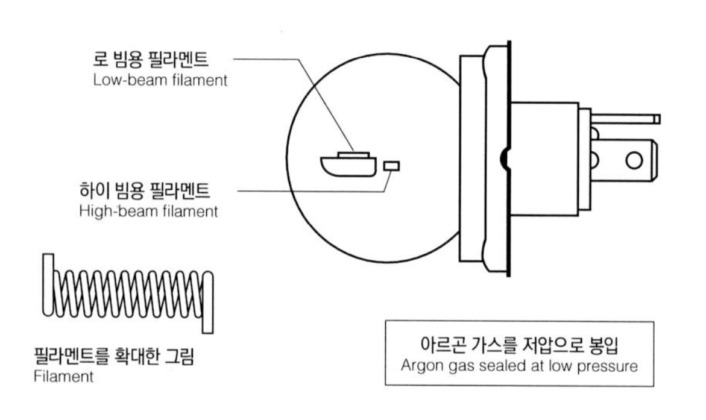

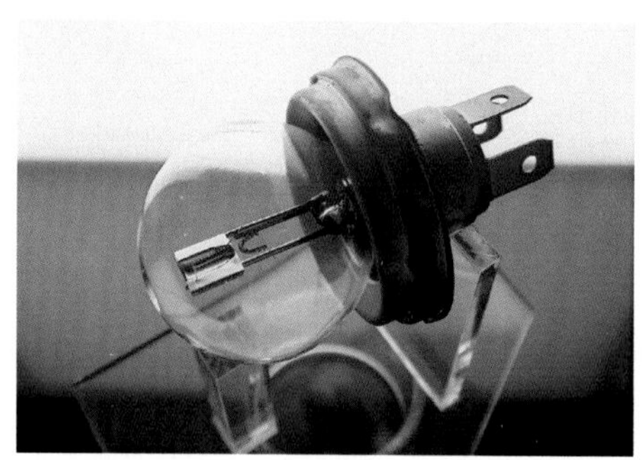

발광 원리

통전
▼
텅스텐 필라멘트 온도상승, 백열
▼
발광

밝기

광원광속 : 700lm

수명

150시간

 실드 빔 All-Glass Sealed Beam Units | 백열전구 자체가 램프 장치

장치 자체가 큰 백열전구이다. 발광 원리는 백열전구와 똑같지만, 백열전구보다 내부용적이 크기 때문에 필라멘트의 증열(蒸熱)로 인한 유리 면의 흑화(黑化)가 적고 수명이 길다는 것이 특징이다. 전면 렌즈에 스텝을 설치해 배광을 제어한다.

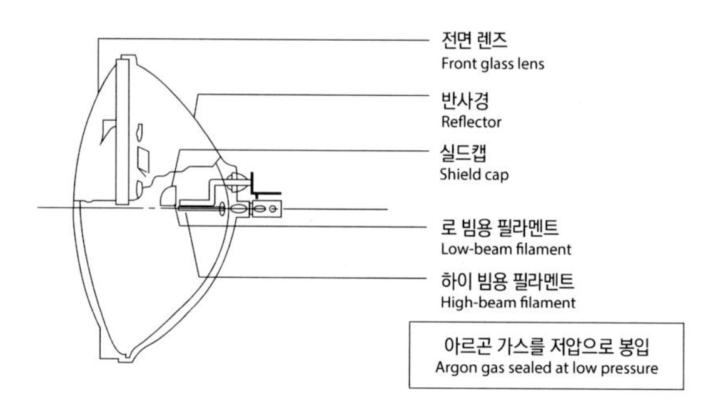

발광 원리

통전
▼
온도상승, 백열
▼
발광

밝기

광원광속 : 700lm

수명

300시간

❸ 할로겐 전구 Halogen Bulbs | 가스를 고압으로 봉입해 밝기와 수명을 향상

할로겐 가스를 고압으로 봉입해 필라멘트 온도를 높임으로써 밝기가 향상. 필라멘트에서 증발한 텅스텐이 식을 때, 할로겐 가스와 결합해 필라멘트에 다시 달라 붙는 할로겐 사이클 효과로 인해 수명이 길어진다.

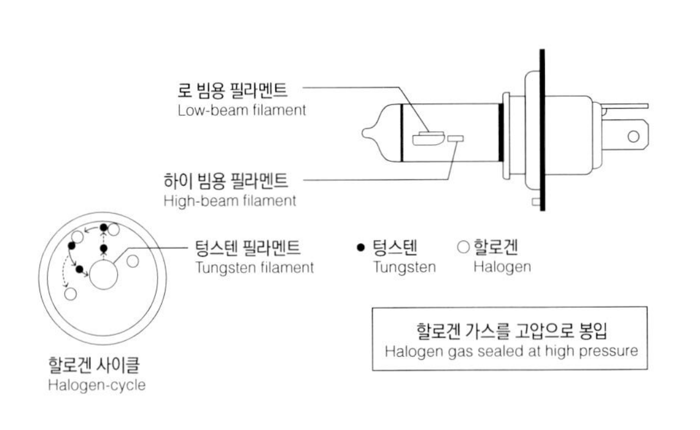

발광 원리

통전
▼
텅스텐 필라멘트 온도상승, 백열
▼
발광

밝기

광원광속 1000lm

수명

1000시간

❹ 가스 방전 등 (크세논/HID) Discharge Bulbs | 전극 사이에서 아크를 방전시켜 발광

전극 사이에 고전압을 인가(印加)하면 아크방전이 시작된다. 발광 관내의 온도가 올라가면 금속 요오드화물이 증발하면서 금속 고유의 빛을 내며 발광한다. 그 색을 섞어 백색광을 얻는다. 안정적일 때는 약 40V의 구형파의 교류로 점등을 유지해야 해서 전용 제어회로를 필요로 한다.

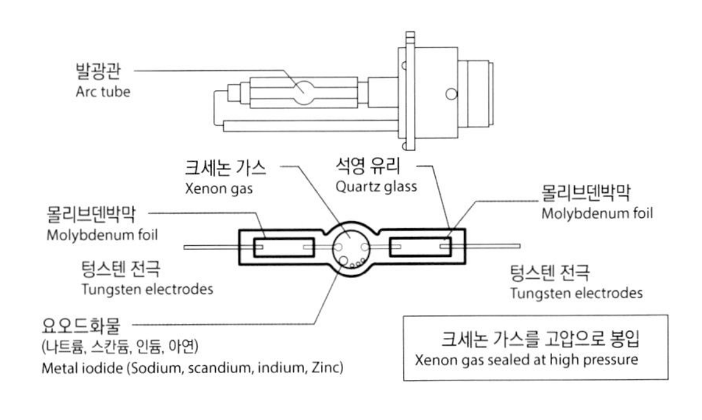

발광 원리

전극 사이에 고전압(약 20kV)을 인가
▼
아크방전 시작
▼
발광 관내 온도상승, 금속 요오드화물 증발
▼
백색발광

밝기

광원광속 3400lm

수명

3500시간

❺ LED Whit LED for Headlamp | 열 손실이 적어 효율이 높고 수명도 길다.

LED 칩에 전압을 인가하면 칩에서 청색광이 발광(즉, 청색 LED를 사용). 형광체인 황색을 섞어 백색광으로 변환한다. 수명이 길고 순식간에 점등하는 것도 특징. 정전류 제어를 위한 전용 제어회로를 필요로 한다.

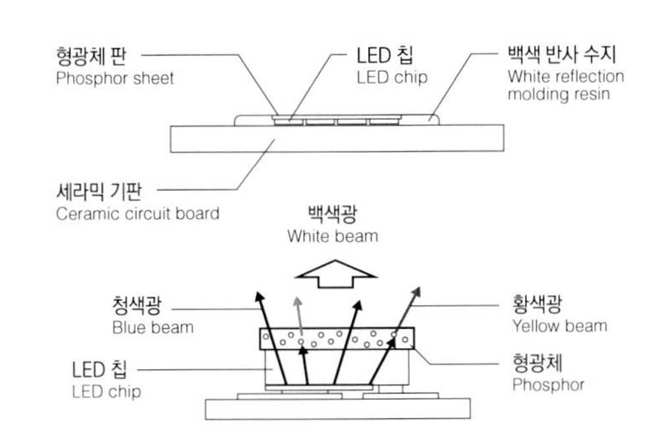

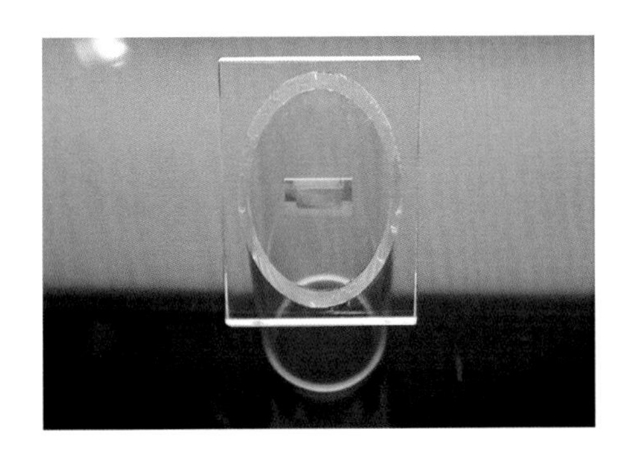

발광 원리

LED 칩에 전압을 인가
▼
LED 칩에서 청색광이 발광
▼
색광 일부가 형광체에 의해 황색광으로 변환
▼
청색광과 황색광이 섞여 백색 발광

밝기

광원광속 2000lm

수명

10000시간 이상

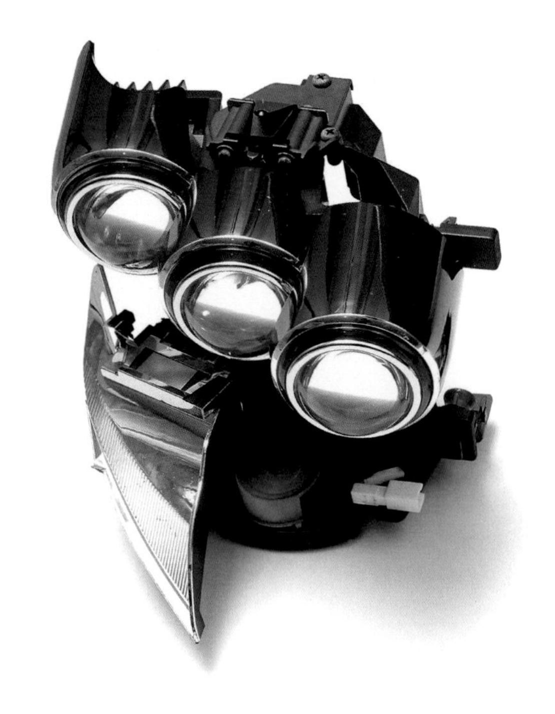

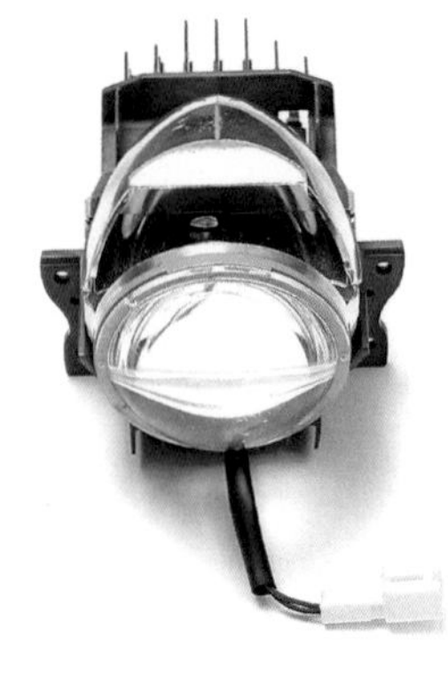

Illustration Feature
Next Generation of HEADLAMPS
TECHNOLOGY

LED 헤드램프의 진화 | 소형화 편

불과 몇 년 사이에 5개 등 ⇨ 1개 등으로 진화

코이토제작소가 세계 최초의 LED 헤드램프를 양산화한 것이 2007년의 일이었다.
당초에는 LED 5개 등으로 로 빔을 구성했지만, 2013년에는 1개 등으로 진화. 급속하게 소형화를 추진한 결과이다.

사진 : 미야카도 히데유키/세라 고타

코이토제작소는 2007년에 세계 최초로 LED 헤드램프를 양산했다. 위 사진의 가장 왼쪽에 있는 것이 그 헤드램프 장치로서, 렉서스 LS에 탑재했다. 3등식 프로젝터 렌즈가 눈길을 끌지만, 이것은 렉서스 측의 스타일링 요구 때문에 그렇게 디자인된 것일 뿐이고 LED 램프 자체는 5개이다. 이 5개 등으로 로 빔으로써의 기능을 충족시켰다. 5개 등이 아니면 필요한 밝기를 확보하지 못했기 때문이다. 기존의 광원과 비교해 효율이 높은 LED라고는 했지만, 현재의 수준과 비교하면 발광효율이 낮았다. 빛으로 변환되지 않고 열로 변환되는 전기 에너지가 많았고, 그 때문에 큰 방열판이 필요했다(열은 발광효율을 떨어뜨린다).

그 후 LED의 발광효율이 높아짐에 따라 09년의 제2세대 때는 3개 등으로 LED가 구성되었다(3세대 도요타 프리우스에 탑재). 11년의 제3세대 LED 헤드램프는 2개 등으로 구성(다이하츠 무브 커스텀 등이 탑재). 13년의 제4세대 때는 1개 등이 되었다(닛산 스카이라인, 도요타 카롤라 등이 탑재). 5개 등에서 1개 등으로 진화하기까지 불과 6년밖에 걸리지않았을만큼 개발속도가빨랐다는것을 말해준다.

14년에는 더욱 진화. 제5세대 때는 하이 빔과 로 빔을 한 개의 장치로 일체화했다(도요타 프리우스 등이 탑재). 17년에 양산된 최신 6세대에서는 냉각 팬을 없앴다(포드 머스탱에 탑재). 발광효율이 더 높아진 LED를 채택한 것 외에, 열을 발산시키는 방열판 효율을 높이고 광학계통의 효율을 높여 냉각 팬을 없애는데 성공했다. 그 결과 LED 헤드램프는 더 작아졌고 싸졌다. 헤드램프 장치만 작아진 것이 아니라 제어회로도 대폭 작아지고 가벼워졌다.

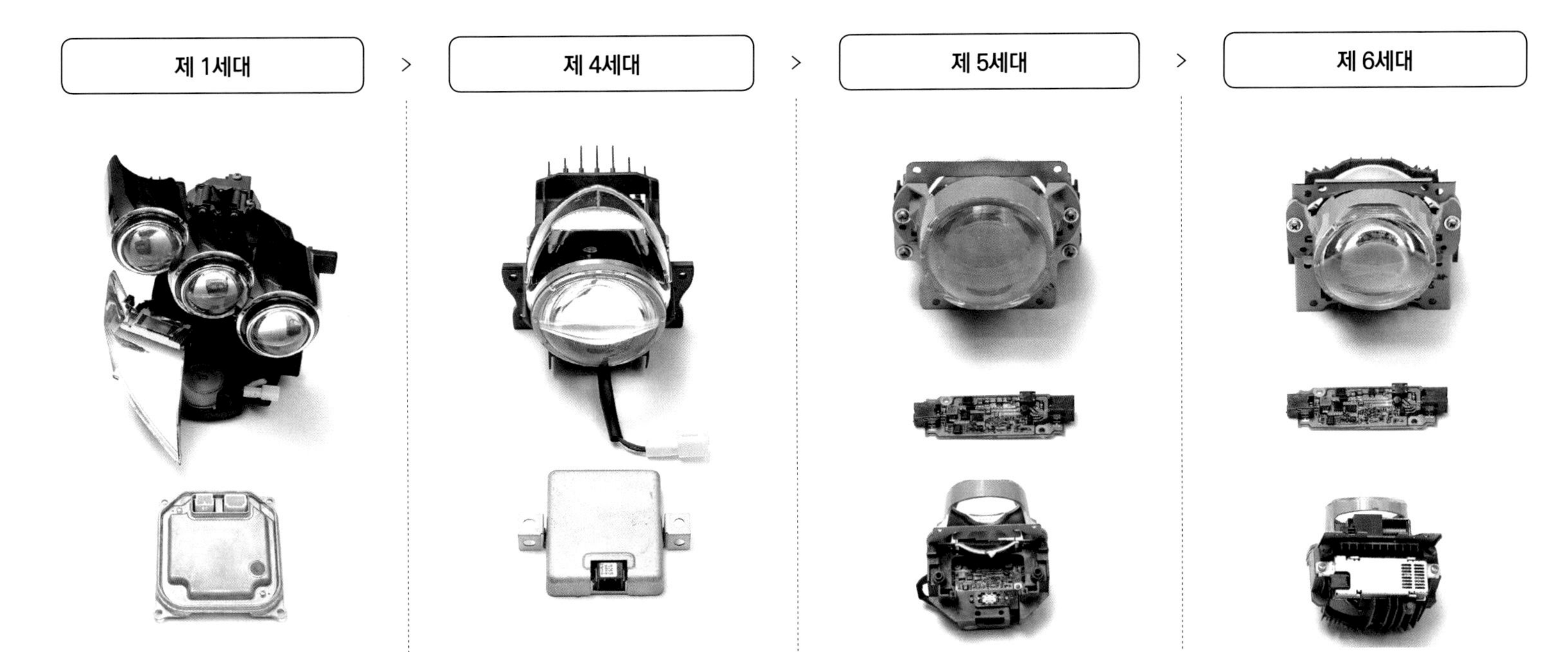

❶ LED 헤드램프의 진화

제1세대는 3열 프로젝터 렌즈 아래에 LED 2개가 배치된 타입으로, 총 5개 등으로 로 빔이 구성되어 있다. 제1세대는 1개 등으로 400lm(루멘 : 밝기의 단위로 「광속(光束)」을 나타낸다)을 발생시켰지만, 최신 세대는 1개 등으로 2000lm을 발생. 제1세대는 1개 등당 4칩을 사용. 제6세대는 5칩. 세대가 나아감에 따라 제어회로가 작고 가벼워지고 있다.

	제 1세대	제 2세대	제 3세대	제 4세대	제 5세대	제 6세대
도입년월	2007년	2009년	2011년	2013년	2014년	2017년
LED등 수	5개 등	3개 등	2개 등	1개 등	Lo / Hi 1개 등	Lo / Hi 1개 등
점등회로 크기	W100×D120×H18	W100×D120×H18	W58×D69×H17	W58×D69×H14	W85×D31×H12	※
점등회로 부품수	203	167	102	106	92	※
점등회로 무게	295g	290g	90g	80g	60g	※

※ = 미공개

❶ LED의 소형·경량화 변천

제1세대 5개 등으로 구성된 LED 로 빔 헤드램프는 1개 등마다 대확산, 중확산, 원거리 등과 같은 역할을 분담했다. 제어회로도 컸다. 발광효율이 높아짐에 따라 등수는 줄어든다. 뛰어난 발광효율은 똑같은 전류값을 흘렸을 때 빛이 되는 에너지가 많고 열로 바뀌는 에너지가 적다는 것을 의미한다. 발광효율이 상승하면 방열판은 작아져도 된다.

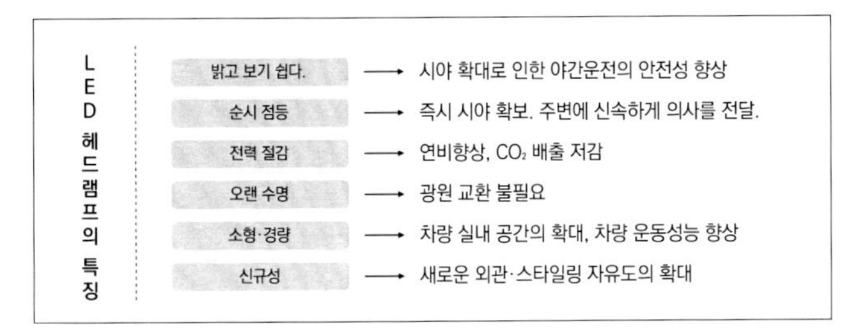

❶ LED 헤드램프의 개발 로드맵

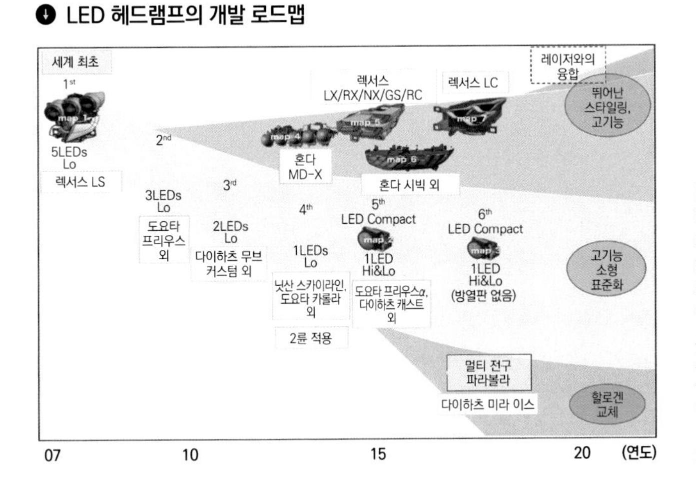

❶ LED의 순간적 점등성능

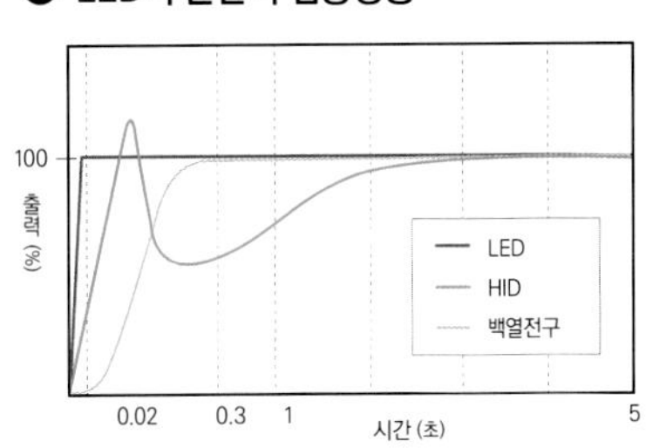

백열전구가 100% 밝기로 빛나기까지는 약 0.3초가 걸린다. HID는 점등되자마자 순간적으로 밝아지지만, 그 후 어두워졌다가 안정되게 밝아질 때까지는 약 2초가 걸린다. LED는 순간적(약 0.02초)으로 밝아진다.

❶ 각종 광원의 소비전력

	할로겐	HID	LED	
로 빔 (W)	110	90	56	할로겐 대비 ▲54W HID 대비 ▲34W
하이 빔 (W)	120	100	66	

할로겐 램프는 좌우 2개 등에서 110W의 전력을 소비하지만, LED는 56W면 되기 때문에(아직도 줄어들 여지가 있다) 54W를 절약할 수 있다. 소형차에서는 약 1%의 연비향상으로 이어진다.

LED 헤드램프는 프로젝터 렌즈 사용을 중심축에 놓고 의장성이나 기능성을 중시하는 방향(고비용)과 할로겐 램프의 대체를 염두에 두는 방향으로 나누어져 개발되고 있다. 할로겐 대체 타입은 프로젝터 렌즈 대신에 파라볼라(반사판)를 사용. 1개 등이 아니라 멀티 전구로 구성. 17년에 다이하츠 미라 이스가 채택.

❶ ↓ 각종 광원의 수명

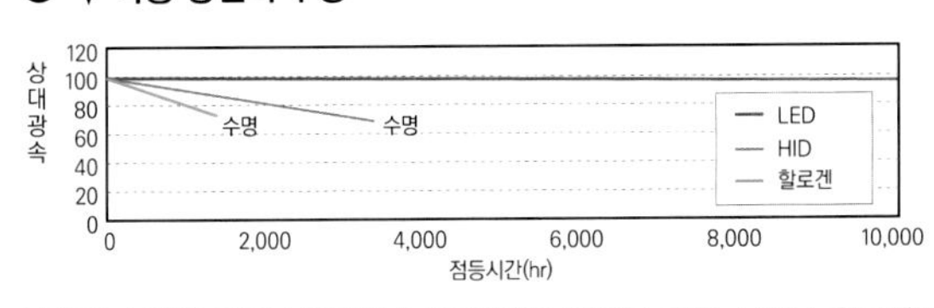

LED의 수명은 HID나 할로겐과 비교해 압도적으로 길다. HID나 할로겐이 점등시간이 오래되면 밝기가 희미해지지만, LED는 1만 시간 점등 후에도 밝기가 달라지지 않는다. 자동차를 사용하는 동안 광원을 교환할 필요가 실질적으로 없는 셈이다.

LED 헤드램프의 진화 | 가변배광 시스템 편

배광 제어를 통해 야간 시야를 확대

야간에는 항상 하이 빔으로 달리는 것이 편하지만, 맞은편 차량이나 선행 차량이 있으면 현실적으로 그렇게 하지 못 한다. 그래서 등장한 것이 ADB이다. 상시 하이 빔으로 주행하다가 맞은편 차량이나 선행 차량을 감지하면 그 부분만 배광을 차단한다.

사진 : 미야카도 히데유키 / 세라 고타

도로운송차량법 등에서는 하이 빔이 「주행용 전조등」으로, 로 빔은 「교차용 전조등」으로 규정되어 있다. 즉 교차용 전조등은 전방 40m, 주행용 전조증은 전방 100m 앞을 비출 수 있는 것으로 규정하고 있다. 법규제 상으로는 하이 빔으로 주행하는 것이 기본이지만, 맞은편 차량이나 선행 차량이 있어서 상대편 운전자의 눈이 부시게 할 가능성이 있을 때는 일시적으로 로 빔으로 전환하는 것이 맞다. 로 빔으로 주행하는 것이 기본이고 일시적으로 하이 빔으로 전환해야 하는 것으로 많이들 알고 있지만 그렇지 않은 것이다.

그런데 실제로는 그렇게 되지 않는 경우가 많다. 맞은편 차량이나 선행 차량을 확인할 때마다 레버를 조작해 하이 빔을 로 빔으로 전환하는 것이 번거롭기 때문이다. 그래서 등장한 것이 ADB이다. Adaptive Driving Beam의 약자로, 하이 빔의 배광을 가변제어하는 기술을 말한다. 일본의 교통사고 사망자는 해마다 줄어드는 경향에 있지만, 자동차에 승차 중이던 사망자는 크게 줄어드는 반면에 보행 중이던 사망자의 감소 추세는 더딘 편이어서, 2008년 이후에는 보행 중이던 사망자 수가 자동차에 승차 중이던 사망자 수보다 많다.

보행자의 사망사고 사례를 분석해 보았더니, 야간에 도로를 횡단하다가 발생하는 사고가 압도적으로 많았고, 왼쪽보다 오른쪽에서 횡단했을 때의 사망 사례가 많은 것으로 조사되었다. 이것은 맞은편 차량의 운전자가 눈부시지(眩惑) 않게 로 빔의 우측은 배광을 차단하는 것이 원인 가운데 하나로 생각할 수 있다. 반대로 하이 빔으로 달리는 기회를 늘리면 보행자 사고는 줄어들 수 있다는 것이다.

ADB는 (충돌피해 경감기능 등에 이용하는) 카메라와 연동해 작동된다. 카메라가 맞은편 차량이나 선행 차량을 감지하면 대상 범위만 하이 빔 영역을 차단한다. 다른 영역은 그대로 비추어도 맞은편 차량이나 선행 차량 운전자가 눈부시지 않기 때문에 하이 빔이 가진 원거리 조사 기능을 유지할 수 있다. 운전자는 기능을 켜놓기만 하면 된다. ADB는 셔터 셰이드 방식, 로터리 셰이드 방식을 거쳐 어레이 방식(어떤 방식이든 광원은 LED이다)이 주류를 이루고 있다.

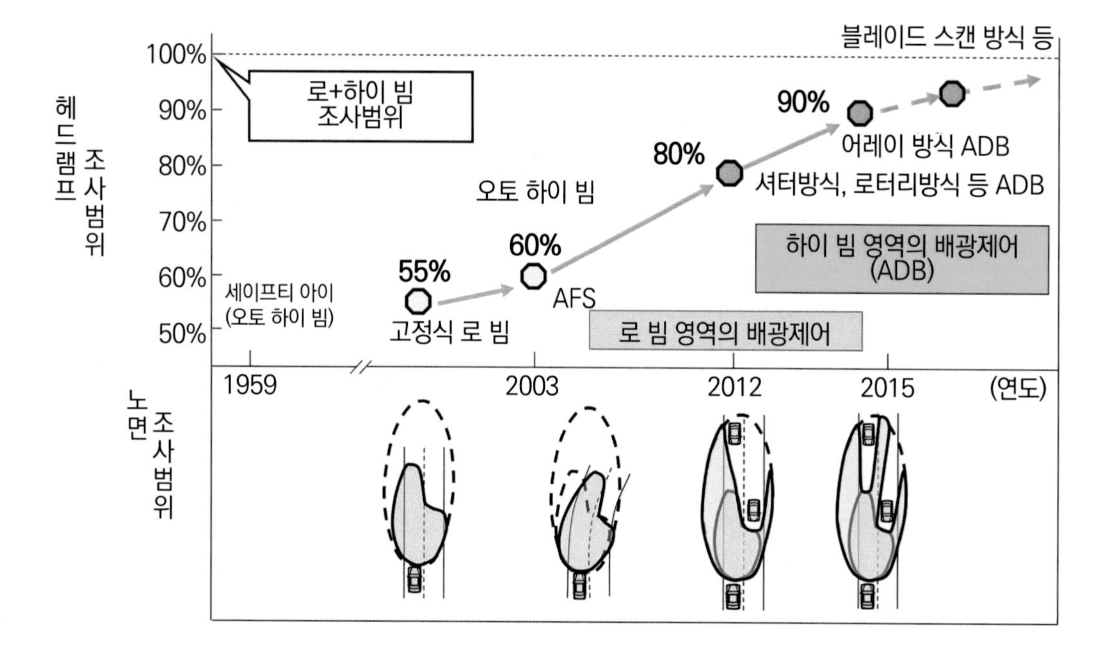

배광제어를 통한 야간 시야 확대 변천

로 빔과 하이 빔을 합친 조사범위를 100%로 보았을 때, 좌측 그림 상으로는 로 빔이 55%를 차지한다. 이것을 100%에 가깝게 근접시키는 것이 ADB 개발의 목표이다. 셔터 셰이드 방식/로터리 셰이드 방식의 ADB 단계에서는 80%를 차지하고 어레이 방식으로 하면 90%가 된다. 세이프티 아이는 코이토제작소가 1958년에 실용화한 최초의 오토 하이 빔(하이/로 자동전환)이다.

ADB의 원리 사진은 손전등 빛을 맞은편 차량의 헤드램프에 비춰서 11가지로 분할(segment)되는 어레이 방식의 ADB 기능을 시연한 것이다. 손전등 빛을 카메라가 감지하면 ECU에서 연산해 LED를 부분적으로 소등하는 식으로 대상물을 차광(遮光)한다. 그 이외는 하이 빔 그대로이다.

1 AFS [Adaptive Front lighting System] (2003년~)

로 빔의 조사 축을 좌우로 회전

이름에서 알 수 있듯이 로 빔의 배광 가변 시스템이다. AFS는 코이토제작소가 2003년에 세계 최초로 양산화한 바 있다. 로 빔 장치가 스위블 액추에이터와 일체화되어 있고, 속도와 조향각을 통해 ECU가 연산한다. 조사 축(照射 軸)을 좌우로 회전시켜 최적의 방향으로 로 빔을 조사한다. 코너에 진입할 때는 코너 앞이 조사되기 때문에 보기가 쉬워진다. 스위블(swivel: 회전)장치라고도 한다.

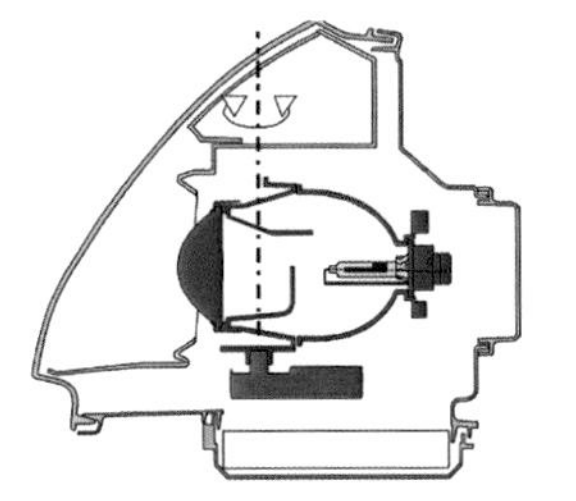

AFS의 구성 로 빔 장치(그림은 가스 방전등과 프로젝터 렌즈의 조합) 아래에 있는 스위블 액추에이터를 사용해 장치를 회전시켜 조사 방향을 좌우로 움직인다.

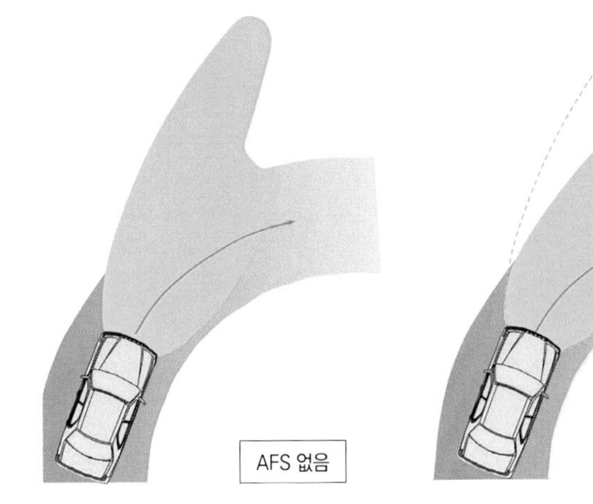

AFS의 작동 조향각 정보를 통해 차량이 선회상태에 있다고 판단하면 조사 축을 회전시켜 진행 방향(시선 방향)으로 빛을 쏜다. 광원으로 LED를 이용한 장치 도 있다.

2 셔터 방식 ADB (2012년~)

하이 빔 영역을 부분적으로 차단

LED 램프 장치에 셔터 셰이드 유닛과 스위블 액추에이터를 조합해 구성. 좌우 램프의 셔터를 다 닫으면 로 빔, 다 열면 하이 빔이 된다. 좌측 램프의 셔터를 왼쪽만 여는 동시에 우측 램프의 셔터를 오른쪽만 연 상태에서, 각각의 장치를 회전시킴으로써 맞은편 차량 부분만 차광한 상태로 상대방의 움직임을 추적한다.

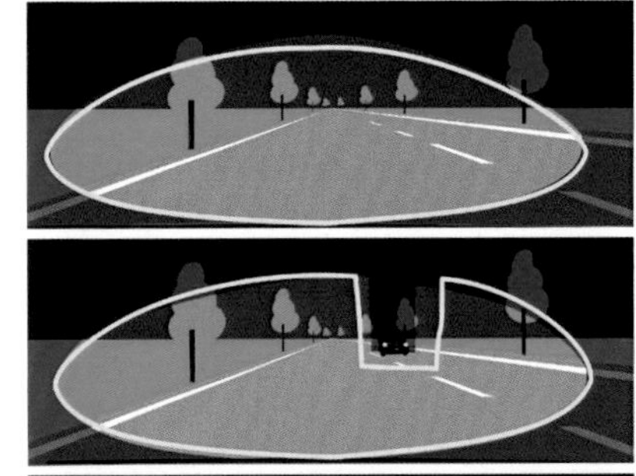

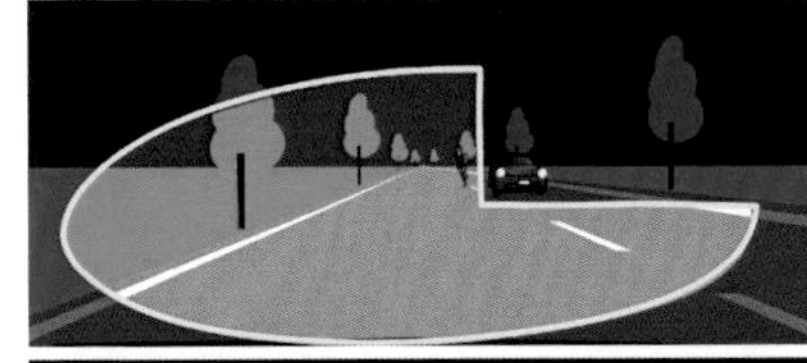

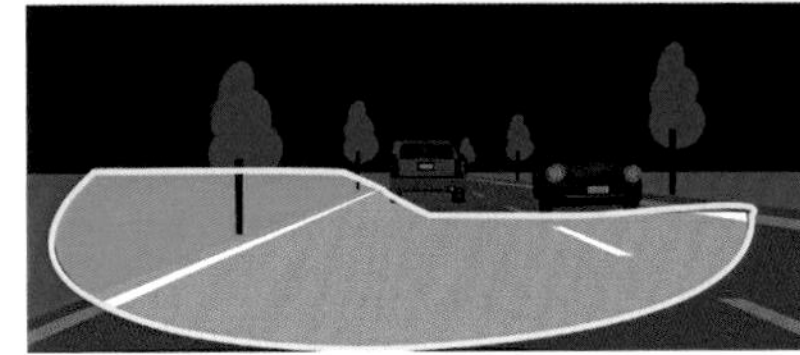

배광 방식 위에서부터 순서대로 하이 빔, 스플릿 하이 빔, 2분할 하이 빔, 로 빔 상태이다. 맞은편 차량의 움직임에 맞춰 셔터 셰이드의 개폐를 제어하는 동시에 장치를 회전시킨다.

셔터 장치 사진은 좌측 램프의 왼쪽 셔터가 열린 상태. 셔터는 2개의 모터로 개폐한다. 이 상태에서 셔터 장치별로 회전시켜 대상물의 움직임을 추적하도록 한다.

❸ 로터리 셰이드 방식 ADB (2015년~)

셰이드의 회전동작을 통해 일부 차광

셔터 셰이드 방식보다 ADB를 싸게 만들기 위해 개발한 것이 로터리 셰이드 방식이다. 스위블 액추에이터를 없애고 로터리 셰이드의 회전 동작으로만 로 빔, 하이 빔, 하이 빔의 일부 차광이 되도록 한다. 2015년에 스바루 포레스타가 처음으로 코이토제작소 제품을 사용했다. 구조의 간소화를 통해 단가를 낮추면서 사용 차종을 확대하겠다는 계획이다.

싱글 타입 Single	ADB(로터리) 타입 ADB(Rotary)	AFS 타입 AFS	바이 펑션 타입 Bi-Function

➊ 로터리 셰이드 방식 제품들

코이토제작소의 제품은 프로젝터 렌즈와 LED 램프 장치를 공통화한 것이다. 서브 장치를 교환하면 바이 펑션(두 가지 기능)으로 하거나 AFS, ADB로도 전환할 수 있다. 호환성을 갖춰 단가 인하를 실현했다.

➋ 로터리 셰이드

로터리 셰이드를 움직이는 1개의 스위블 액추에이터만으로 차광과 맞은편 차량에 대응하게 한다. 회색 부품이 로터리 셰이드이다. LED 1개로 로/하이 빔 두 가지 기능이 가능하다.

❹ 어레이(Array) 방식 ADB (2015~)

LED 칩의 점소등(点消燈) 제어를 통해 배광을 가변화

스위블 액추에이터를 이용하지 않고 다수 배열한 LED 칩의 점소등을 통해 배광을 바꾸는 방식이 어레이(Array:배열) 방식 ADB이다. 2015년에 마쓰다 아텐자에서 처음으로 사용된 코이토제작소의 제품은 LED 11 칩을 4가지 그룹으로 제어했었지만 2016년의 마쓰다 데미오 등에 탑재된 제품은 11개 독립 타입이다. 즉 11가지로 분할해 차광범위를 세밀하게 제어할 수 있다.

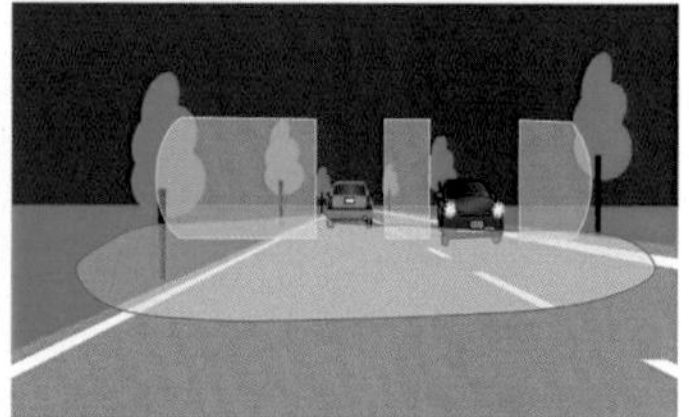
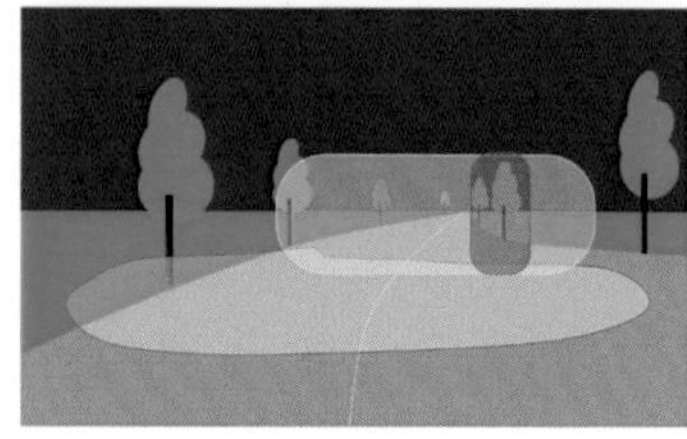

➊ 배광 종류

위에서부터 하이 빔, 복수 영역 차광, 전자 스위블 기능, 로 빔.
「전자 스위블~」은 코너 안쪽을 밝게 비추는 유사 스위블 기능이다. 또한 보행자에게 주의를 환기하기 위해서 하는 보행자 스폿(Spot) 조사는 가까운 장래에 실용화를 목표로 하고 있다.

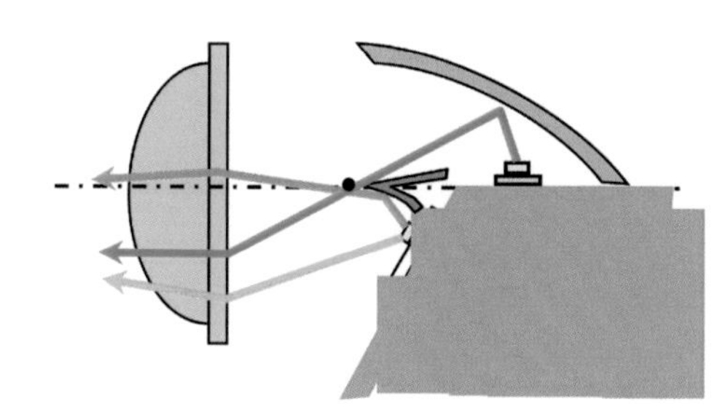

➋ 로 빔 일체형

기존에는 LED의 로 빔에 하이 빔 ADB를 추가해 구성했지만, 코이토제작소는 16년에 로 빔 일체형 ADB를 개발한다. 마쓰다 데미오에 사용하고 있다.

➌ LED 어레이

코이토제작소의 LED 어레이. LED 칩이 가로 1열에 11개가 배치되어 있다. 이들 칩의 점소등을 개별적으로 제어해 맞은편 차량이나 선행 차량의 영역을 차광한다.

LED 헤드램프의 진화 | ADB 다중 분할 편

차세대 ADB는 다중 분할에서 고도의 세분화로

야간에는 시야가 확대되는 것이 좋다. 또 항상 하이 빔을 점등한 상태로 달리고 싶을 것이다. 그것을 실현하는 것이 ADB이다. ADB의 기능을 높이려면 조사범위의 분할을 세분화할 필요가 있다. 다만 비싸진다는 것이 고민이다.

사진 : 미야카도 히데유키 / 세라 고타

ADB(가변배광 시스템) 개발 방향성 가운데 한 가지는 조사범위의 분할(segment)을 세분화하는 것이다. 코이토제작소의 어레이 방식 ADB 같은 경우, 현재는 11개의 LED 칩을 개별적으로 제어해 11 세그먼트를 실현하고 있다. LED 칩을 배로 늘려서 개별적으로 제어하면 22 세그먼크가 된다. 분할을 세분화하지 않으면 세그먼트에 따라 맞은편 차량의 폭보다 넓은 범위에서 감광(感光)할 필요가 있지만, 분할을 세밀하게 하면 더 치밀한 제어가 가능하다. 맞은편 차량 2대와 연속해서 지나칠 때 분할이 조잡하면(세그먼트의 수가 적으면) 「바로 앞쪽 차량+차간거리+뒤쪽 차량」을 합친 영역을 감광해야 하는데 세그먼트가 세밀하지 않으면 「차간거리」 부분이 감광되지 않고 지나치는 경우가 많다.

가로로 일렬이었던 LED 배열을 위아래로 배치하면 더 세밀한 제어가 가능하다. 가로 일렬 배열의 경우 맞은편 차량 부분을 감광하면 실제로는 계속해서 조사해도 상관없는 위쪽까지도 감광이 된다. 가로 방향뿐만 아니라 위아래 방향의 조사범위까지 분할하면 맞은편 차량의 윤곽을 지운 것처럼, 군더더기가 없는 감광이 가능해지는 것이다.

메르세데스 벤츠는 E클래스에서 84 세그먼트의 ADB를 채택했다. 기판에는 가로로 늘어선 LED 칩 열이 위아래 3단으로 배치되어 있다.

상하좌우 분할을 더 세밀하게 해 200 세그먼트, 300 세그먼트의 어레이 방식 ADB를 개발하는 것도 가능하다. 문제는 제어하는 회로의 단가가 높아지는 것인데, 프리미엄 브랜드같이 한정된 모델이라면 모를까 일반 대중적 차량에까지 적용하기는 어렵다. 그래서 각 램프 제조사는 저가로 고정밀 ADB를 실현하기 위해 연구 중이다. 코이토제작소가 개발하는 기술 가운데 하나는 블레이드 스캔 방식의 ADB이다. 소량의 LED로 고정밀도의 제어가 가능하다는 점이 특징이다.

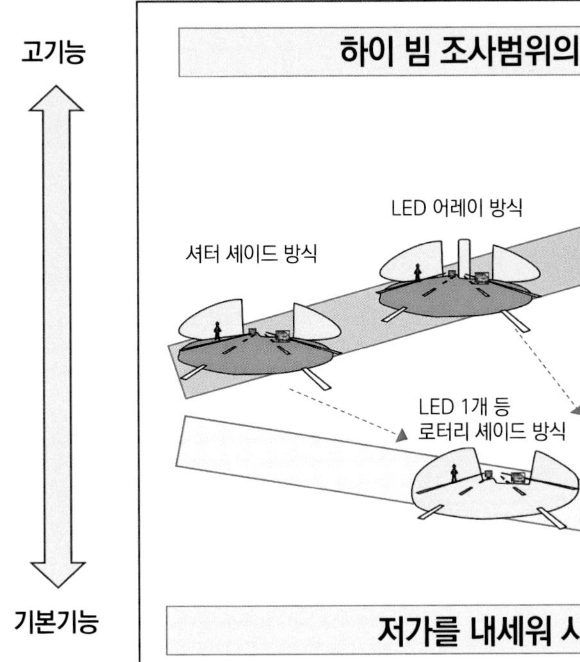

ADB개발 로드맵

ADB는 셔터 셰이드 방식, 로터리 셰이드 방식을 거쳐 LED 어레이 방식으로 모아지고 있다. ADB의 사용 편리성을 높이는 방법으로 현재의 두 자릿수 세그먼트 수를 세자리까지확대하는방향으로개발 중이다. 다만 이런 방향의 개발은 원가상승으로 이어지기 때문에 낮은 가격에 고세분화된 제어를 실현하는 기술개발로 대처하려는 경향을 띠고 있다. 복수의 방식을 생각 할 수 있지만 어떤 식으로든 가상의 노면 등과 같이 자율주행 시대를 염두에 둔 기능을 적용하고 있다.

● 초다분할 LED 어레이 방식 ADB

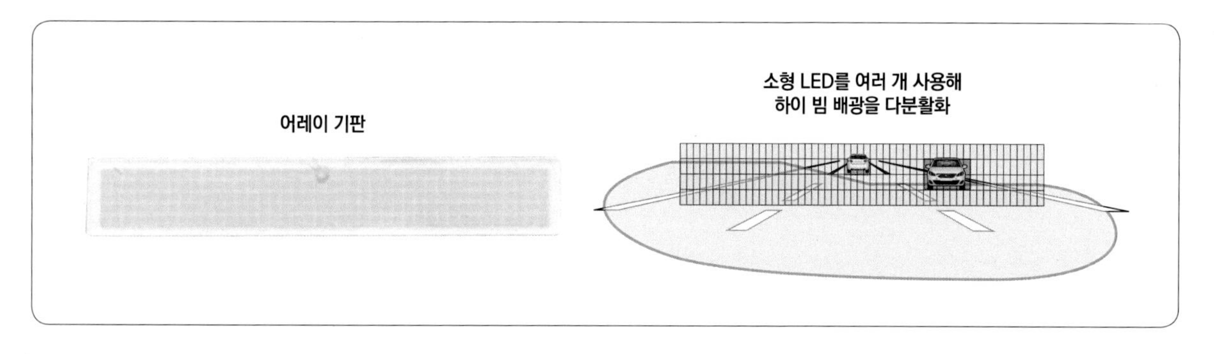

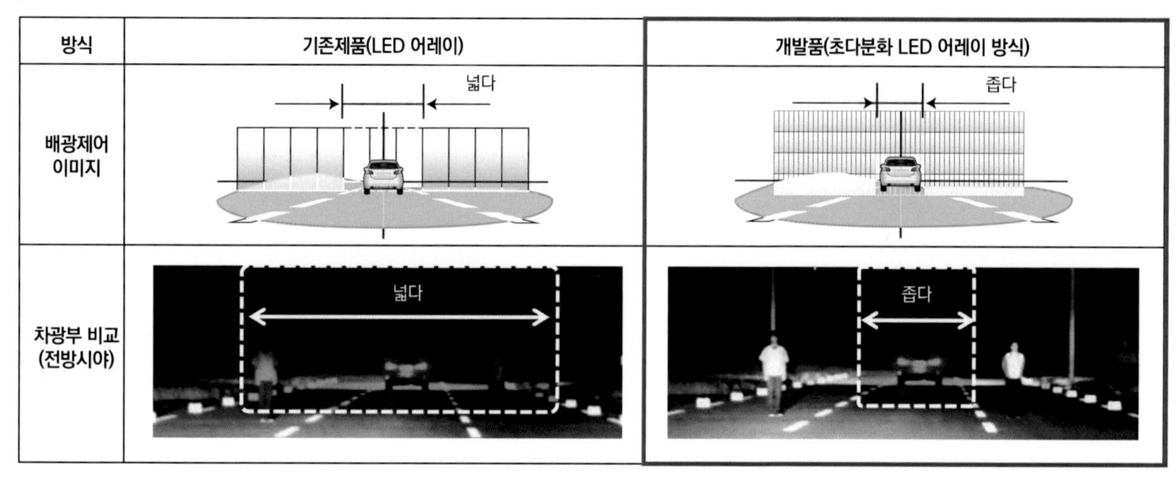

방식	기존제품(LED 어레이)	개발품(초다분화 LED 어레이 방식)
배광제어 이미지	넓다	좁다
차광부 비교 (전방시야)	넓다	좁다

현재 양산되고 있는 어레이 방식 ADB는 가로 일렬에 LED 칩을 배열해 개별적으로 제어한다. 배광제어를 세밀히 하기 위해 LED 어레이를 초다분할로 하는 기술개발 방향이 있다. 가로 방향뿐만 아니라 상하 방향으로도 세밀하게 분할해 정말로 감광하고 싶은 영역만 감광할 수 있게 됨으로써 야간 주행 안전성이 높아진다. 이런 방향성의 단점은 가격이 비싸진다는 점이다.

● 블레이드 스캔 방식 ADB

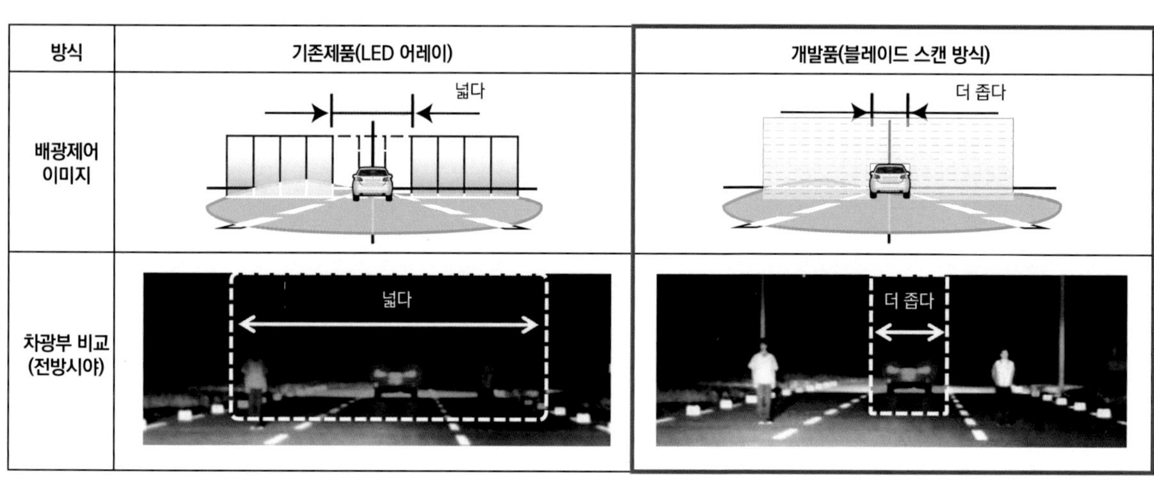

방식	기존제품(LED 어레이)	개발품(블레이드 스캔 방식)
배광제어 이미지	넓다	더 좁다
차광부 비교 (전방시야)	넓다	더 좁다

왼쪽사진은 블레이드스캔방식ADB의 테스트 제품을 갖고 시연한 모습이다. 고속으로 회전하는 반사판과 LED를 조합한 구조. 블레이드가 회전하면 반사판에 비치는 각도가 바뀌면서 반사하는 각도도 바뀐다. 그러면서 차량 앞쪽을 비추어 배광하는 것이다. 잔상효과로 인해 넓은 범위가 비추어지는 것처럼 보인다. 광원의 점소등을 반사판의 회전 위치에 맞춰 변화시킴으로써 임의의 배광 패턴을 만드는 구조이다. 가상의 노면도 가능하다. 소량의 LED 칩으로 세밀하게 배광하는 방식으로는 블레이드 스캔 방식 외에 DMD(Digital Mirror Device) 방식(메르세데스 벤츠가개발중), LCD방식(헬라가개발중) 등이 있다.

1 코이토제작소 KOITO

다가오는 자율주행 시대를 대비

LED 헤드램프가 실용화되면서 광량을 늘리는 개발로부터 해방되었다.
앞으로는 할로겐 전구를 대체하기 위한 단가 인하 노력이 급선무이다.
자율주행 시대에 대비해 시스템이 주위를 쉽게 인지하는 램프의 개발을 연구하고 있다.

사진 : 미야카도 히데유키 / 세라 고타

LED는 밝아서 잘 보이고, 순식간에 점등되기 때문에 터널에 들어갔을 때는 바로 시야가 확보된다. 테일램프에 사용하면 후속 차량에 의사를 빨리 전달할 수 있어서 안전성 향상에도 도움이 된다. 또 소비전력이 적어서 연비도 향상되고, 다른 광원과 비교해 수명이 압도적으로 길어서 자동차의 수명이 다할 때까지 교환할 필요가 없다. 작고 가벼워서 운동성능 향상이나 차량 실내공간 확대에 이바지할 뿐만 아니라 스타일링의 자유도 높아진다. 이런 여러 가지 장점들 때문에 코이토제작소에서는 「모든 광원을 LED로 교체」라는 목표를 정하고 개발에 매진하고 있다.

구체적인 대처 가운데 하나가 할로겐 램프 교체를 위한 멀티 전구 파라볼라 LED이다. 후방등 LED를 매우 싸게 제공하는 작업도 시작한 상태로서, 백열전구를 바꿔서 사용할 수 있는 LED 소켓의 양산화도 이미 끝났다. 소비전력을 70%나 줄일 수 있는 데다가 빛을 유도하는(導光) 기술을 통해 다채로운 빛을 연출할 수 있다.

「당사가 국내에서 수주한 물량을 따져보면 16년도에 약 50%가 LED였습니다. 이것이 몇 년 안에 70%까지 높아집니다. 나머지는 할로겐이고요. 가스 방전등은 전에 수주한 물량이 아직 남아 있기는 하지만 조만간 완전히 없어질 것 같습니다. 몇 년 후에는 세계적으로 봐도 약 40%가 LED로 바뀔 겁니다. 현재의 수주전망보다도 더 많이 LED로 바뀔 것으로 생각하고 있습니다」

코이토제작소의 요코야 유지 부사장은 LED 시대의 도래를 이렇게 설명한다.

「코이토가 LED에서 압도적으로 앞선 것은 LED 제조사와 같이 개발하고 있어서 성능이 뛰어나다는 점에 있습니다. LED의 발광 효과가 좋아진 것이 매우 크죠. 그래도 열은 반드시 발생합니다. 그것을 어떻게 방열할지가 문제인 것이죠. 램프 안의 공기 흐름이나 효율적으로 냉각할 수 있는 방열판 설계, 거기에 광학계통도 중요합니다. LED에서 나오는 빛을 100% 정면으로 내보내기 위해 노력하고 있습니다. LED 칩, 방열판, 광학계통 이 3가지가 LED 헤드램프의 가치를 결정합니다」

맞은편 차량이나 선행하는 차량의 운전자에

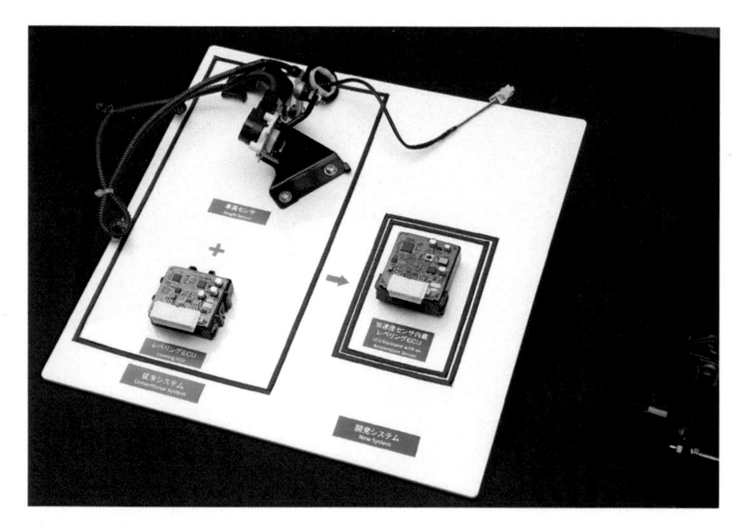

❶ **가속도 센서를 내장한 오토 레벨링 시스템**

오토 레벨링 기능을 작동하려면 기존에는 기계적으로 차고를 검출하는 차고 센서와 ECU가 필요했다. 코이토제작소가 양산화한 시스템은 가속도 센서를 ECU에 내장함으로써 차고 센서와 하니스 종류가 필요 없게 되었다.

❷ **자율주행에 대응하기 위해 센서를 램프 장치에 내장**

자율주행에 필요한 센서를 헤드램프 장치에 내장한 모델. CES2017에 전시했었다. 사각(死角)이 최소화되는 위치에 설치할 수 있다는 점과 헤드램프 클리너로 센서를 깨끗하게 할 수 있다는 장점도 있다.

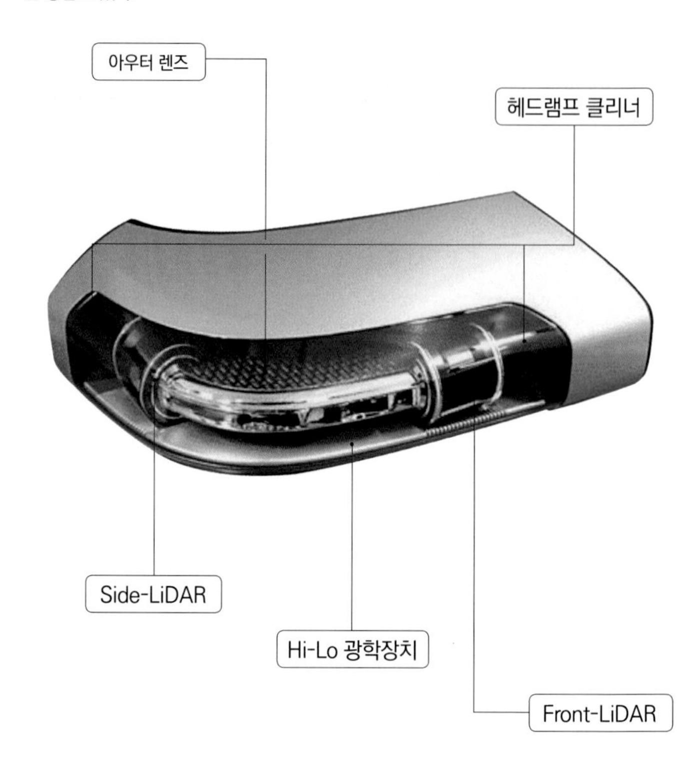

❸ **파라볼라 LED**

할로겐 전구에서 LED로의 교체를 촉진하는 제품이 LED 멀티 전구 파라볼라 헤드램프이다. 사진은 다이하쓰 미라이스에 장착된 모습이다. 냉각 팬 없이 하이/로 빔 일체 1개 등 타입이 프로젝터 렌즈를 사용했던 타입의 최신 모델이다. 그런 한편으로 파라볼라 방식은 낮은 단가와 독자적 디자인 측면을 다 갖추고 있다.

게 방해가 되지 않도록 조사광(照射光) 높이를 자동으로 일정 높이로 유지해 주는 오토 레벨링 시스템도 개량하고 있다. 기존제품은 리어 서스펜션에 차고 센서를 장착해야 했다. 이 차고 센서가 검출한 정보는 와이어 하니스를 통해 ECU로 보내진다. 차고 센서는 돌이 튀거나 얼음이 달라붙을 우려가 있는 가혹한 환경에 노출되기 때문에 안전하게 장착할 필요가 있다.

코이토제작소가 개발한 새로운 오토 레벨링 시스템은 ECU에 가속도 센서를 내장하고 있다는 점이 특징이다. 이 가속도 센서를 통해 차량 앞뒤 방향의 경사도(피치각도)를 검출하기 때문에 기계적인 차고 센서를 장착할 필요가 없어진다. 하니스도 필요 없다. 자동차 회사 입장에서 해석하면 와이어 하니스나 차고 센서가 필요 없게 되고 평가도 필요 없게 되는 것이다. 원가절감뿐만 아니라 개발공정 절감 차원에서도 공헌도가 높은 제품이다.

앞으로 닥쳐올 자율주행에 대한 대응도 빈틈이 없다. 현재의 자동차는 운전자가 주위를 인지하고 판단한 다음 조작으로 넘어간다. 자율주행이 되면 차량 쪽 센서가 주위를 인지하게 된다. 차량에 탑재된 컴퓨터가 상황을 판단하고 조작까지 한다. 지금까지의 헤드램프는 주위를 쉽게 인지하는 장치의 역할을 중시해왔지만, 자율주행 시대의 램프는 센서가 쉽게 주위를 인지하도록 해주는 기능도 요구된다. 거기에 주위 차량이나 보행자와 소통하기 위한 기능까지 요구된다.

헤드램프에 센싱 기능을 통합하는 것이 코이토제작소의 제안이다. 이때 헤드램프는 운전자뿐만 아니라 센서가 쉽게 인지할 수 있는 빛을 쏘아준다. 구체적으로 말하자면 고도로 정밀한 ADB이다. 주위와 소통하기 위해서는 가상의 노면을 표시하는 기능도 필요하다. 이런 기능들을 헤드램프로 통합하겠다는 것이다. 나아가 카메라나 밀리파 레이더, LiDAR 등과 같은 각종 센서를 램프 장치로 통합할 계획이다. 차량의 네 구석에 위치하면서 사각(死角)을 최소화할 수 있는 램프는 센서가 위치할 장소로서도 최적이기 때문이다.

전자 미러 대응 카메라 클리너

측면이나 후방에도 전자 미러를 장착하려고 한다. 우측 그림은 번호판 모듈에 전자 미러용 카메라를 장착한 제품이다. 카메라에 물방울이 묻으면 잘 안 보이기 때문에 공기를 불어서 물방울을 제거하는 장치가 내장되어 있다. 물과 공기를 같이 사용하는 방식도 개발 중이다.

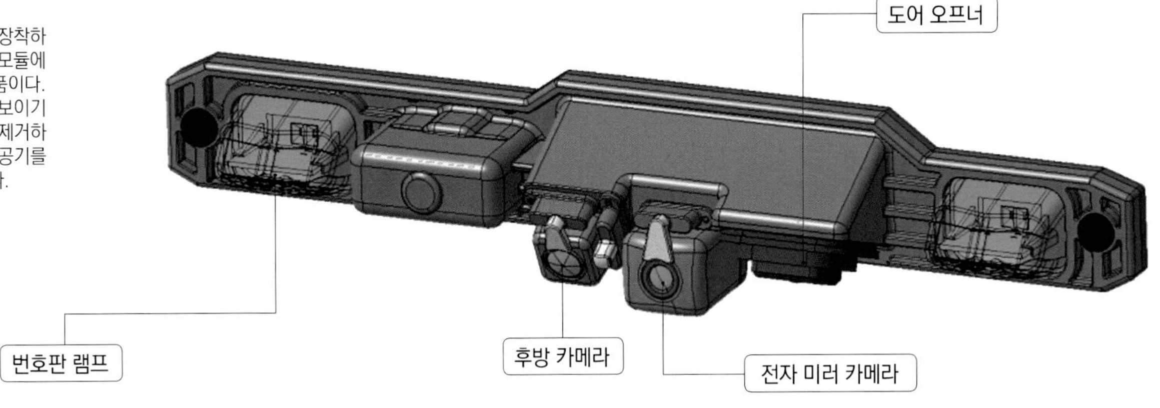

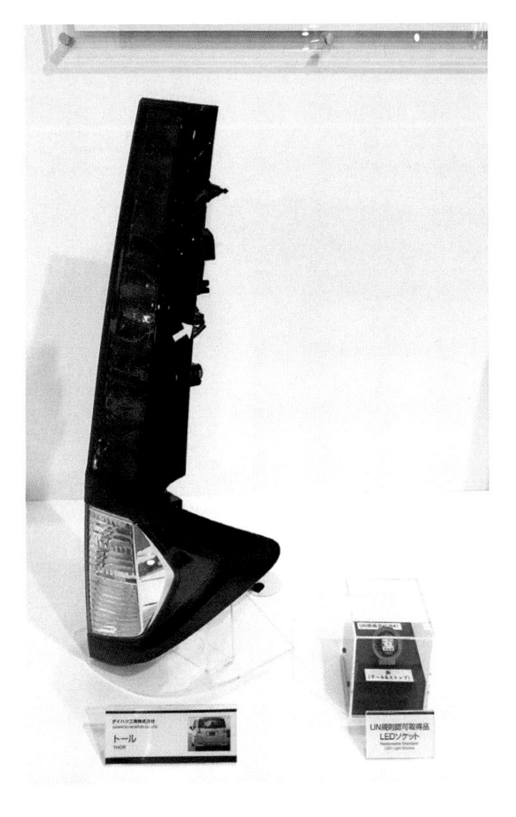

LED 소켓을 통해 전구의 대체를 촉진

백열전구와 똑같이 사용 편리성이 좋은 LED 소켓을 양산화했다. 호환성이 있어서 전 세계 표준제품으로 조달할 수 있다. LED 칩과 회로, 히트싱크(방열성 수지)가 하나로 되어 있다. 단순하게 사용하면 점으로만 비치기 때문에 이너 렌즈로 빛을 유도하는(導光) 식으로 사용한다.

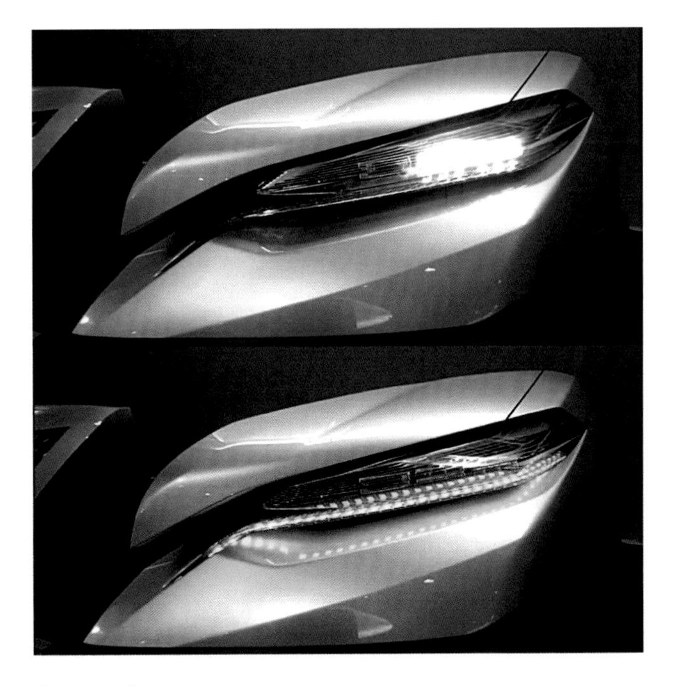

레이저 / OLED

2015년 도쿄 모터쇼 때 전시한 램프. 레이저(좌)는 가느다란 빔을 멀리까지 쏠 수 있다는 것이 장점이다. LED와 조합해서 사용될 것 같다. 우측 사진의 OLDE(유기EL)는 미래의 투명한 광원이 기대되는 제품이다.

주식회사 코이토제작소 부사장 겸 기술본부장,
연구소·지적재산권·모빌리티 전략부 담당

요코야 유지

주식회사 코이토제작소
기술본부
기구 시스템부
부장

나가무라 시게오

주식회사 코이토제작소
기술본부 제품개발부
부장

나가나와 유지

주식회사 코이토제작소
시스템 상품기획실
주관

호리 다카하시

주식회사 코이토제작소
연구소
주관

야마무라 사토시

2 스탠리전기 STANLEY

최신기술은 레이저·심리스(Seamless) 헤드램프

헤드램프의 역할이 야간 시야를 확보하는 장치에서 안전 시스템 일부를 구성하는 장치로 바뀌고 있다.
램프 제조회사로서 안전에 이바지하기 위해서는 어떻게 하면 좋을까. 스탠리전기는 이런 관점에서 개발에 임하고 있다.
사진 : STANLEY / MFi

백열전구뿐만 아니라 할로겐 전구조차도 어두웠던 것은 사실이다. 그래서 어떻게 하면 밝게 비출 수 있을까, 어떻게 하면 운전하기 쉬울지를 고민했다.

「당사에는 인간공학 그룹이 있어서 시각 연구를 하고 있습니다. 그냥 먼 곳만 비출 수 있다고 다가 아닌 겁니다. 가령 10m 앞쪽을 밝게 하면 인간은 더 밝게 느낀다든가, 인간의 시야는 몇 도나 될까 등등의 연구를 했던 것이 할로겐 시대였죠」

스탠리전기의 마쓰자키 마키오 매니저는 이렇게 설명한다. HID(방전등, 크세논 램프와 같은 의미)가 등장하면서 밝아졌다고는 하지만 그래도 밝게 비추는 연구는 필요했다고 한다. 상황이 결정적으로 바뀐 것은 LED가 나오고부터이다.

「처음에는 전력이 덜 든다고 방어는 하면서도 HID를 이기지 못했죠. 그러나 현재는 광량에서 완전히 HID를 능가하고 있습니다. 전력 절감도 물론이고요」

「LED가 되고 나서 또 하나 바뀐 것은 광원을 복수로 사용할 수 있게 되었다는 점입니다. 최근에는 하나의 LED 장치에 칩을 여러 개 나열한 다음 개별적으로 점소등하는 식으로 배광을 제어할 수 있게 되었습니다. ADB인 것이죠. 상당히 지능적으로 제어가 가능해졌습니다. ADB가 양산화된 무렵부터 차체 쪽 기기와 소통이 필요해지면서 현재에 이르고 있습니다」

옆에 있던 가이즈미 야스아키 이사는 LED가 나오면서 바뀐 것이 더 있다고 보충한다.

「램프를 설계하면서 고민했던 것이 열입니다. 할로겐이나 HID도 그랬습니다만 열로 인해 녹는 일이 없어야 하므로 램프가 커지는 겁니다. 거리를 확보해야 하기 때문이었는데 그러다보니 용적도 커질 수밖에 없었죠. 그러나 LED는 광원으로서의 효율이 높아서 열이 그다지 발생하지 않습니다. 그 때문에 지금까지 사용하지 못했던 수지 렌즈를 사용할 수 있게 되면서 광원과 렌즈를 근접시킬 수 있게 된 겁니다」

스탠리전기가 개발 중인 새로운 LED 헤드램프는 반사판을 이용하지 않고 수지 렌즈로만 구성되어 있다. 어떤 의미에서 최소한의 단위로만 구성된 LED 헤드램프(로 빔)인 것이다. 열을 식히는 방열판은 있지만, LED 칩에 렌즈를 씌워 놓기만 한 것이다. 알루미늄을 증

❶ **레이저 심리스 헤드램프 시제품**

광원으로 레이저를 이용한 스캔 방식의 심리스 헤드램프. 로 빔과 하이 빔의 경계 없이 「항상 하이 빔」이어야 하는 것이 콘셉트이다. 카메라가 맞은편 차량이나 선행 차량을 감지했을 때, 해당 부분을 없앤 듯이 감광하는 것이 가능하다. 조향과 연동해 조사범위를 움직이는 것도 가능하다. 문자나 그림을 자유롭게 투영할 수도 있다(우측 사진). 시제품을 탑재한 테스트 차량을 보면 실용 단계에 있다는 것을 엿볼 수 있다.

착한 반사판은 존재하지 않는다. 그만큼 가볍고 작아졌다. 렌즈로만 배광 패턴을 연출한다. 「이점이 스탠리가 자랑하는 부분」이라는 것이 가이즈미 이사의 말이다. 어두웠던 백열전구나 할로겐 전구 때 키워온 노하우가 살아 있다.

「렌즈가 난제이죠」라는 마쓰자키 매니저. 「빛을 굴절하면 색이 드러나거든요. 그것을 광학적인 기술로 없애는 겁니다. 프로젝터로 투영해 보면 푸른색이 나오거나 했는데, 한 번 분리한 빛을 다시 한번 혼색시키는 식으로 해서 그런 색이 나오지 않도록 해야 하는 것이죠」

이런 것에 대해 유럽 제조사들은 무덤덤한 것 같고, 일본 제조사는 민감하게 받아들인다. 원래 LED는 레이어를 예리하게 노출하는 것이 특징인데, 그래서는 운전하기가 어려우므로 일부러 경계를 흐리게 한다. 이점도 광학기술이라 시뮬레이션을 빼놓을 수 없다.

최신형 ADB는 어레이 방식이다. 마쯔다 CX-5에 장착된 제품으로, 12 세그먼트이다. 스탠리전기에서는 「세그먼트라는 개념을 없애고 필요한 부분만 어둡게 할 수 있는」(마쓰자키 매니저) 헤드램프를 개발 중이다. 이 램프는 광원으로 LED가 아니라 레이저를 이용한다.

레이저 심리스 헤드램프의 시스템 구성

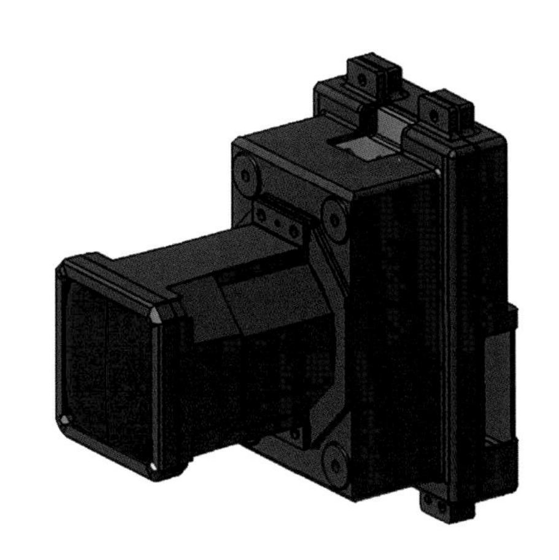

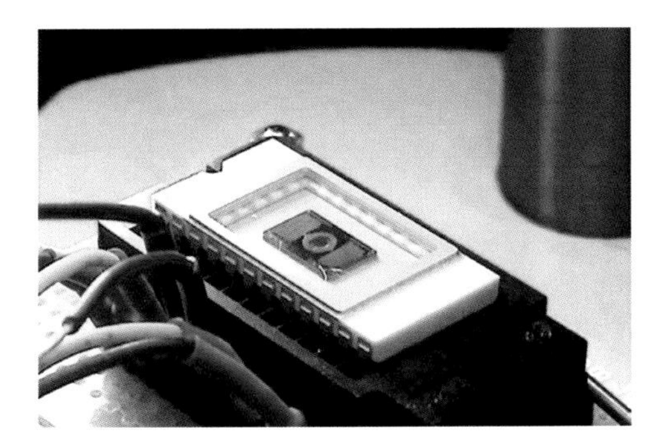

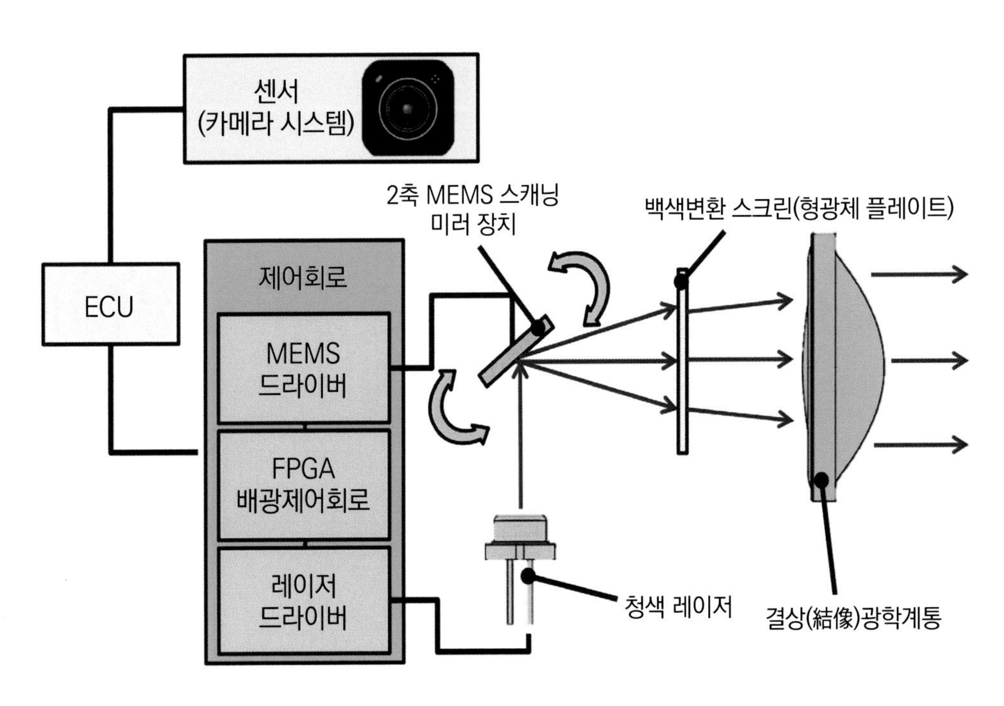

광원으로 청색 레이저를 사용. 레이저 빛을 2축 MEMS 스캐닝 미러 장치로 제어. 백색변환 스크린(형광체)을 통해 백색광으로 변환한다. MEMS는 Micro Electro Mechanical System의 약자로서, 기술의 총칭이다. 좌측 사진이 이 2축 MEMS 스캐닝 미러 장치이다.

LED와 렌즈로만 구성된 로 빔

알루미늄으로 증착한 반사판을 이용하지 않고 LED 칩과 렌즈로만 배광성능을 연출하는 로 빔의 시제품. 빛을 모으는 작은 방이 있기는 하지만, 기본적으로는 수지 렌즈로 배광 패턴을 만든다. 아주 얇고 작다는 것이 특징. 반사판이 없는 만큼 가볍고 원가도 낮출 수 있다. 이차적인 가공이 필요 없으므로 생산 지역에 구애받지 않는다는 점도 장점이다.

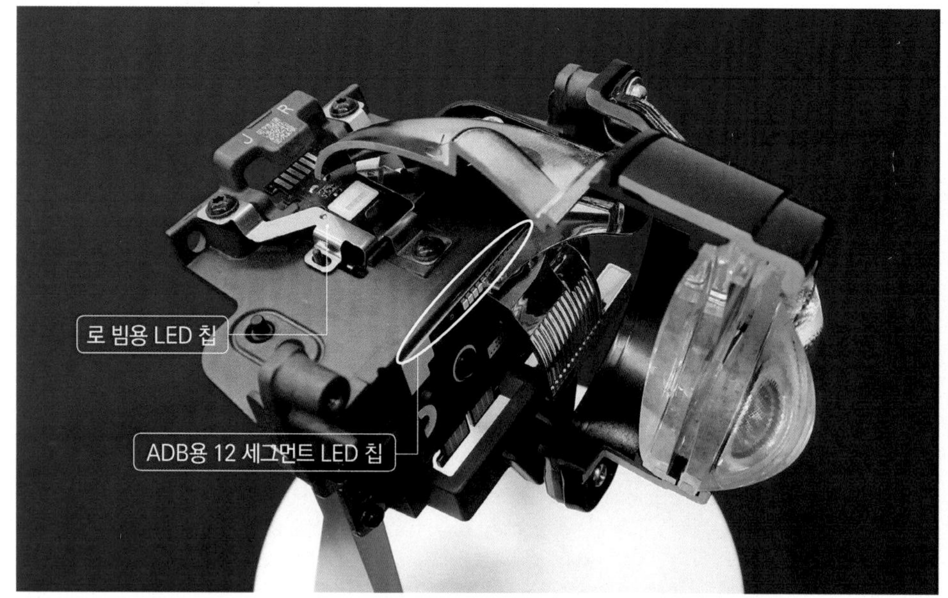

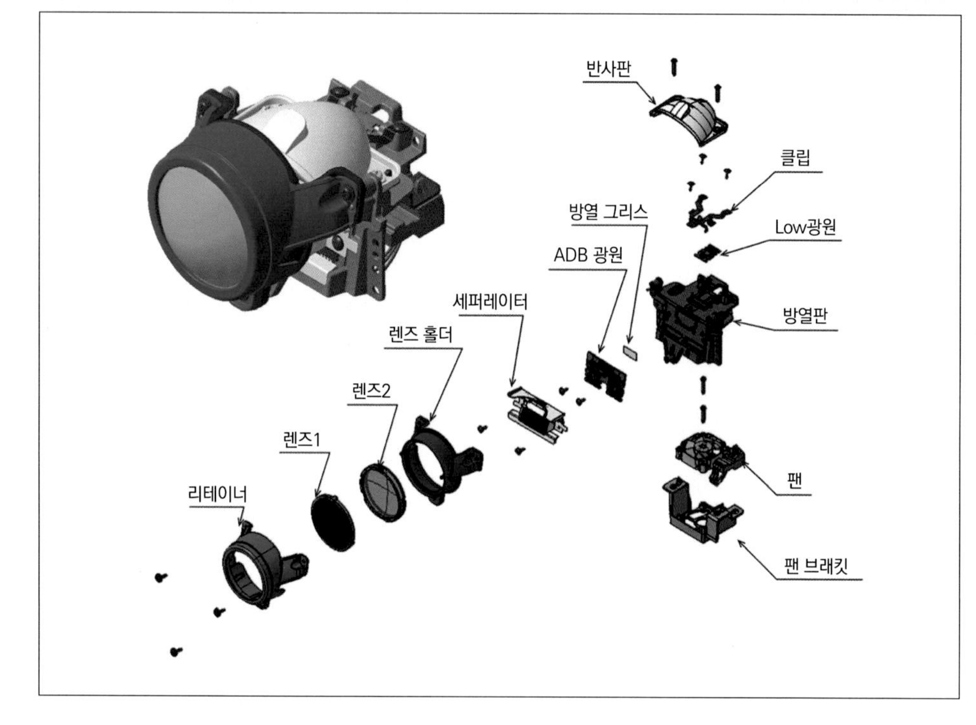

❶ 12 세그먼트 ADB

마쓰다 CX-5가 탑재하고 있는 ADB(Adaptive Driving Beam: 가변배광 시스템). 로 빔과 하이 빔을 장치 하나로 모은 것이 특징이다. LED 칩을 냉각하기 위한 냉각 팬이 붙어 있지만, 앞으로의 개발 과제는 냉각 팬을 없애 소형·경량화, 원가절감을 추진하는 것이다. 분해도에서 「ADB광원」이라고 나와 있는 것이 하이 빔용 LED 칩이다. 12개 칩이 가로 일렬로 배치되어 있어서 전방 상황에 맞춰 점소등시킨다.

레이저는 휘도가 높다는 것이 특징으로, 빛이 퍼지면서 멀리까지 도달한다. 이런 특성을 이용해 하이 빔보다 먼 곳을 비추는 램프로 사용하고 있는데, 주로 유럽의 프리미엄 브랜드로 판매하는 모델에 사용된다. 유럽에서는 주행속도가 빠를 뿐만 아니라 야간에는 어두운 곳도 많아서 이런 상황에서 실용적인 램프라 할 수 있다. 또 유럽에서는 라이팅 문화를 개척하고 있다는 자부심 때문에 새로운 기술의 도입에 적극적이다. 특히 독일 제조사들이 국제연합 법규로 법제화되기 전에 정부를 움직여 국내법을 정비하고는 새로운 기술을 적극적으로 도입하려는 경향이 강하다.

레이저는 로 빔으로는 적합하지 않다고들 흔히 말하지만, 스탠리전기는 「스캔해서 사용하면 된다」며 발상을 전환해 실용화에 박차를 가하고 있다. 레이저 심리스 헤드램프로 이름 지을 만한 시제품은 항상 하이빔으로 달린다는 것이 콘셉트이다. 카메라가 맞은편 차량이나 선행 차량을 감지하면 대상물 부분만 어둡게 한다. 오토 하이 빔은 전환하는 느낌을 준다. 그와 비교해 ADB는 더 치밀한 제어도 할 수 있지만, 정밀도는 세그먼트 수에 의존한다. 스캔 방식은 아주 자연스러운 제어가 가능하다.

「글자를 쓴다거나 그림을 그리는 것도 가능하죠. 엘보(Elbow)라고 하는데, 로 빔으로 좌측통행을 할 때는 맞은편 차량이 눈부시지 않도록 우측 배광을 낮춥니다. 예를 들어 영국에서 도버해협을 건너 프랑스로 넘어가서

우측통행을 하게 된다면 소프트웨어를 통해 엘보를 우측통행용으로 전환할 수도 있습니다」(마쓰자키 매니저)

양산화 과정의 장애물이 가격이기는 하지만 2020년~21년 무렵을 목표로 개발에 매진하고 있다. 가이즈미 이사는 스탠리전기의 행보를 다음처럼 설명한다.

「스탠리전기는 헤드램프를 안전장치 가운데 하나로 자리매김하고 있습니다. 자동차 회사도 안전에 이바지할 수 있는 부품 이외는 장착할 생각이 없다고 합니다. 지금까지는 『밝지 않으면 달리지 못한다』는 관점에서만 헤드램프를 개발해 왔다고 할 수 있습니다. 하지만 앞으로는 『사망사고를 일으키지 않기 위한 장치』로 변혁해 나가야 합니다. 헤드램프을 지능화하는 것은 큰 요구라 할 수 있겠죠」

해드램프 자체의 기능이 향상되는 동시에 자동차가 지능화되려고 하고 있다. 그런 대표적 사례가 자율주행이다.

「자율주행에 관한 딜레마가 해결되지 않는 한 우리는 운전자는 계속해서 있게 될 것으로 생각합니다. 그러면 시야를 확보하기 위한 헤드램프가 없어서는 안 되겠죠. 다만 자리매김은 바뀔 겁니다. 한 가지 예를 들면 이겁니다」

자율주행에 필요한 각종 센서를 헤드램프와 일체화한 장치(위 사진)이다.

「가시광이 나오는 부분은 아주 작아집니다. 헤드램프와 테일램프는 네 구석에 있으므로 사방에 걸쳐서 감지하기에는 아주 좋은 장소이죠. 그 점을 이용해 센서를 램프 안에 장착하는 방향으로 개발을 진행 중입니다. 센서가 램프 안에서 무사히 작동하지 않으면 자율주행을 멈춰야 하므로 고장나지 않도록 해야겠죠. 신뢰성을 어떻게 확보하느냐가 개발의 가장 큰 주안점이라고 할 수 있습니다」

완전자율주행이 실용화되었을 때는 램프가 하는 역할이 바뀐다. 운전자에게 야간 시야를 제공하는 역할이 아니라 보행자를 포함한 주변과 소통을 해야 하는 것이다. 그런 점은 스탠리전기도 인식하고 있다.

「종합적으로 생각하면 『지금 자율주행 중』이란 것을 밖에 있는 사람이 확실히 알게 할 필요가 있습니다. 영구적으로 그렇게 될지는 모르겠지만 램프에 의존할 수밖에 없지 않을까요. 자율주행 표시등으로써의 기능을 어떻게 부여할지가 중요한 포인트라고 보고 개발에 임하고 있습니다」

자동차 기능이 변화함에 따라 헤드램프도 고립된 상태로 존재하는 것이 아니라 차량 시스템 일부분으로써의 기능이 요구된다. 난제이기는 하지만 사업적 기회이기도 하다.

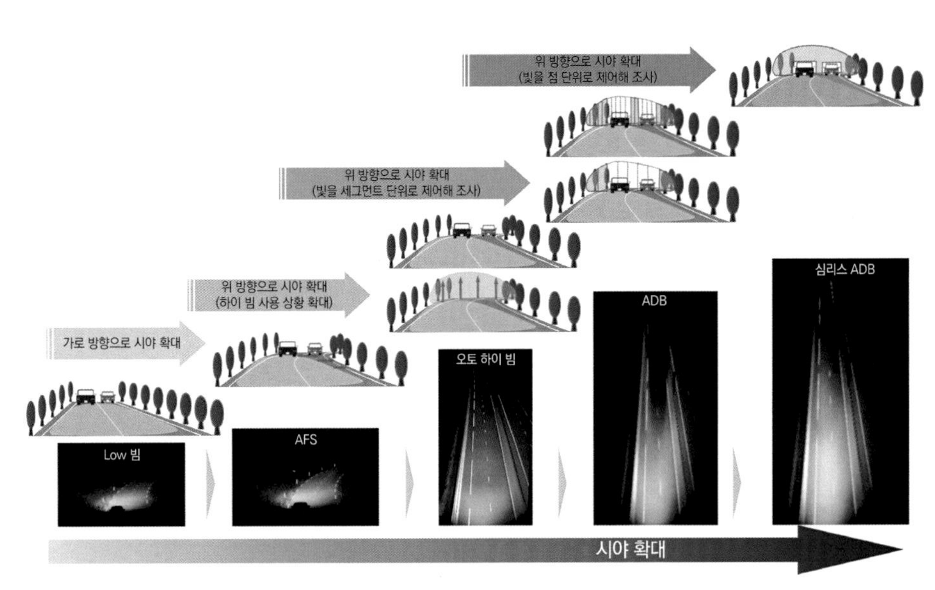

❶ 야간운전 시 시야를 확대하는 방향성

로 빔의 조사범위를 가로 방향으로 확대한 것이 스티어링과 연동해 배광을 제어하는 AFS이다. 하이 빔을 사용하는 상황을 확대함으로써 위 방향으로 시야를 확대하도록 한 것이 오토 하이 빔. 오토 하이 빔은 온·오프 제어이지만, 조사영역을 세그먼트로 관리해 하이 빔의 사용비율을 넓힌 것이 ADB이다. 세그먼트로 조사영역을 관리하는 것이 ADB라면 점으로 관리함으로써 구분이 안 되게 배광을 실현하는 것이 심리스 ADB이다. 스탠리전기는 이것을 스캔 방식으로 실현하려고 한다.

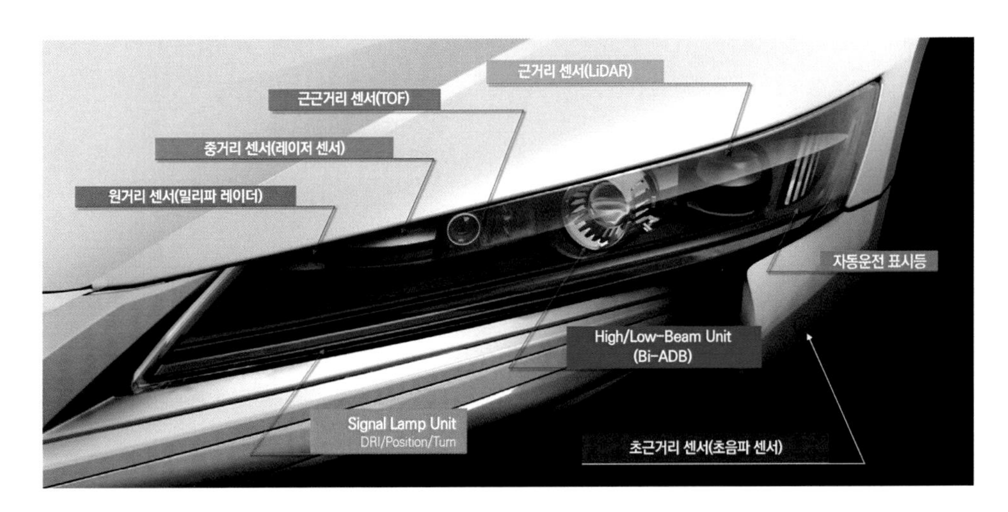

❶ 자율주행에 대응한 센서 내장형 램프 장치

자율주행 시대를 대비해 센서들을 헤드램프 장치에 내장한 시스템을 개발 중이다. 다만 완전자율주행 기능을 탑재한 자동차는 최고 모델로 한정될 것으로 파악하고 있다. 전 세계적으로 자동차를 보급하기 위해서라도 광원의 효율 향상을 계속해 나간다.

스탠리전기 주식회사
선진기술 담당
인터그레이티드 콤포넌트
사업부장 / 이사

가이즈미 야스아키

스탠리전기 주식회사
설계기술 센터 선진기술그룹
그룹 매니저

마쓰자키 마키오

이치코공업 ICHIKOH

소통을 위한 등화장치를 개발

2017년 1월에 발레오의 완전 자회시가 된 이치코공업은 발레오와 중복되는 아이템을 피하면서 개발에 나서고 있다.
이치코가 강세를 보이는 국가는 일본과 아세안과 중국. 단, 이치코가 개발한 제품이 유럽에서도 바로 사용할 수 있도록 하는 것이 전제이다.

사진 : 이치코 / 랜드로버 / MFi

「자율주행 자동차가 등장하면서 등화장치의 역할도 바뀌게 됩니다. 헤드램프를 보면 『비추는』 역할에서 『소통하는』 역할이 커지는 것이죠. 이치코·발레오는 로드 마킹과 신호등을 사용하는 소통, 디스플레이를 사용하는 소통 3가지를 자율주행시대에 대비하는 등화장치 상품으로 자리매김해 놓고 개발에 임하고 있습니다.」

이치코공업의 미노카와 쇼이치 부장은 이렇게 설명한다. 「소통하는」 기술을 구체적으로 개발하기 전에 「비추는」 기술의 전망에 대해 정리할 필요가 있다. 촛불에서 백열전구를 거쳐 실드 빔이 등장하고, 할로겐 전구가 발명된 이후에는 20세기까지 광원의 주역을 맡아왔다. 21세기에 들어와서 더 밝고 효율이 높은 LED가 등장했다. 「할로겐을 어떻게 LED로 대체해 나갈 것인지가 램프 공급자와 자동차 회사한테는 큰 과제」라고 미노카와 부장은 말한다.

「할로겐의 가성비가 너무 좋아서 교체하기가 쉽지만은 않습니다. 건축 용도로 바꿔서 생각하면 이해가 빠를 겁니다. 건축 용도에서도 형광등이나 백열전구에서 소비전력이 작은 LED로 바꾸는 움직임이 있기는 하지만, 가격 차이가 심해서 쉽게 진행되지 않고 있거든요. 자동차용도 마찬가지입니다. 매개변수가 있는 것은 형광등이고 할로겐이라, 이것들을 바꾸지 않으면 환경적인 효과를 얻지 못하는 것이죠. 어떻게든 바꿔나가야 하는 것

➊ 헤드램프의 역할

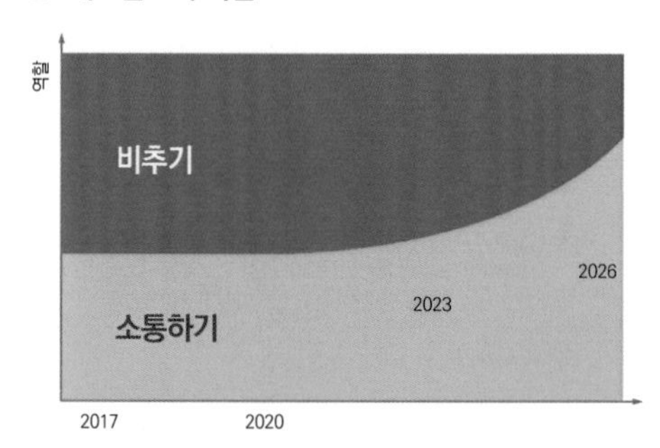

헤드램프를 포함해 자동차에 사용되는 램프는 「비추는 역할」에서 「소통하는 역할」로 중심이 옮겨간다. 자율주행 레벨이 높아지는 2020년 이후에 「전달하는 역할」을 강화한다.

➊ 소통을 위한 등화장치

자동운전 시대를 대비한 등화장치 모델로서, 왼쪽은 「신호등」, 오른쪽은 「디스플레이」 사례이다. 신호등의 과제는 규칙을 정확하게 만들지 않으면 메시지가 상대방(보행자 등)에게 전달되지 않는다는 점이다. 앞으로 규칙을 만드는 일에도 나설 계획이다.

주위와의 소통

헤드라이트의 다음 기능으로 개발하고 있는 「로드 마킹」 모습이다. 원거리의 우측차선 쪽으로 표시된 「^^^」형태의 그래픽은 도로를 건너려는 보행자에게 「자동차가 접근하고 있으므로 멈추시오」라는 의사를 전달하는 표시이다. 그 근처에 있는 2개의 라인은 주행라인을 표시한 것이다. 좁은 도로에서 트럭이나 버스 등의 대형 차량과 교차할 때 도움이 되도록 안내하는 선이다. 가상의 횡단보도도 헤드램프가 조사한 것으로, 이런 경우는 『건너가세요』라는 메시지를 의미한다. 갓길에 보이는 화살표는 미러에서 조사한 표시로서, 옆으로 지나가려는 오토바이한테 주의를 환기시키기 위한 것이다. 센터 라인에 치우친 그래픽은 옆 차선을 주행하는 차량에 대한 주의 환기 표시이다.

이 하나의 과제인데, 제어를 구사해서 기능을 높이는 하이테크 쪽이 한 방향이고, 어떻게 가격을 낮추느냐가 또 한 방향입니다. 개발은 이 두 가지 방향으로 진행되고 있습니다」

광원의 기술적 혁신 가운데 적외선(Infrared)이 등장했던 적이 있었다. 「나이트 비전」이라고도 불렸는데, 적외선을 투광해서 대상물을 비춘 다음 그 반사광을 카메라로 잡아내 화상을 표시하는 기능이었다. 어디까지나 운전자의 인지기능을 보조하는 기술이다. 자율주행 시대가 되면 운전자가 인지하는 것보다도 시스템이 쉽게 인지하는 것이 중요해진다. 그래서 인간의 눈에는 방해가 되지만 카메라에는 상관이 없으니까 거리를 파악하기 쉽게 한다거나, 물체 크기를 쉽게 포착하도록 램프로 그리드를 비추는 식의 기술의 개발이 이루어질지도 모른다. 누구를 위해서, 무엇을 위해서 도움을 줄지에 따라 등화장치의 역할이 바뀌는 것이다.

LED 다음의 광원을 모색하는 연구도 시작되고 있지만, 당분간은 LED 시대가 이어질 것이다. 앞서 언급했듯이 할로겐을 대체하기에는 역부족인 저가의 LED 헤드램프 개발이 급선무이기는 하지만 더불어서 고기능화도 추진되고 있다. 바탕은 ADB(가변배광 시스템)이다. 현시점에서의 궁극적 형태는 메르세데스 벤츠가 채택한 한쪽당 84분할이다. 「분할 수는 점점 높아질 겁니다. 모니터가 표준화질에서 HD화질이 되었다가 4K가 되고 8K로 향해 나아가듯이 점점 세밀하게 분할되다 보면 다양한 제어가 가능해지죠. 또 한 가지 주목해야 할 것은 지금 분할되고 있는 것은 하이 빔뿐이라는 사실입니다」

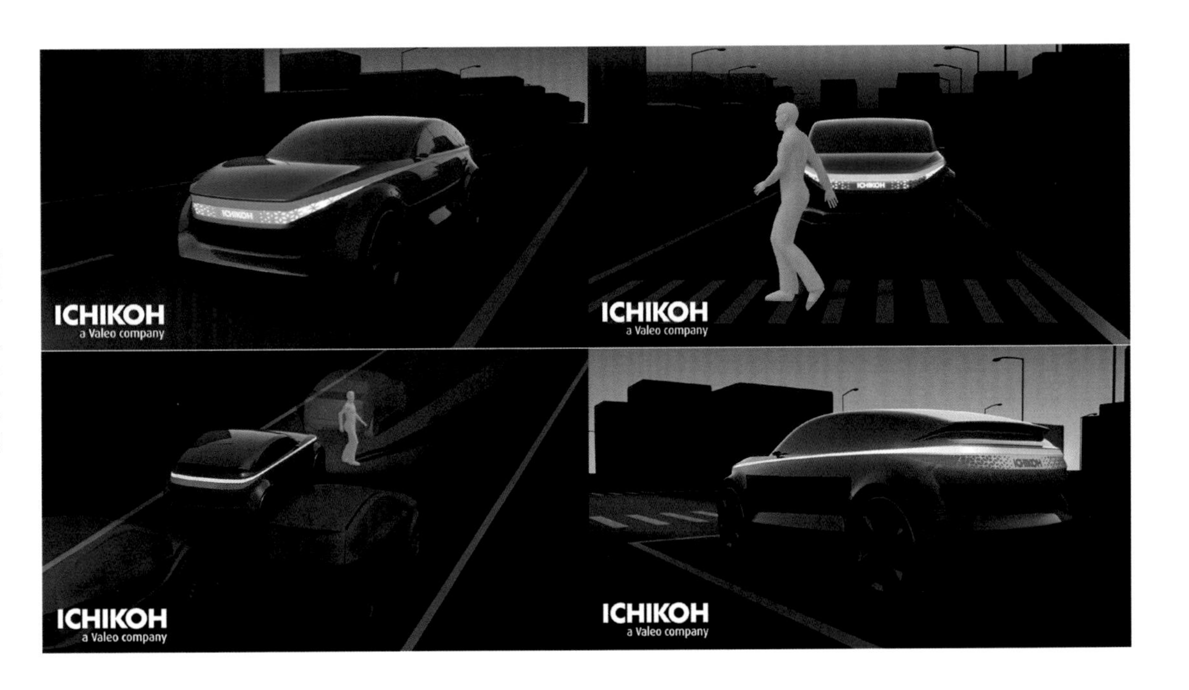

운전자를 위한 것이 아닌 등화장치

자율주행 자동차에 적용한 신호등과 디스플레이 예. 신호등을 사용한 소통에 대해 설문조사를 했더니 「빛을 사용한 소통은 유효할 뿐만 아니라 필요하다」는 의견이 많았다고 한다. 단, 「규칙을 정확하게 정하지 않으면 메시지가 제대로 전달되지 않을 것」이라는 우려의 목소리도 찬성 의견만큼이나 많았다고 한다. 등화장치 공급업자나 자동차 회사가 함께 빛을 사용한 소통 방식에 대해 확정해나갈 필요가 있다.

ADB는 하이 빔의 조사영역을 세그먼트로 나눈 다음 개별적인 점소등을 통해 맞은편 차량이나 선행 차량을 눈부시지 않게 하는 기능이다.
「그것을 로 빔의 영역까지 끌고 오는 것이 다음 단계입니다. (상대가 눈부시지 않도록) 맞은편 쪽 커트 라인은 약간 낮게 되어 있습니다. 예를 들면, 영국에서 프랑스로 건너가면서 좌측통행에서 우측통행으로 바뀌었을 때, 로 빔 영역도 제어할 수 있게 그 커트 라인을 디지털로 전환할 수 있습니다」
탑승객이나 화물을 적재해 뒤쪽이 내려가면 배광이 위를 향하게 된다. 그것을 자동적으로 조정하는 것이 오토 레벨라이저이기는 하지만 현재 상태는 헤드램프 장치의 액추에이터로 광축을 움직인다. 로 빔 배광제어 기능을 갖추고 있으면 이것도 디지털로 조정할 수 있다.
하이 빔과 로 빔의 경계 없이 조사영역을 모두 디지털로 정밀하게 제어하게 되면 노면에 라인을 표시한다거나 기호나 모양을 비출 수 있게 된다.「그것이 헤드램프에 요구되는 다음 단계의 큰 진화」라고 미노카와 부장은 설명한다.
「최종적으로는 컬러까지 가고 싶지만, 처음은 흑백부터 시작해야겠죠. 빛의 강약이나 빛을 조사할 곳과 하지 않을 곳의 차이를 사용합니다. 예를 들면 도로를 횡단하려고 하는 보행자 앞으로 라인을 쏘아서『자동차가 다가오고 있으니까 멈춰주세요』라는 메시지를 보낸다거나, 횡단 보도를 조사해『건너가셔도 됩니다』하고 전달하는 것도 가능하죠」
내비게이션 시스템과 연동해 노면에 화살표를 조사한다거나, 제한속도를 표시하느 것도 가능하다.
「운전자가 차량 내 모니터를 보려면 시선을 이동해야 하는데 전방을 보고 있을 때 도로에 표시가 나타나면 시선 이동이 적어지겠죠. 헤드업 디스플레이(HUD)와 비교하면, HUD는 운전자를 위한 것이지만 가상의 노면은 운전자를 위한 것도 있지만 보행자를 위한 것이기도 합니다. 그 점이 차이입니다.」
이것이 앞에서 설명한 헤드램프 역할의 변화이다. 헤드램프는「비추는」장치에서「소통하는」장치로 바뀌고 있다. 그 역할은 자율주행시대를 맞이하면서 특히 그럴 것이다.
「한 가지 예를 들어볼까요. 운전하다 보면 운전자와 보행자가 눈을 마주치거나 몸짓으로 의사소통을 할 수 있습니다. 그런데 자율주행 중일 때는 운전자가 차량 실내에서 스마트폰이나 태블릿을 볼 수도 있으므로, 그럴 때 보행자는 자동차가 어떻게 움직일지 몰라서 불안해지게 되죠.」
이런 상황에서 바로 등화장치가 등장한다. 안전하게 또 안심을 줄 수 있다. 조금 더 생각해 보자.「횡단보도가 없는 교차로에서 자동차가 보행자를 발견하고 멈췄다고 해보죠. 자율주행

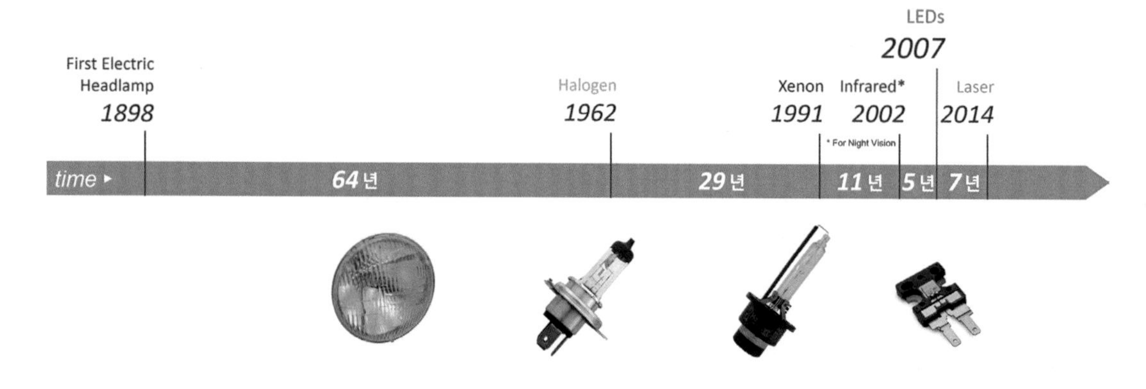

헤드램프 광원의 진화
전등을 이용한 전조등이 최초로 등장했을 때가 1898년이다. 자동차용 헤드램프에 혁명을 불러온 할로겐 전구의 양산은 1962년 무렵으로, 64년이 흐른 뒤였다. 크세논(방전등/HID)의 등장은 그로부터 28년 뒤. 21세기의 주역으로 자리하고 있는 LED의 등장은 크세논이 등장한 이래 16년 뒤의 일로서, 광원의 기술적 진화 사이클이 점점 짧아지고 있음을 알 수 있다. 2014년에 레이저가 등장했는데「당연히 이것이 끝은 아니다」라는 것이 이치코공업의 생각이다.

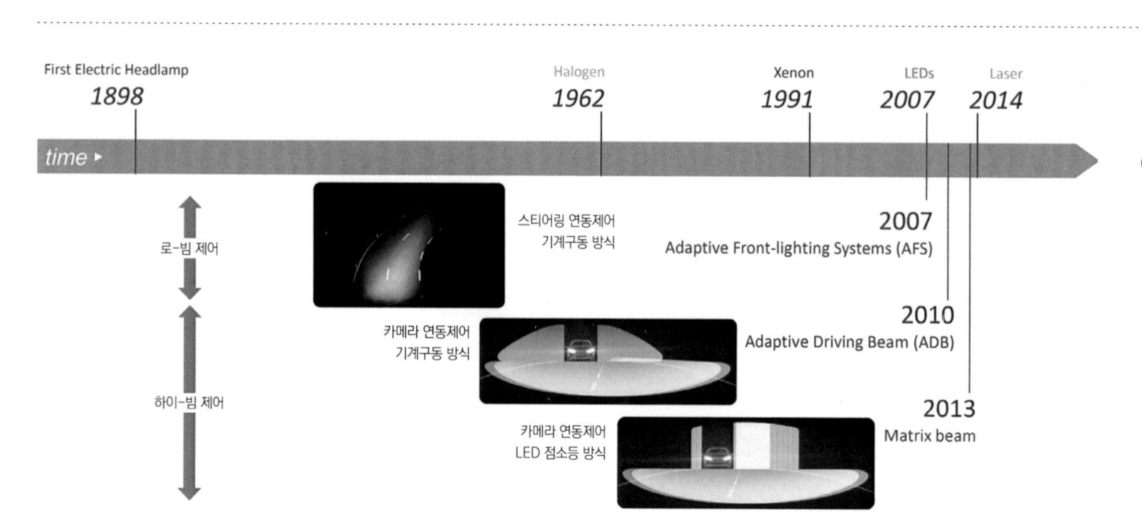

헤드램프 제어의 진화
스티어링 조향각 센서의 정보를 이용한 기계구동 타입 AFS가 등장한 것이 2007년. 이것은 로 빔의 가변제어 방식. 하이 빔의 배광을 가변제어하는 ADB는 2010년에 기계제어 방식이 등장. LED의 점소등으로 배광을 제어하는 어레이 방식 ADB(매트릭스 빔으로 표기)는 2013년에 양산화된다. 다음 페이지 상단그림에서 보듯이 해상도를 높이면서 로 빔과 하이 빔의 경계를 없애는 것이 앞으로의 개발 방향이다.

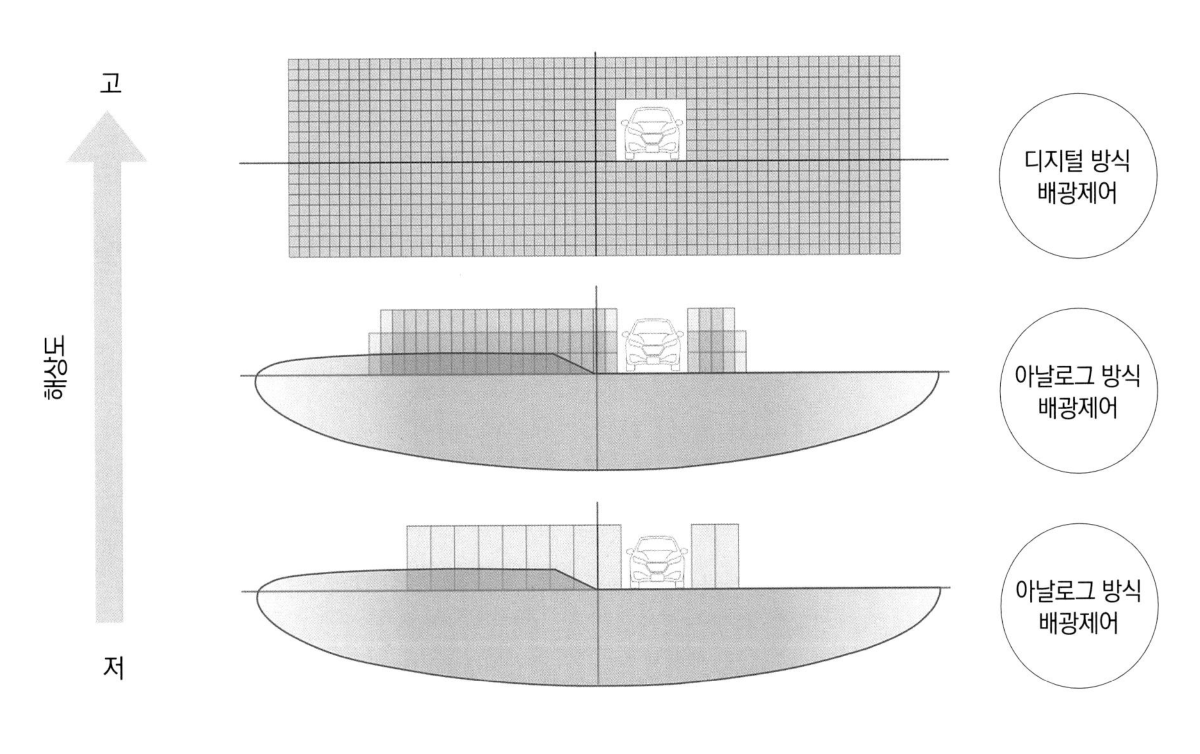

헤드램프의 고해상도화

현시점에서의 일반적인 ADB 제어가 하단의 「아날로그 방식 배광제어」이다. 하이 빔의 조사범위를 세로로 나누어 분할함으로서 맞은편 차량을 눈부시지 않게 하겠다는 생각이다. 중간은 세로 방향 외에 가로 방향으로도 분할해 세그먼트를 세밀하게 하는 제어. 메르세데스 벤츠가 탑재한 84세그먼트의 ADB가 이 구조이다. 세그먼트가 세밀해지는 만큼 더 치밀한 제어가 가능하다. 상단은 로 빔과 하이 빔의 경계를 없앨 뿐만 아니라 더 고해상도로 개발한 것. 면이 아니라 점으로 제어한다. LED 칩을 여러 개 배열한 다음 개별적으로 제어하는 것은 현실적이 않아서에 반사판을 고속회전시키는 블레이드 스캔이나 프로젝터 등에서 이용하는 DMD, LCD 등과 같은 방식을 채택할 필요가 있다.

슈퍼 슬림 매트릭스 레이저 LED 헤드램프

어레이 방식 ADB 외에 530m의 조사거리를 자랑하는 레이저 램프를 탑재한 레인지로버 벨라. LED를 광원으로 이용할 때 램프 장치를 슬림하게 할 수 있다는 것도 특징이다. 렌즈의 상하 치수는 25mm 정도이다. 주간주행등(Daytime Running Lights) 등을 통해 브랜드의 공통적인 이미지를 표현하고 있다(발레보 제품).

이므로 운전자는 보행자를 보지 않을 수도 있습니다. 보행자는 자신을 위해 차가 멈췄다고 생각하고 판단하면 바로 도로를 횡단하지만 그렇지 않으면 주저하게 되겠죠. 그러면 자동차는『이 사람은 멈춰서 있다』고 판단하고 움직이려고 합니다. 보행자도『아, 차가 선 건가』하고 깨닫고는 움직입니다. 그 순간 자동차가 움직이면 사람은 깜짝 놀라겠죠. 자동차도 움직이지 않으리라 생각했던 사람이 움직였기 때문에 급하게 움직임을 멈추게 되는 겁니다」

자율주행이 아니라도 경험할 수 있는 상황이다. 이런 상황에서 자동차와 보행자가 원활하게 소통을 하기 위한 등화장치가 가치 있는 것이다.

「하나는 신호등입니다. 빛의 점멸 등을 통해 정보를 내보내죠. 또 하나는 디스플레이로 메시지를 보여주는 겁니다. 횡단 보도 등에서는 메시지를 보여주기가 쉽지만 떨어져 있으면 읽기가 어렵습니다. 시인성을 확보하려면 버스의 행선지 표시판 정도의 크기가 필요한데, 그렇게 하기에는 또 비현실적입니다. 신호등과 디스플레이는 어느 쪽이 좋다, 나쁘다 하는 것이 아니라 두 가지를 구분해서 사용하는 방향으로 생각하고 있습니다」

ADB의 해상도를 높인다거나, 자율주행시대에 대응하는 등화장치를 개발한다 하더라도 자체적으로 완결하기는 어려워서 전자부문과 센서부문과의 제휴가 필수적이다. 2000년부터 발레오와 제휴 관계를 맺었던 이치코공업은 발레오의 연결 자회사가 되면서 2017년 1월부터 새로운 체제로 다시 출발했다. 「그룹 내에서 협업할 수 있게 된 것은 큰 장점이죠. 개발 속도가 더 빨라질 테니까요.」

헤드램프가 보여줄 안전·안심과 관련된 선진 기능들을 기대해 본다.

이치코공업 주식회사
마케팅부 부장

미노카와 쇼이치

4 해외 자동차 회사와 서플라이어의 동향

LED 다음, ADB 다음을 생각한다.

유럽의 자동차 회사나 서플라이어가 보내오는 정보에 따르면 세그먼트로 분할한 ADB가 가까운 미래에 「과거의 기술」이 될 것이라고 암시한다. 그만큼 진화가 빠르다. IAA에 참여한 ZKW가 전시까지는 하지 않았지만, ADB의 다음을 연구하고 있다는 점은 확인했다.

사진 : 아우디/다이믈러/헬라/세라 고타

SUPPLIER Hella [헬라] 2020 년에 LCD 헤드램프를 시장에 투입

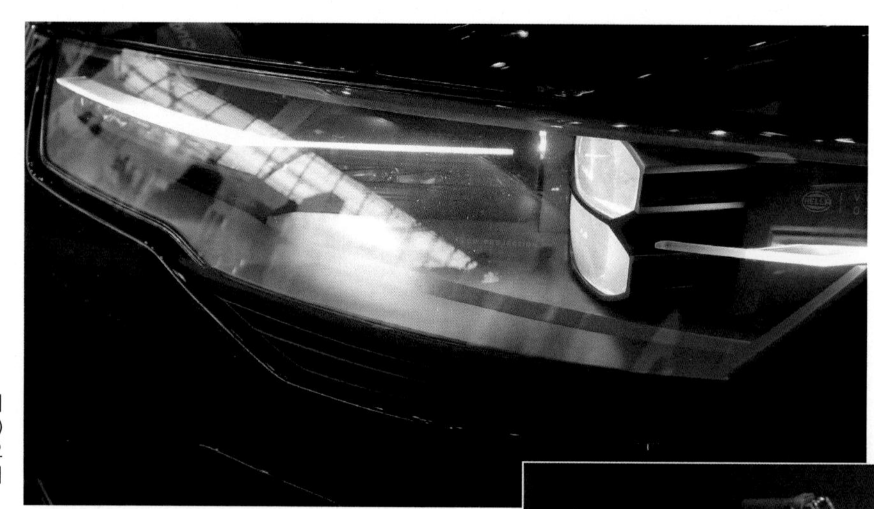

→ LCD 헤드램프 프로토타입을 탑재한 전시 차량(아우디였다). 수직 방향으로 편광(偏光)된 빛과 수평 방향으로 편광된 빛을 개별적으로 다루는 관계상, 렌즈가 상하 2단으로 되어 있다는 점이 특징.

↑ LCD 헤드램프의 절단 모델. 안쪽에 빛나는 것이 3만 화소(300×100픽셀)의 LCD 장치. 기존의 하이/로 빔 일체형 LED 헤드램프와 비슷한 크기라는 것을 알 수 있다.

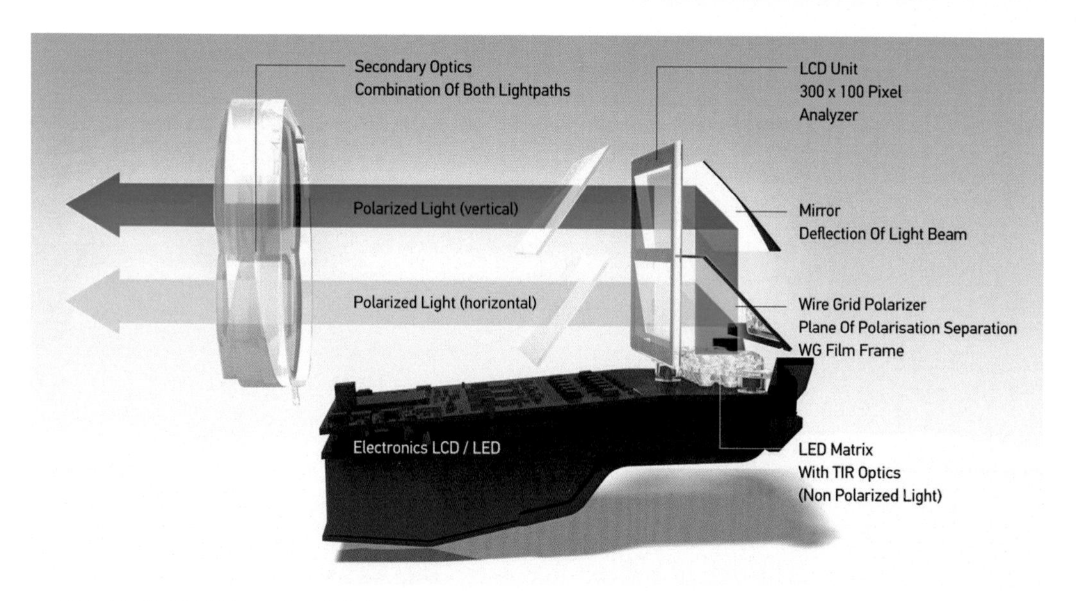

↑ LCD 헤드램프의 구성도. 3열로 배치된 25 칩의 LED가 발생한 빛은 집광 렌즈를 통과한 다음, 그리드 와이어 편광자(偏光子)에 수직 방향의 빛을 투과하고 수평 방향의 빛은 반사한다. 수직 방향으로 편광된 빛은 미러로 반사해 액정 장치를 통과한다. 와이어 편광자로 인해 반사된 수평 방향의 빛도 액정 장치를 통과하고 2차 렌즈를 지난 다음 노면에 조사된다. 3만 화소의 LCD 장치는 상하 2단으로 구성되어 있다.

↑ 매우 정밀한 제어가 가능해서, 현재의 어레이 방식 ADB처럼 자동차 전체나 보행자 전체를 어둡게 하는(감광하는) 것이 아니라, 자동차의 실내 부분이나 보행자의 얼굴만 특정해서 어둡게 할 수 있다.

MAKER Audi [아우디] 레이저 매트릭스 기술을 개발 중

아우디는 레이저 헤드램프를 일찍부터 도입해 사용하고 있다. 우측 사진은 R8에 탑재된 레이저 라이트의 조사범위를 이미지화한 것이다. 레이저 라이트가 하이 빔의 조사범위를 넘어서서 훨씬 먼 곳까지 비추고 있다는 것을 알 수 있다. 레이저 라이트의 다음 기술로 떠오르는 것이 「매트릭스 레이저 테크놀로지」이다. 스탠리전기가 개발 중인 기술과 같은 종류로서, DMD(Digital Micromirror Device)를 이용해 고해상도로 배광한다.

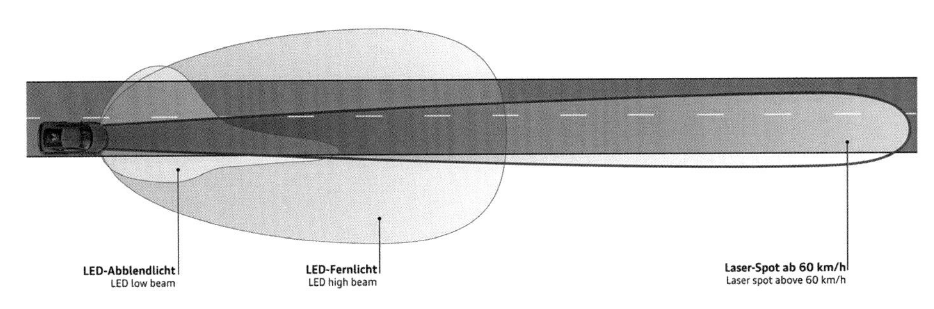

↑ 레이저는 고휘도라는 점이 특징으로, 빛이 퍼지지 않고 멀리까지 간다. 이런 특징을 살려 아주 먼 곳의 좁은 영역(spot)을 조사하는 역할이 부여된다. 60km/h 이상에서 작동하도록 설정한다.

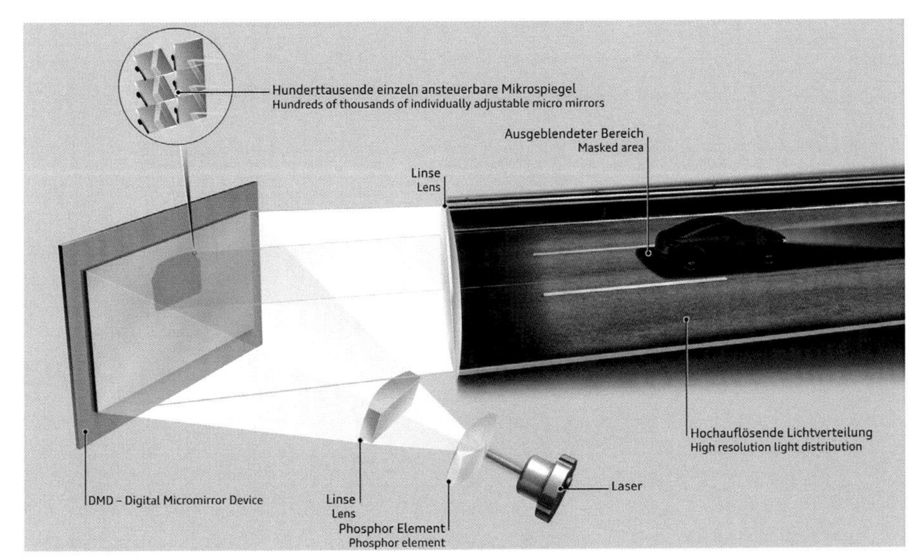

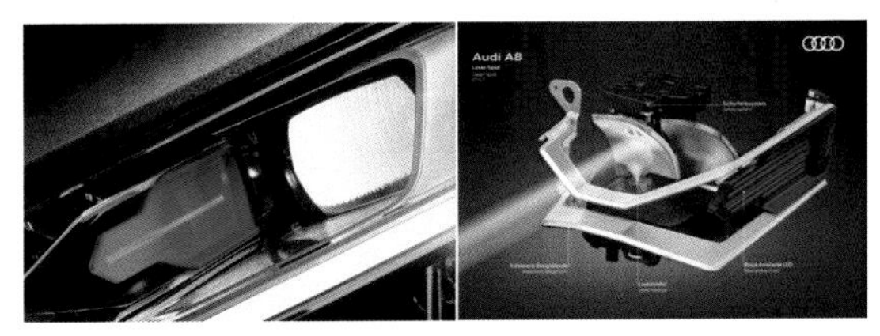

↑ A8에 탑재된 실제 레이저 스폿 램프(좌)와 구성도. 레이저의 선진적 이미지를 어필하기 위해 무드(ambiento) LED와 조합한다.

← (서플라이어와 손잡고) 개발 중인 레이저 매트릭스 테크놀로지의 시스템 구성도. 형광체가 표시된 것을 보면 청색 레이저를 사용해 황색 형광체를 통해서 백색광을 얻는 것 같다. DMD는 초소형 미러이다. 이것을 개별적으로 구동 제어함으로써 높은 해상도의 배광을 실현한다. 그림은 선행 차량을 감싸는 상태를 이미지화한 것.

MAKER Mercedes-Benz [메르세데스-벤츠] LED는 다분할에서 심리스로 진화

LED를 광원으로 사용한 84 세그먼트의 ADB를 양산하는 등, 헤드램프의 선진성에서 선두를 달리고 있는 메르세데스 벤츠도 타 자동차 회사나 서플라이어와 마찬가지로 차세대 기술개발에 박차를 가하고 있다. 방향성도 비슷해서 배광의 해상도를 높이는 것이다. LED 칩을 늘리는 식의 세그먼트 다분할화에는 한계가 있는 것으로 일찍부터 파악한 듯, 2016년에는 DMD를 사용한 디지털 라이트 관련 아이디어와 실험 차량을 공개하기도 했다.

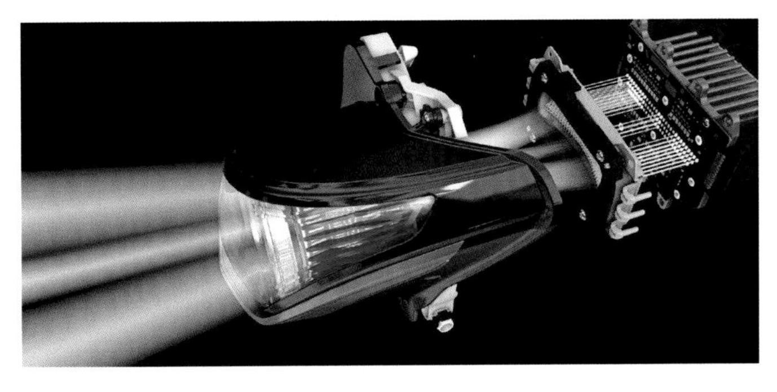

← 84 세그먼트 ADB의 시스템 구성도. 기판에 84개의 LED 칩이 3단으로 배치되어 있는 것을 알 수 있다. 칩 수가 많아질수록 제어는 복잡해지고 가격은 비싸진다. 프리미엄 브랜드에서나 채택 할 수 있는 기술이라고 할 수 있다.

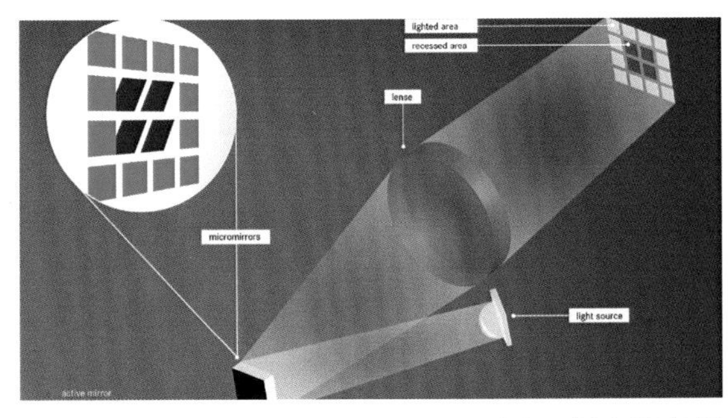

↑ DMD를 사용한 고해상도 헤드램프의 원리를 나타낸 그림이다. 앞의 아우디에서 나타난 내용과 동일하다. 극소 미러 수가 100개 이상이라고 설명하고 있다. 제어 로직은 「인하우스」에서 하고 있다고 한다. 광원은 LED인지 레이저인지 아직 확실하지 않다.

↑ 디지털 빛(고해상도 헤드램프)으로 가능한 것을 나타낸 사례. 화살표를 노면에 표시해 보행자의 존재를 운전자에게 강하게 알린다거나, 보행자의 주의를 환기시키기 위해 스폿 라이트를 조사할 수도 있다. 우측 그림은 내비게이션 시스템과 연동된 표시의 사례이다.

투명 자동차 세부도_ **테크니컬 · 일러스트**

● 페라리 F40

● 닛산 R35GT-R

● 닛산 스카이라인 GT-R(KPGC10)

● 닛산 스카이라인 PGC10

● 닛산 페어 레이디 Z432

● 란시아 스트라토스

● 코스모스포트

● 토요타 2000GT

● 토요타 셀리카GT

● 혼다 NSX-R

Vol.33 자동차 다이내믹스 I

Vol.34 타이어의 테크놀로지

Vol.35 프리-크래시 세이프티

Vol.36 엔진의 보조기기 완전 이해

Vol.37 전동자동차의 테크놀로지 (재고 없음)

Vol.38 엔진 테크놀로지

Vol.39 최신 자동차기술총감 (2009~2010) (재고 없음)

Vol.40 자동차의 디자인

Vol.41 30km/ℓ 의 테크놀로지

Vol.42 드라이빙 테크놀로지

Vol.43 스포츠카의 테크놀로지

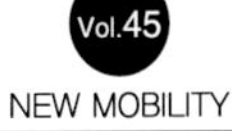
Vol.44 자동차의 프로덕션 프로세스

Vol.45 NEW MOBILITY

Vol.46 자동차의 LIFE

Vol.47 AT 완전 이해 (재고 없음)

Vol.48 일본 엔진

자동차 잡지의 名家 삼영서방(三栄書房)

일본 자동차 관련 잡지사 중 다양한 장르에 걸쳐 최대 규모의 출판물을 간행하고 있는 삼영서방.
창업으로부터 60여 년을 맞고 있으며, 자동차 분야 40여종, 오토바이 분야 10여종, 스포츠 분야 7여종의 잡지를 정기적으로 간행하고 있다.
주로 다루고 있는 자동차 분야를 열거하자면, 자동차의 신기술, 스킬, 구조, 스포츠 차종별 분석서, 레이싱 카, F1 등 실용서와 사진, 철도에 관한 가이드 등을 출판하고 있다.
다양한 분야에서 전문적인 눈으로 일궈낸 수많은 작품들을 한 해에도 수없이 출간하고 있는 출판사이다.

대표적인 Motor Fan illustrated는 1950년대부터 시작하여, 한때 휴간을 하였으나 다시 개간하여 91번째인 X-by-Wire 테크놀로지를 출간한 역사적인 서적이라 할 수 있다.
그 외의 유명한 잡지로는 Auto Sport, OPTION 등이 있으며, 모터스포츠에도 깊숙히 관여하고 있어 1968년에 처음으로 열린 레이싱 카 쇼도 개최한 바 있다.
한국과의 인연은 2003년 오토살롱쇼를 개최하였다.